乌伦古湖流域生态保护
与可持续发展战略实践研究

李开明　海拉提·阿力地阿尔汗　卢文洲　主编

科学出版社

北　京

内 容 简 介

人类逐水而居，文明因水而兴。治理水污染、保护水环境，是生态文明建设的重要核心内容，关系人民福祉，关系国家未来，关系中华民族永续发展。本书依托额尔齐斯河山水林田湖草一体化修复与保护试点专项的实施，对乌伦古湖流域生态保护与可持续发展战略实践进行了深入研究和探索。

本书首次系统梳理了乌伦古湖流域生态修复和生态文明建设的研究成果，从乌伦古湖流域地质地貌、水资源、水环境和水生态等方面，真实全面记录了乌伦古湖自然生态的演变与发展历程，并结合相关研究成果谋划了2035年建成"美丽乌伦古湖"的总体方向和框架，形成了流域生态文明建设与可持续发展方案。本书案例中所展现的主旨思想和方法论，对西北干旱地区同类内陆尾闾湖泊的生态环境综合整治和生态保护修复等也具有重要的参考意义，可为广大研究人员开展生态环境保护、农林生产及水资源开发利用等方面的科学研究提供重要的参考。

图书在版编目（CIP）数据

乌伦古湖流域生态保护与可持续发展战略实践研究 / 李开明，海拉提·阿力地阿尔汗，卢文洲主编. —北京：科学出版社，2023.12
ISBN 978-7-03-076986-2

Ⅰ.①乌… Ⅱ.①李… ②海… ③卢… Ⅲ.①湖泊－流域－生态环境保护－研究－福海县 Ⅳ.①X321.245.4

中国国家版本馆 CIP 数据核字(2023)第 220601 号

责任编辑：刘　冉 / 责任校对：杜子昂
责任印制：徐晓晨 / 封面设计：北京图阅盛世

科学出版社出版
北京东黄城根北街 16 号
邮政编码：100717
http://www.sciencep.com

北京中科印刷有限公司印刷
科学出版社发行　各地新华书店经销

*

2023 年 12 月第 一 版　开本：720×1000　1/16
2023 年 12 月第一次印刷　印张：18 1/4
字数：370 000

定价：150.00 元
（如有印装质量问题，我社负责调换）

顾问委员会

主　任：戴武军（新疆维吾尔自治区生态环境厅　党组书记）

副主任：哈尔肯·哈布德克里木（新疆维吾尔自治区生态环境厅　党组副书记
　　　　厅长）

　　　　阿合卓力·艾乃斯（伊犁哈萨克自治州人大常委会　副主任）

　　　　谢少迪（新疆维吾尔自治区阿勒泰地委　书记）

　　　　杰恩斯·哈德斯（新疆维吾尔自治区阿勒泰地委　副书记　行署专员）

委　员：田　丰（新疆维吾尔自治区生态环境厅　党组成员　副厅长）

　　　　李新琪（新疆维吾尔自治区生态环境厅　党组成员　副厅长　正高级工
　　　　程师）

　　　　马天宇（新疆维吾尔自治区阿勒泰地委　委员）

　　　　潘　峰（新疆维吾尔自治区阿勒泰地区行政公署　副专员）

　　　　冯东河（新疆维吾尔自治区畜牧兽医局　党组成员　新疆畜牧科学院
　　　　党委书记　研究员）

　　　　刘雪华（清华大学国家公园研究院　副院长　副教授）

　　　　阿布都马南·阿合买提哈力（共青团新疆维吾尔自治区团委　副书记）

　　　　阿扎提·达列力（新疆维吾尔自治区阿勒泰行政公署　秘书长）

　　　　师庆三（新疆维吾尔自治区乌鲁木齐县　县委书记）

　　　　李　莼（新疆维吾尔自治区环境保护科学研究院　党委书记）

　　　　赵志刚（新疆维吾尔自治区环境保护科学研究院　院长）

　　　　牛忠泽（中国科学院新疆生态与地理研究所沙漠工程勘察设计所湿地事
　　　　业部　部长，伊犁师范大学　教授，自治区林业和草原局自然保护地
　　　　专家委员会　委员，湿地保护专家库　成员）

　　　　邓　葵（新疆维吾尔自治区环境保护科学研究院　副院长）

　　　　尹新鲁（新疆维吾尔自治区阿勒泰地区科学技术局　党组书记）

　　　　张建忠（新疆维吾尔自治区阿勒泰地区生态环境局　党组书记）

阔谢依·冲阿肯（新疆维吾尔自治区阿勒泰地区科学技术局　局长）

加林·哈吉肯（新疆维吾尔自治区阿勒泰地区生态环境局　局长）

布力布丽·木哈提别克（新疆维吾尔自治区阿勒泰地区财政局　局长）

刘德勇（新疆维吾尔自治区阿勒泰地区福海县　县委书记）

阿德力别克·阿拜都拉（新疆维吾尔自治区阿勒泰地区福海县　县委副
　　书记　县长）

申建文（新疆额尔齐斯河流域山水林田湖草生态保护修复工程试点项目
　　指挥部　办公室负责人）

张宜海（新疆维吾尔自治区阿勒泰地区福海县乌伦古湖国家湿地公园管
　　理局　局长）

宋春霞（新疆维吾尔自治区阿勒泰地区科学技术局　正科级干部）

祝令波（新疆维吾尔自治区阿勒泰地区财政局　副科级干部）

编写委员会

主　编：李开明（生态环境部华南环境科学研究所　首席科学家　研究员）

海拉提·阿力地阿尔汗（新疆额尔齐斯河流域山水林田湖草生态保护修

复工程试点项目指挥部科技专家办　自治区科技骨干　高级工程师）

卢文洲（生态环境部华南环境科学研究所　正高级工程师）

副主编：刘晓伟（生态环境部华南环境科学研究所　高级工程师）

程　艳（新疆维吾尔自治区环境保护科学研究院　正高级工程师）

张惠远（中国环境科学研究院生态文明研究中心　主任　研究员）

程维明（中国科学院地理科学与资源研究所　主任　研究员）

成　员：杨　晴（水利部水电水利规划设计总院　教授级高级工程师）

荣　楠（生态环境部华南环境科学研究所　高级工程师）

周　泉（生态环境部华南环境科学研究所　高级工程师）

倪广恒（清华大学水利水电工程系　教授）

张　硕（清华大学水利水电工程系　副教授）

张玉虎（首都师范大学科技处　副处长　教授）

周道坤（生态环境部华南环境科学研究所　工程师）

王文静（生态环境部华南环境科学研究所　工程师）

郭灿斌（生态环境部华南环境科学研究所　助理工程师）

郝海广（中国环境科学研究院生态文明研究中心　副主任　研究员）

刘永萍（新疆林科院造林治沙研究所　所长　研究员）

张　哲（中国环境科学研究院生态文明研究中心　高级工程师）

侯钰荣（新疆畜牧科学院草业研究所　研究员）

刘丽燕（新疆林科院造林治沙研究所　副研究员）

李周园（北京林业大学草业与草原学院　讲师）

吴天忠（新疆林科院造林治沙研究所　副研究员）

孙丽慧（中国环境科学研究院生态文明研究中心　高级工程师）

王随继（中国科学院地理科学与资源研究所　副研究员）

王显丽（新疆维吾尔自治区环境保护科学研究院　博士　高级工程师）

张一驰（中国科学院地理科学与资源研究所　副研究员）

刘　浩（中国环境科学研究院生态文明研究中心　助理研究员）

白泽龙（新疆维吾尔自治区环境保护科学研究院　高级工程师）

程　刚（新疆维吾尔自治区环境保护科学研究院　博士　高级工程师）

努尔沙吾列·哈斯木汉（新疆维吾尔自治区环境保护科学研究院　高级
　工程师）

王白雪（中国科学院地理科学与资源研究所　博士后　特别研究助理）

艾丽娜·海拉提（中南大学　本科生）

徐　画（中国科学院地理科学与资源研究所　博士）

宋珂钰（中国科学院地理科学与资源研究所　博士）

范　垚（中国环境科学研究院生态文明研究中心　博士）

王　悦（新疆维吾尔自治区环境保护科学研究院　工程师）

加得拉·阿尔青（新疆维吾尔自治区科技发展战略研究院　技术人员）

刘小珍（阿勒泰地区第二高级中学　中教一级教师）

吐地·依米提（北京林业大学　硕士研究生）

崔　瑶（新疆农业大学　硕士研究生）

阿依木拉提·达吾列提别克（新疆维吾尔自治区阿勒泰地区福海县乌伦
　古湖国家湿地公园管理局　技术人员）

序

　　乌伦古湖是镶嵌在阿尔泰山之南、准噶尔盆地之北的翡翠明珠。它北靠金山银水，南望戈壁大漠，是大自然赐予这片土地的瑰宝。

　　乌伦古湖是受印度洋板块和欧亚板块碰撞作用引发的大规模地壳运动影响所形成的断陷湖。其地势低洼，纳百川而成"海"。乌伦古湖的水源主要来自乌伦古河，后者源于阿尔泰山南麓，由阿尔泰山东部的青格里河与布尔根河汇集而成。"乌伦古"是蒙语，意思是"云雾升起的地方"，水雾交融，润泽万物。这里水源丰沛，土地肥沃，为人类繁衍生存与文明发展提供了基础保障；这里的青山绿水让人类文明得以持续发展，历久弥新。

　　一方水土养一方人。历史上曾有众多游牧民族在此称雄一方，而随着不同民族政治、经济、文化的更迭交替与发展，河湖名称多有变动：哈萨克先民称其为"布伦托海"（意为"灌木丛生"）；维吾尔语称"噶勒扎尔巴什湖"；民国时期称"布伦托海"为"福海"，意思是能带给人们"福气"的海子。这些名字都诠释着这片水、这方土无与伦比的重要地位，传承着人对自然的崇敬与信仰。乌伦古河－乌伦古湖流域历来是各个民族的生存根基，也是阿尔泰山南麓平原区绿洲与准噶尔盆地古尔班通古特沙漠之间的重要生态屏障。

　　然而，近半个世纪以来，随着人类社会生产活动加剧，乌伦古河－乌伦古湖流域的原生态遭受了严重破坏。自 20 世纪 60 年代起，乌伦古河中下游开始大量开发耕地，同时兴建水库、灌渠等水利设施，高强度的水资源开发导致乌伦古河水量大幅降低，湖泊水位在 60 年代十年间就下降了约 2.8 米；80 年代中期，福海县灌溉面积超过 60 万亩；至 90 年代，在经济作物瓜籽的经济利益驱动下，耕地开荒处于无序状态，灌溉面积最高峰时期超过 120 万亩，水资源的过度开发利用进一步使乌伦古河径流量下降；加之流域范围内超载放牧，草场植被破坏严重，加速了流域的天然草场退化、沙化进程。21 世纪以来，乌伦古河还出现了长时间断流现象，致使吉力湖水位下降，发生乌伦古湖湖水倒流吉力湖的情况，引起流域生态环境恶化。

　　乌伦古湖生态退化问题引起了各界的高度关注。近年来，学者们为了保护流域生态环境，探索区域可持续发展的途径，陆续开展了一系列的基础科学研究工作，包括湖泊的地质结构及成因、生态环境演变过程、生物多样性调查评估、生态安全、生态文明建设等方面。这些研究成果都能较好地指导地方推进相关工作，取得了一定的成效。但是，终究是零散错落，未成体系。

党的十八大以来，国家和各级地方政府全面贯彻落实"山水林田湖草是一个生命共同体"重要理念，把生态文明建设放在突出地位。2018 年，新疆额尔齐斯河流域山水林田湖草沙生态保护修复工程试点项目启动，并入选国家试点项目，获得中央专项资金资助。经系统谋划，阿勒泰地区统筹推进了矿山生态修复、流域水环境保护、污染退化土地治理、森林植被恢复等系列工程。而且围绕乌伦古河－乌伦古湖流域水生态环境保护与修复，也专门系统地开展了乌伦古河流域生态保护与修复综合治理实施方案和乌伦古湖水污染成因分析及污染防治对策研究等项目研究，科学全面深入地调查了流域生态环境现状，剖析了流域生态退化存在的问题及成因，研究提出了防治方略，研究成果有利于促进流域生态环境整体提升及生态屏障功能恢复。

本论著首次系统梳理了乌伦古湖流域生态修复和生态文明建设的研究成果，从乌伦古湖流域概况、地质地貌与土地利用情况、生态环境退化与治理历程、生态环境安全调查与评估、水污染成因及水生态效应、湖泊流域生态文明建设与可持续发展路径、人与自然和谐共生建设等方面，真实全面记录乌伦古湖自然生态的演变与发展历程。本论著的系统思维是严格遵循生态文明思想的基本原则，对乌伦古湖流域的系统保护和可持续发展、提升区域生态文明建设理论水平具有重要的指导作用；本论著提供了大量的第一手基础数据，是我们多年来对乌伦古湖流域生态环境系统深入研究的结晶，不仅可以让大家全面深入了解乌伦古湖流域生态环境历史变迁，还有丰富的理论创新和实践案例；本论著所提供的典型案例，可为西北干旱地区同类内陆尾闾湖泊的生态环境综合整治和生态保护修复提供参考借鉴。此外，本论著的出版也可为生态环境保护、农林生产、水资源开发利用、水土保持和地质地貌等方面的科学研究和工程技术人员以及大专院校师生提供重要的参考。

愿乌伦古湖这颗上天洒落在人间的大漠明珠，继续为这片土地的生态文明发展绽放光彩，璀璨恒久。

2023 年 8 月 8 日

前　言

良好的生态环境是人类生存发展的基本条件，是经济和社会发展的基础。党的二十大报告指出，"中国式现代化是人与自然和谐共生的现代化"，明确了我国新时代生态文明建设的战略任务，总基调是推动绿色发展，促进人与自然和谐共生，并实现可持续发展。然而，我国生态环境脆弱，人均资源不足，虽然全国生态环境质量继续保持改善态势，但改善的基础还不稳固，持续改善的难度明显加大，生态环境质量由量变到质变的拐点尚未出现。只有坚持可持续发展战略，保护环境，重建生态平衡，才能协调社会、经济与生态的关系，实现人与自然和谐共生。

本书基于伊犁哈萨克自治州阿勒泰地区科学技术局"新疆乌伦古湖水污染成因分析与污染防治对策研究""阿勒泰山水林田湖草生命共同体机制机理与关键修复技术研究""阿勒泰地区山水林田湖草方案效益评估"等项目，在梳理生态系统相关理论体系概念的基础上，对乌伦古湖流域生态保护与可持续发展战略实践进行了深入研究和探索。全书共八章，第1章为绪论，主要介绍国内外水生态环境保护、湖泊生态环境保护、干旱区湖泊生态环境保护与修复进展，由李开明、杨晴、程艳、程刚编写；第2章为乌伦古湖流域概况，主要介绍乌伦古湖流域的流域范围、自然环境概况、社会经济概况、流域生态环境状况，由海拉提·阿力地阿尔汗、王显丽、刘小珍、艾丽娜·海拉提、崔瑶等编写；第3章为乌伦古湖生态环境演变特征，介绍乌伦古湖的形成，分析乌伦古湖区域地貌、土地利用及湖泊生态系统演变过程，由程维明、程艳、王随继、王白雪、宋珂钰、张一驰、徐画等编写；第4章为乌伦古湖生态环境退化与治理发展历程，从20世纪60年代开始分析各时期流域面临的主要生态环境问题以及各时期流域生态环境保护与治理对策，并详细列出乌伦古湖流域生态环境保护重要工程，由刘晓伟、王文静、周道坤、郭灿斌、吴天忠等编写；第5章为乌伦古湖流域水生态环境安全调查与评估，重点对流域生物多样性进行调查，进而提出影响流域生态安全的关键因素，由程艳、刘永萍、侯钰荣、李周园、刘丽燕、海拉提·阿力地阿尔汗、白泽龙、吐地·依米提、努尔沙吾列·哈斯木汉、王悦等编写；第6章为乌伦古湖水污染成因及水生态效应分析，深入剖析乌伦古湖水污染存在问题的根源，为制定污染防治对策研究提供科学依据，由周泉、卢文洲、荣楠、王文静、倪广恒、张硕、张玉虎等编写；第7章为湖泊流域生态环境治理与可持续协同发展，详细阐述乌伦古湖流域水生态环境保护、资源高效利用、水资源优化调度等可持续发展战略内容，由荣楠、李开明、程维明、卢文洲、刘晓伟、刘浩、阿依木拉提·达吾列提别克等编写；第8章为基于人与自然和谐共生的乌伦古湖生态文明建设方案，包括生态旅游、防沙治沙、绿色农业、推进流域山水林田湖草沙系统保护修复等，由张惠远、郝海广、海拉提·阿力地阿尔汗、刘永萍、侯钰荣、刘丽燕、张哲、孙丽慧、范垚、加得拉·阿尔青等编写。全书由李开明、卢文洲、海拉提·阿力地阿尔汗负责统稿和定稿。前言和后记由卢文洲负责编写。

　　本书的编写及出版得到众多老师、同事、学生和亲人们的大力支持。并得到新疆维吾尔自治区有关领导以及新疆维吾尔自治区生态环境厅，伊犁哈萨克自治州人大，阿勒泰地委、行署，共青团新疆维吾尔自治区委员会、新疆环境保护科学研究院、新疆生态环境监测总站及新疆畜牧科学院等有关部门领导的大力支持，并得到伊犁哈萨克自治州阿勒泰地区科学技术局相关项目的资助，新疆综合科学考察项目也给予了支持，在此谨以谢忱。

　　由于作者能力有限，书中疏漏之处在所难免，恳请广大同行专家和读者批评指正。

编写委员会

2023年7月

目　录

1.1 国内外水生态环境保护与可持续发展进展

随着人类活动的不断增加和工业化的发展，水环境的污染问题越来越严重。为了保护水环境并实现可持续发展，水环境管理研究已经成为一个热门话题。目前研究热点为水环境的自然发展以及在人类活动影响下的演变规律，寻求经济社会发展与资源、环境系统协调的较优模式，并不断地将新的认识用于指导人类的经济社会活动，协调水环境保护与经济发展的关系；以水资源的可持续利用、水环境的可持续承载，来支撑社会经济的可持续发展。以下是水环境管理研究的总体趋势：

（1）水环境污染监测技术的发展：随着技术的不断进步，水环境污染监测技术也在不断发展。例如，传感器技术、遥感技术、微型化分析技术等新技术的应用，使得水环境污染监测更加快速、准确和有效。

（2）水环境治理技术的研究：水环境治理技术包括物理、化学和生物治理等多种技术。近年来，一些新的治理技术，如人工湿地、生态修复等，已经得到广泛应用。这些技术能够有效地降低水环境污染，提高水环境质量。

（3）水资源管理的研究：水资源是可持续发展的重要组成部分。水资源管理研究包括水资源评估、水资源规划、水资源分配等方面。通过合理的水资源管理，可以最大限度地利用水资源，提高水资源利用效率，减少水资源浪费。

（4）水环境政策的制定和实施：为了保护水环境，各国制定了一系列的水环境政策和法规。这些政策和法规包括水环境保护法、水污染防治法等。通过制定和实施这些政策和法规，可以有效地保护水环境，促进可持续发展。

1.1.1 国外水生态环境保护工作进展

1. 国外水环境管理研究进展

在经济发展和高速增长的同时，环境问题日渐突出，成为世界范围内高度关注的共同问题。水环境恶化对国家经济的发展产生严重影响和制约，水环境保护和生态建设已经上升到国家战略发展的高度，迫切需要相应理论及技术的支持。国际上，水环境研究从微观尺度向宏观尺度逐渐拓展。发达国家经历了发展经济、破坏环境、经济发达、重建生态的曲折发展历程。目前水环境科学研究关注于水环境自然发展以及在人类活动影响下的演变规律，寻求经济社会发展与资源、环境系统协调的较优模式，并不断地将新的认识用于指导人类的经济社会活动，协调水环境保护与经济发展的关系；以水资源的可持续利用、水环境的可持续承载，来支撑社会经济的可持续发展。

1）美国

美国的水环境管理发展历程可以追溯到 20 世纪初期。1948 年，美国国会通过了《联邦水污染控制法案》（Federal Water Pollution Control Act），这是美国第一部针对水环境污染问题的法律。该法案规定了对水体的排放标准和监管机制。1972 年，国会通过了《清洁水法》（Clean Water Act），对《联邦水污染控制法案》进行了修订。该法案进一步加强了对水环境的保护，并规定了水体质量标准和污染物排放标准。1987 年，美国出台实施《水资源发展法案 1986》（Water Resources Development Act of 1986），该法案旨在保护水资源、防止水灾和提高水利设施的效率。该法案还为水资源管理提供了更多的资金和技术支持。1990 年，国会通过了《清洁空气法案修正案》（Clean Air Act Amendments），该法案规定了空气质量标准和污染物排放标准。这项法案对水环境管理也产生了积极影响，因为空气污染物可以通过降雨和沉积物的形式进入水体。2022 年最新一次修订，通过了《水资源发展法案 2022》（Water Resources Development Act of 2022），进一步加强了对水资源管理和保护，纳入更多研究成果和技术成果，提供了更多的资金和技术支持。近年来，美国政府和社会各界对水环境管理的关注不断增加，例如，美国环境保护局（EPA）推出了"清洁水行动计划"（Clean Water Action Plan），旨在加强对水体的保护和恢复，2020 年 7 月 23 日，美国环境保护局首次更新发布了《国家水资源再利用行动计划》（National Water Reuse Action Plan，WRAP）协作实施情况，重点阐述了 EPA 及其合作的用水群体在提升水回用意识，确保国家水资源安全性、可持续性、适应性过程中取得的进步。

美国《清洁水法》制定了国家消除污染物排放制度（NEDS，简称国家消污制度），比较成功地控制了点源水污染物的排放。根据《清洁水法》的要求，可以总结出国家消污制度包含下面 4 个基本原则。

第一个原则，经济发展只能在环境得到保护的前提下才可以进行。污染排放到水环境仅仅是一种有条件的优待，必须受到各种必要的限制，包括由排污者承担监测排放对环境影响的费用，在必要时得服从管理机构禁止排放的要求等。这不是排污者固有的、不可取消的权力，不能以所谓"经济发展权"的主张来排斥对污染排放的管制。

第二个原则，排放要取得国家许可。正是经历了由各州自行控制水污染导致的重大失败，美国联邦政府才能够凝聚各方面的共识，跨过美国宪法第十修正案的障碍，在1972年通过的《清洁水法》中设立国家级的污染物排放消除制度管制所有的点源排放，形成了现在比较成功的"美国做法"。《清洁水法》规定任何污染排放都必须获得国家消污制度许可证，这是国家层级的水污染物排放许可证。在以后的实践中，各州政府大多接手了污染排放许可证以及相应的水污染控制工作。作为接手的条件，各州必须将有关国家消污制度的联邦法规作为各州水污染控制法律的一部分，而EPA仍然保留对国家消污制度许可证的审查和最终决定权。许可证制度仍然是在国家层面由EPA主导的对污染排放的管理制度。

第三个原则，在国家消污制度管理下，所有水污染物的排放，都要达到基于技术的排放限值。这种排放限值的主要内容是EPA制定的排放限值指导，与中国的行业排放标准类似，也是基于技术和经济条件制定的。所以以下根据中文习惯将"基于技术的排放限值"翻译为"行业排放标准"。这种排放标准既对污染物排放加以限制，又不致严重影响企业的经营。这是国家统一标准，同行业的所有企业都必须遵守。《清洁水法》明确要求在水体未受严重污染、尚存环境容量时，也要执行行业标准。随着行业技术和经济条件的发展，行业排放标准越趋严格。美国提出行业排放标准的初衷，是要让行业排放标准最后严格到让各种点源污染物零排放的国家目标。但是在目前的阶段，行业排放标准与零排放的目标还相去甚远，只能作为最低排放标准。

第四个原则，如果行业排放标准不能使排污受纳水体环境质量达标，就需要执行更严格的、向水环境质量标准看齐的基于水质的排放限值（water quality-based effluent limitations）。以下将其翻译为更接近中文习惯的"水质排放标准"。由于水体法定环境功能和水质目标的设定已经考虑了技术经济因素，水质排放标准的制定就不再考虑。换句话说，实施水质排放标准是在理性基础上的水污染控制措施。

从以上4个原则可以看出，美国在由中央政府出面直接抵御地方竞争侵蚀环境利益的前提下，全面实施水质排放标准。这是控制污染排放并实现环境质量达标的关键机制。

在美国的水污染控制框架中，每日负荷制度（TMDL）是为了恢复已污染水体水质而设计的制度。对于已知水质受损的水体，如果排入这个水体的点源在实施行业排放标准后还是不能恢复水质，就要对这个流域实施每日负荷制度，为其量体裁衣制定针对面源污染物和点源污染物的废物负荷。有了废物负荷之后，国家消污制度就必须在这个基础上为点源排放制定相应的水质排放标准。

TMDL具有4个方面的特点。第一，制度针对的是特定水域，而不是一个行政区域。第二，管理对象是水质受损的水体以及影响这个水体的流域，而不仅仅是点源排放。第三，控制污染的措施包括限制损害人体和水生态健康的所有污染物，比如金属镉、农药滴滴涕、致病细菌甚至固体垃圾等。第四，对点源排放控制的形式是降低污染物浓度到可以保护环境质量的水平（郑军等，2022）。

2）欧盟

欧盟水环境管理的发展历程可以追溯到 20 世纪 60 年代。1975 年，欧盟通过了《欧洲水质标准指令》（European Water Quality Standards Directive），该指令规定了欧洲水体的质量标准和污染物排放标准。1991 年，欧盟通过了《欧洲水框架指令》（European Water Framework Directive，WFD），该指令旨在促进欧洲水体的可持续管理和保护。该指令规定了水体质量标准、水资源管理和水环境监测等方面的要求，并要求欧盟成员国制定水资源管理计划和水环境保护计划。2000 年，欧盟通过了《欧洲水资源管理指南》（European Water Management Guidelines），该指南旨在为欧洲水资源管理提供指导和建议。该指南涵盖了水资源管理的各个方面，包括水资源评估、水资源规划、水资源分配和水资源保护等。2015 年，欧盟通过了《欧洲水法案》（European Water Law），该法案旨在加强对欧洲水体的保护和恢复。该法案规定了水体质量标准和污染物排放标准，并要求欧盟成员国制定水资源管理计划和水环境保护计划。近年来，欧洲水环境管理的关注不断增加。例如，欧盟环境署推出了"欧洲水资源管理行动计划"（European Water Management Action Plan），旨在加强对欧洲水资源管理和保护的监管和支持。2020 年至今，欧盟绿色协议发布之后，《欧洲绿色新政》正式实施，面向未来的欧盟治水方略开始规划实施。2021 年 5 月 12 日，欧盟委员会通过了《欧盟行动计划：实现空气、水和土壤零污染》（以下简称《零污染行动计划》）。这是绿色新政的关键行动之一，是欧盟最新发布的针对空气、水、土壤、消费品污染治理的行动指南。从 2023 年 1 月起，修订后的饮用水指令将设定更严格的水质标准，以解决内分泌干扰物和微塑料等令人担忧的污染物，确保人人都能享用清洁的自来水，并减少对塑料瓶的需求。这将有利于提高人类健康的保护水平。欧盟委员会将在 2023 年之前评估是否需要在正在开展的游泳水域指令审查中纳入新的参数。即将进行的城市污水处理指令审查将分析对废水中的健康相关参数进行永久性监测的可能性，从而更好地应对流行病的威胁。审查并酌情修订水和海洋相关法律，严控化学污染物和微塑料排放，也将有助于保护饮用水和海产品质量。欧盟委员会将助力各成员国促进可持续水消费，防止水污染，并向所有用水者和污染者，包括工业、农业和家庭消费者提交一份体现社会公平的水费账单，尽可能引导可持续投资。此外，欧盟委员会还将推动监测和减少地表水和地下水中的关键污染物。

WFD 指令将地表水体的类型分为河流、湖泊、过渡性水域、沿海水域、人造地表水体、发生重大改变的地表水体，并对地表水生态状况的评价指标、分类定义、监测模式等作出具体规定。各成员国建立监测系统，明确水体的生态状况与生态潜力分类，根据划分的相关质量要素的生物和物理化学监测结果的较低数值，对水体的生态状况进行分类，关键目标是到 2015 年使欧洲的所有水域达到良好状态，核心是流域综合管理。

一是先进的水环境评价体系。指令将水体作为一个整体,将水体的数量、质量、生物质量要素、生态目标等多个指标组合在一起对水环境进行评价,并注重对人类健康和水产养殖的保护,形成了水体可持续利用和保护的最低措施保障。

二是严格的污染管理标准。WFD 指令主要针对具有毒性、持久性和生物蓄积性的危险物质,制定优先污染物环境质量标准。其他污染物的排放控制由各成员国依实际情况自行而定。通过欧盟优先污染物水环境质量标准和我国《地表水环境质量标准》(GB 3838—2002)的对比可以发现:①欧盟 WFD 指令高度关注对有机污染物特别是新型有机污染物的管控;②在标准值上,欧盟的水环境质量标准限值比我国《地表水环境质量标准》(GB 3838—2002)要严格得多,如敌敌畏、环氧七氯的环境质量标准就严格了 5~6 个量级;③对于优先污染物的筛选过程,欧盟综合考虑了化学物质的危害性和暴露水平两个方面,既关注化学物质对水生态系统的危害性,也考虑到人体健康、二次中毒的影响。

三是科学的水生态保护观念。相比前两批水立法的特定用途,WFD 指令的总体目标是保护水生态良好,针对生物条件、水文条件、物理和化学条件采取相应的措施,从根本上满足动植物保护及水资源和水环境的可持续利用。指令以综合保护为核心,以流域为单位制订流域管理计划并给予各成员国一定的完成时间,避免了不同行政单位对水体的重复污染。指令将水体状态从“极差”到“极好”划分为 5 个等级,其评价标准包括水质、水量、生物以及支撑水生态的水文要素等。在优先污染物水质标准制定方面,针对生物富集能力强、具有食物链传递与放大作用的污染物,制定了基于生物体内含量的环境质量标准(Biota-WQS),以保护高营养级的生物。

四是富有特色的流域管理体制。主要特点为:①注重依法管理。指令体系涵盖水资源利用与保护、洪水和干旱、栖息地保护等各个方面,要求成员国依据指令修订完善各自的法律法规并在规定时间内完成相应工作,形成了完整的水法规框架体系。②注重规划管理。要求各成员国编制流域管理规划,分析用水形势、社会影响和流域经济发展等,明确环境现状与目标的差距与工作的现存问题,并提出相应治理措施,形成了覆盖主要河流的流域规划体系。③注重综合管理。把水质目标、流域水资源、生态内容、经济财务、管理措施和公众利益综合在一起,形成了完整的水管理目标体系。④注重结果管理。对流域的生态状况和生态潜力进行详细的定义,制定全面的考核指标,形成了可操作性强的约束监督机制。⑤注重协调管理。设立专门的管理机构开展组织协调、筹备相关会议、投票表决等工作,充分调动了有关国家流域管理的积极性。⑥注重时间管理。成员国需在 2000~2003 年做好相关准备工作,在 2004~2009 年分析河流存在的问题并编制流域管理规划,在 2010~2015 年实施各项措施并评估是否实现预期目标。实现第一个规划周期各项指标后根据新的要求编制新一轮流域管理规划并开始实施。

1.1.2　国内水生态环境保护工作进展

我国水环境管理是伴随经济社会发展及生态环境保护工作同步推进、同步完善，既有国际水生态环境管理的共同发展历程，同时也受我国特征的国情影响，具备自身的发展特点。先后经历点源末端治理—区域综合治理—容量总量治理—以质量为核心的系统治理—生态修复与治理等阶段。

1. 点源末端治理阶段

改革开放初期是我国构建水环境管理体系的重要时期，涉水的环境保护法律法规、标准和政策制度等管理性文件在 20 世纪八九十年代相继出台，包括《水污染防治法》、《水污染防治法实施细则》、《地面水环境质量标准》（GB 3838—83）、《污水综合排放标准》（GB 8978—88）、《农田灌溉水质标准》（GB 5084—85）、《渔业水质标准》（GB 11607—89）、《地下水质量标准》（GB/T 14848—93）、《景观娱乐用水标准》（GB 12941—91）等法律法规文件。1989 年第三次全国环境保护会议强调了要向环境污染宣战、要加强制度建设，这次会议的一个具体贡献是确定了"三大政策"和"八项制度"，把环境保护工作推上了一个新的阶段。总体上全国水环境质量状况经历了从中华人民共和国成立初期基本清洁、20 世纪 80 年代局部恶化、90 年代全面恶化的变化过程，"有河皆污，有水皆脏"是 90 年代初期我国水环境状况的部分写照。虽然我国政府已经意识到我国工业化过程中希望能避免"先污染后治理"的过程，环境保护工作在经济社会发展中的地位逐渐受到重视，但还缺乏正确处理经济建设和环境保护关系的经验，重点是强调了要依法采取有效措施防治工业污染。1984 年开展历时两年半的全国工业污染源调查，限期治理、产业政策实施、重点污染源整治等工作取得了进展，但在国家层面没有充分重视城镇生活污染和流域、区域的水环境问题。总体上，这个阶段以单纯治理工业污染为主，要求工矿企业实施达标排放，但同时我国环境监管能力较弱，工矿企业达标情况并不乐观。

2. 区域综合治理阶段

20 世纪 90 年代，我国掀起了新一轮的大规模经济建设，重化工项目沿河沿江布局和发展对水环境造成的压力不断加大，1994 年淮河再次爆发污染事故，流域水质已经从局部河段变差向全流域恶化发展，决定了我国必须在流域层面开展大规模治水的历史阶段。重点流域水污染防治规划制度首次在 1996 年修正的《中华人民共和国水污染防治法》中予以明确，淮河、海河、辽河（简称"三河"）、太湖、巢湖、滇池（简称"三湖"）在《国民经济和社会发展"九五"计划和 2010年远景目标纲要》中被确定为国家的重点流域，也就是当时"33211"重点防治工程，自此大规模的流域治污工作全面展开。同时，提出环境质量管理目标责任制和推进"一控双达标"，即污染物排放总量控制、工业污染源达标排放、空气和地表水环境质量按功能区达标。"三河三湖""九五"计划制定了近期 2000 年和远期 2010 年的分期目标。以化学需氧量、总氮、总磷作为污染物总量控制指标，总量控制目标值的确定采用具有超前于当时历史阶段的容量总量思路，依据流域水质目标，反推区域最大允许排污总量后，再确定总量控制目标值并将其分解到各省和各控制单元。"九五"计划提出了 2000 年"淮河、太湖要实现水体变清，海河、辽河、滇池和巢湖的地表水水质应有明显改善"的水质目标，如淮河流域筛选了 82 个水质断面，用于评估省、市、县水污染治理任务的完成情况。此外，按照"质量—总量—项目—投资""四位一体"思路，确定纳入计划的治理项目及投资。

国务院于 1996 年批复实施淮河流域"九五"计划，这是批复最早的流域水污染防治计划，其他流域水污染防治计划分别于 1998 年（太湖、巢湖、滇池）和 1999 年（海河、辽河）批复。

"九五""十五"两期计划实施后，全国地表水水质有所改善，全国 I～III 类比例和劣 V 类比例呈稳中向好的趋势。但根据"九五"和"十五"计划的实施情况评估发现：两期计划的水质目标过于超前、对水污染状况的治理难度评估不足。为此，"十一五"规划（"十一五"起，由"计划"修改为"规划"）强调了规划目标指标的可达性，分析规划基准年的排污状况和基数，并加强 2006～2010 年污染物新增量的预测，宏观测算规划实施所需的污染治理投资。总体上，"十一五"规划提出了要基于技术经济可行的流域水质提升需求，制定"十一五"可达的总量控制目标和水质目标，力争在规划的 5 年期内完成有限目标，优先解决集中式饮用水水源地、跨省界水体、城市重点水体等突出环境问题。

与"九五""十五"计划最大的不同是，"十一五"规划首次明确了"五到省"原则，即"规划到省、任务到省、目标到省、项目到省、责任到省"，依据《水污染防治法》"地方政府对当地水环境质量负责"，突出水污染防治地方政府责任，中央政府进行宏观指导，重点保障饮用水水源地水质安全，实施跨省界水质考核和协调解决跨省界纠纷问题（张晶，2012）。

3. 容量总量治理阶段

"十二五"期间，国家和广大人民群众对环境保护的要求和需求越来越高。2011 年第七次全国环境保护大会提出了"着力解决影响科学发展和损害群众健康的突出环境问题"要求。2012 年全国污染防治工作会议提出的"由粗放型向精细化管理模式转变、由总量控制为主向全面改善环境质量转变"思路直接推进了"十二五"规划在精细化管理方面的突破。"九五""十五"控制单元的分区体系在"十二五"规划中有了进一步的深化演变，即对 8 个重点流域建立了流域—控制区—控制单元的三级分区体系，把控制单元作为"总量—质量—项目—投资""四位一体"制定治理方案"落地"的基本单元，先分优先、一般两类控制单元，优先单元再分水质改善、生态保护和污染控制三种类型实施控制单元的分级、分类管理。

与前三期规划（计划）不同的是："十二五"规划采用的是水污染物总量控制和环境质量改善双约束的规划目标指标体系，在全国层面实施总量控制目标考核、重点流域层面实施规划水质目标完成情况和规划项目实施进展情况的考核；确定了饮用水安全保障、工业污染治理、城镇生活污染治理、环境综合整治、生态恢复和风险防范等六方面的规划任务、骨干工程项目 6007 个，估算投资 3460 亿元。

4. 以质量为核心的治理阶段

党的十八大后，依据全面深化改革、全面依法治国的重要战略部署和落实环境保护法要求，2015 年国务院印发实施《水污染防治行动计划》（以下称"水十条"），使水污染治理实现了历史性和转折性变化，其最大亮点是系统推进水污染防治、水生态保护和水资源管理，即"三水"统筹的水环境管理体系，为健全污染防治新机制做了有亮点、有突破的探索。

"水十条"尊重客观规律，以质量改善为核心，统筹控制排污、促进转型、节约资源等任务，坚持节水即减污，污染总量减排与增加水量、生态扩容并重，污染物排放总量是分子，水量是分母，"分子、分母"两手都要发力；统筹地表与地下、陆地与海洋、大江大河与小沟小汊，强调水质、水量、水生态一体化综合管理，协同推进水污染防治、水资源管理和水生态保护，实施系统治理。

"水十条"设置了 10 条 35 款 76 段，每项工作都明确了责任单位和部门。"水十条"前三条分别为控制排放、推动转型升级和节约水资源，坚持污染减排和生态扩容"两手抓"，体现系统治水；第四至六条分别为科技支撑、市场驱动、严格执法等三方面的举措，提升防治能力；第七至八条以环境质量目标管理、排污许可、总量控制等强化水环境管理制度建设，全力保障水生态环境安全，以饮用水安全保障、"好水"保护、黑臭水体治理、海洋环境保护、水和湿地生态系统等为重点，着力提升民众生活质量；最后两条分别落实政府、企业和社会等三大主体的责任义务。

5. 水生态修复与自然恢复治理阶段

党的十八大确立了"五位一体"总体布局，随着生态文明体制改革方案的出台，生态环境保护力度明显加大，生态文明逐步成为各级党政领导干部和全社会成员普遍理解和接受的意识。习近平总书记在全国生态环境保护大会上指出"生态环境是关系党的使命宗旨的重大政治问题"，不仅把生态环境保护和生态文明建设与党的使命宗旨直接相连，而且把它们提升到了非常高的政治高度。以习近平生态文明思想为统领，集聚全社会的力量推动生态文明建设和生态环境保护工作是到 2035 年建成美丽中国的重大机遇。党的十九大明确了"到 2035 年基本实现社会主义现代化，生态环境根本好转，美丽中国目标基本实现"的奋斗目标。面向美丽中国建设目标要求，习近平总书记曾经强调"不能一边宣布全面建成小康社会，一边生态环境质量仍然很差"。以"鱼翔浅底"为美好愿景，有必要研究美丽中国在水生态环境领域的内涵。建议从水环境（水质）、水资源（生态流量）、水生态和水安全等角度，研究制定可监测、可统计和可考核的目标指标体系，其中相关领域指标适当向新型污染物、水生生物多样性、水环境风险指数等方面延伸，力争为人民提供更多优质生态产品和服务。落实"山水林田湖草"系统治理理念，一是坚持污染减排与生态扩容"两手发力"，实施系统治理。目前最为薄弱的环节是水资源、水环境、水生态"三水"统筹，要发挥水资源对水生态环境质量改善的基础性作用。建议在"十三五"黄河、淮河生态流量试点基础上，研究制定生态流量确定方法和保障机制，将生态流量保障推广至全国。二是加强陆海统筹生态环境管理和治理体系研究，强化陆域和海域的协调联动。包括：研究修订陆海环境功能区划等相关技术标准文件；推进海水和地表水环境标准衔接，着重研究氮磷等指标的相互转化关系；强化陆域生态保护和污染控制，实行近岸海域总氮污染物排放总量控制；统筹陆海环境风险源，完善面向常规污染物和新型污染物的环境风险防控和污染治理体系等。从可持续发展角度，要落实党的二十大精神，坚持人与自然和谐共生，在解决水生态环境问题的同时，更要注重自然生态的恢复，目前大量的研究从水体自然恢复角度出发，坚持水资源、水环境、水生态的"三水"统筹，生态环境部已印发水生态环境质量评价标准（试行），更加注重河道水生态环境质量整体性评价，将统一治理和修复的关系，推动河道恢复良好自然生态环境（徐敏等，2019）。

1.2　国内外湖泊生态环境保护进展

湖泊是地表水资源的重要载体，是自然生态系统的重要组成部分。湖泊是陆地表层系统关键地理节点，是"山水林田湖草沙"生命共同体的重要组成部分，是地球上重要的淡水资源库、洪水调蓄库和物种基因库，与人类生产与生活息息相关，在维系流域生态平衡、满足生产生活用水、减轻洪涝灾害和提供丰富水产品等方面发挥着不可替代的作用。维护湖泊生态安全已成为世界各国水环境保护、水资源科学配置及流域可持续发展的基本议题，湖泊生态安全评价及保护理论研究及工程实践也在国内外广泛开展，积累了丰富的理论基础和治理经验。湖泊的开发利用与保护问题，是各级政府的重要管理事务。

1.2.1 国内外湖泊现状

1.世界湖泊现状

地球上水的总体积为 13.86 亿 km^3，其中陆地贮水量 3503 万 km^3，仅占全球水体总量的 3.46%。在陆地系统储水总量中，湖泊是仅次于冰川和冻土的较大地表水体，储水总量为 17.64 万 km^3，占陆地地表贮水量的 0.72%（表 1-1）。

表 1-1　全球水量储存类型及比例

类型	面积/万 km^2	容积/万 km^3	水深/m	占总贮水量/%	占淡水储量/%
海洋水	36130	133800	3700.0	96.5379	
地下水	13480	2340	174.0	1.6883	
其中：地下淡水	—	1053	78.0	0.7597	30.100
土壤水	8200	1.65	0.2	0.0012	0.050
冰川与永久雪盖	1623	2406.41	1463.0	1.7362	68.700
永冻土底冰	2100	30.00	14.0	0.0216	0.860
湖泊水	270	17.64	85.7	0.0127	
其中：湖泊淡水	124	9.10	73.6	0.0066	0.260
沼泽水	268	1.15	4.3	0.0008	0.030
河流水	14880	0.21	0.0	0.0002	0.006
生物水	51000	0.11	0.0	0.0001	0.003
大气水	51000	1.29	0.0	0.0009	0.040
总计	—	138598.46	2718.0	100	—
其中：淡水	—	3502.92	235.0	2.53	100

资料来源：王圣瑞，2015

以湖水矿化度是否超过 1 g/L 为标准，将地球上的湖泊划分为咸水湖泊和淡水湖泊。全球淡水湖泊贮水量约为 9.10 万 km^3，占湖泊总贮水量的 51.59%，占全球淡水总储量的 0.26%；全球咸水湖泊贮水量约为 8.54 万 km^3，占湖泊总贮水量的 48.41%。咸水虽难以直接利用，但在干旱环境中，咸水湖往往坐落于流域水系的末端，是绿洲与沙漠的节点，兼具调节局部气候、维持绿洲生境等重要生态功能，是阻止荒漠入侵的最后一道屏障。

从全球湖泊水量的空间分布来看，湖泊水量主要集中于少数大湖，其中面积为 1000 km^2 以上的湖泊有 146 个，贮水量达 16.79 万 km^3，占全球湖泊总贮水量的 95%，其余小湖泊只占 5%。里海是世界上面积最大的湖泊，蓄水量 6.68 万 km^3，其面积占世界湖泊面积的 14%;第二位是贝加尔湖,蓄水量为 2.30 万 km³,也是世界最大的淡水湖泊;第三位是非洲的坦葛尼喀湖,蓄水量为 1.78 万 km³;第四位是北美洲的苏必利尔湖,蓄水量为 1.23 万 km³,世界十大湖泊蓄水量信息如表 1-2 所示。

表 1-2 世界十大湖泊蓄水量信息表

名称	英文名称	所处大洲	蓄水量/km³	最大深度/m	面积/km²
里海	Caspian Sea	亚洲,欧洲	66780	995	371794
贝加尔湖	Lake Baikal	亚洲	22995	1621	30510
坦噶尼喀湖	Lake Tanganyika	非洲	17827	1418	32893
苏必利尔湖	Lake Superior	北美洲	12258	406	82103
马拉维湖	Lake Malawi	非洲	6140	679	29603
密歇根湖	Lake Michigan	北美洲	4940	281	57757
休伦湖	Huron Lake	北美洲	3539	229	59829
维多利亚湖	Victoria Nyanza	非洲	2518	81	69479
大熊湖	Great Bear Lake	北美洲	2292	413	31328
大奴湖	Great Slave Lake	北美洲	2088	614	28570

因地理条件、气候状况等不同,湖泊的数量和分布在不同大洲、不同国家中也呈现显著的差异。北美洲以大湖居多,特别是加拿大拥有大湖的比例较高,146 个 1000 km² 以上大湖中,有 57 个位于北美洲,世界十大湖泊中,有 5 个坐落于北美洲,其中苏必利尔湖是北美洲最大的湖泊。南美洲湖泊数量较少,1000 km² 以上大湖仅有 10 个。亚洲湖泊贮水量丰富,淡水储量约占大陆水资源量的 1%,1000 km² 以上大湖有 38 个,同时拥有世界上最大的两个湖泊——里海和贝加尔湖。亚洲湖泊分布广,北亚、中亚、西亚、东亚、东南亚、南亚均有湖泊分布,但主要集中在北亚地区。

2. 中国湖泊分布及水资源概况

我国湖泊众多,共有湖泊 24800 多个。主要湖泊面积占国土面积的 0.72%,属于湖泊水资源比较贫乏的国家。第二次全国湖泊调查(2007~2012 年)结果表明,我国共有面积大于 1 km² 的湖泊 2693 个(其中盐湖 352 个),总面积为 81414.56 km²,约占全国国土面积的 0.85%;其中大于 1000 km² 的特大型湖泊有 10 个,分别为色林错、纳木错、青海湖、博斯腾湖、兴凯湖、鄱阳湖、洞庭湖、太湖、洪泽湖、呼伦湖;面积在 1~10 km²、10~50 km²、50~100 km²、100~500 km² 和 500~1000 km² 的湖泊分别有 2000 个、456 个、101 个、109 个和 17 个。从湖泊贮水量来看，中国湖泊总贮水量为 7550.87 亿 m^3，其中淡水湖为 2350.16 亿 m^3，占 31.1%；咸水湖为 4614.13 亿 m^3，占 61.11%；卤水盐为 586.59 亿 m^3，占 7.8%。这说明我国湖泊的贮水量是以咸水湖为主，其次为淡水湖，两者相差约 1 倍。

按自然地理特点和气候差异，我国湖泊可分为五个湖区，即东部平原湖区、蒙新高原湖区、云贵高原湖区、东北平原山地湖区和青藏高原湖区。在全国各湖泊分区中，以青藏高原湖泊的贮水量最为丰富，为 5725.39 亿 m^3，占全国湖泊总贮水量的 75.8%；其次为东部平原湖泊，贮水量为 717.86 亿 m^3，占 9.5%；蒙新及黄土高原地区湖泊贮水量为 536.23 亿 m^3，占 7.1%；东北、东南以及云贵等其他地区湖泊合计仅占全国湖泊总贮水量的 7.6%。以湖泊的水质类型而论，淡水湖泊的贮水量以青藏高原地区居首位，占 45.2%；东部平原湖泊次之，占 30.5%；其他各区淡水湖泊贮水量共占 24.7%。在青藏高原湖泊水中，淡水、咸水和盐水的比例接近 2∶7∶1；而蒙新和黄土高原区的比例为 3∶6∶1；东北区淡水和咸水比接近 4∶6，东部平原区盐水所占比例很小。可见，中国湖泊资源近一半在人迹罕至的青藏高原，但其资源可利用程度很低。在人口集中、经济发达的东部平原地区，尽管湖泊水网稠密，但大多为浅水湖泊，环境容量有限，由于工农业污染严重，已产生了不同程度的水质污染或湖泊的富营养化。

1.2.2　国内外湖泊生态保护面临的主要问题及成因

湖泊是世界内陆水体最重要的组成单元，具有水资源调蓄、生物多样性维护、水质净化和调节气候等多重功能，是支撑流域人类的生存与发展的关键资源。由于人类经济生产活动对湖泊湿地的侵占和污染物的排放，湖泊水质显著下降、水域面积萎缩，严重影响湖泊生态系统良性发展和人类用水安全。

1. 国外湖泊生态保护面临的主要问题

有学者从湖内生态环境变化、湖泊水源污染和湖岸带开发利用、气候变化和大气污染等方面，系统梳理了咸海、贝加尔湖等全球 28 个湖泊当前面临的生态环境问题，结果表明，非点源污染中的富营养、污水与暴雨流入、过量的泥沙沉淀物入湖等湖泊水源污染，是造成世界上大多数湖泊生态环境问题的主要根源。

北美五大湖（苏必利尔湖、密歇根湖、休伦湖、伊利湖与安大略湖）淡水储量约为 227126 亿 m^3，占北美洲淡水总量的 84%，占世界地表淡水总量的 21%。由于地表水与地下水补给对湖体更新起到的贡献不足 1%，而周边工业化、冶金业迅速发展使得大量未经处理的工业废水直接排入湖中，造成了水体严重污染，影响到湖畔居民的饮用水水源。

琵琶湖是日本第一大淡水湖，邻近日本古都京都、奈良，横卧在经济重镇大阪和名古屋之间，是日本近畿地区的主要饮用水源，水域面积约 674 km^2。20 世纪中叶，随着日本经济腾飞，大量污水排入琵琶湖，导致琵琶湖水质严重恶化，富营养化问题十分突出,淡水赤潮、蓝藻水华几乎年年暴发,供水安全受到严重威胁。

2. 我国湖泊生态保护面临的主要问题

我国自"九五"以来,在重点湖泊保护方面做了大量工作,包括编制和实施重点湖泊水污染防治规划,开展重点湖泊生态安全调查与评估研究等,实施了一系列治理工程,重点湖泊污染加重的趋势得以初步遏制。但经济社会快速发展及人口不断增长,仍然对湖泊生态系统形成了较大的压力,湖泊生态环境面临的形势仍不容乐观。

第一,湖泊数量和面积减少,湖体和湿地萎缩。据第二次湖泊调查结果,近50 年来我国湖泊数量减少了 243 个,面积减少 9.6 万 km²,约占湖泊总面积的 12%,主要在东部湖区和蒙新湖区表现突出。其中,长江中下游沿江地带的鄱阳湖、洞庭湖以及江汉平原四湖的萎缩,主要是围湖造田人为侵占所致,据调查和不完全统计,我国自新中国成立以来有 1/3 以上的湖泊被围垦,围垦总面积 1.3 万 km²以上,因围垦而消亡的湖泊达 1000 余个;黑龙江三江平原等地大规模的农业开发,夺取湖泊补水水源,兴凯湖、乌兰诺尔等入湖水量减少,湖泊水面面积萎缩;蒙新湖区的呼伦湖、达里诺尔湖、岱海、乌梁素海等湖泊,其萎缩主要是自然补给水量不断减少所致。

第二,湖泊水质富营养化依然严重,仍存在突发性水污染风险。根据新一轮全国水资源调查评价成果,全国评价的 261 个湖泊中,198 个湖泊处于富营养状态,占评价湖泊个数的 76%,占评价水面面积的 54%;我国东部、东北和云贵高原湖泊中有 85.4%湖泊超过了富营养化标准,其中达到重富营养化标准的占40.1%。随着湖泊富营养化加重,藻类等浮游植物大量繁殖并不断集聚,局部地区湖泊仍然存在突发性水污染风险。

第三,部分湖泊生态水位难保证,生物多样性降低。部分湖泊由于入湖河流补水能力不足,使其最低生态水位保障程度低,河湖湿地生态系统萎缩退化。例如,云南滇池水生植被占湖泊面积的比例由 20 世纪 50 年代的 90%退减到 21 世纪初的 1.8%;太湖鱼类由 20 世纪 60 年代的 106 种下降到目前 60 余种,水生植物分布面积减少了 126 km²;新疆的博斯腾湖水生植物群落面积减少,影响了水生态系统的物种多样性和长期稳定性,芦苇长势衰退、产量锐减;鄱阳湖和洞庭湖由于长江上中游水库群的修建,长江下游干流水位低,在枯水期江水进不来、蓄不住,同时大量泥沙淤积使湖泊对长江洪峰削减能力不断弱化,影响了洞庭湖蓄洪滞洪功能。

第四,湖泊管理机制缺乏,法规及标准体系尚需完善。目前我国多数湖泊无专管机构,水利、环境、林业、建设等部门不同程度地参与涉湖管理,各相关部门依据各自行业法规对水域岸线进行管理,各有侧重,各自为政,各部门间形成

"信息孤岛"与"数字鸿沟",管理体系有待理顺;湖泊保护方面缺乏专门的法规,湖泊保护的法律依据不足,执法效率大打折扣;湖泊管理适用的标准主要为湖泊水质方面的标准,包括水质评价标准、水质采样标准以及水质保护标准等。涉及湖泊生态系统的标准,如湖泊水生生物相关标准、沉积物相关标准、生态健康及安全标准等尚属空白,需进一步完善。

3. 我国湖泊生态保护存在问题成因

造成我国目前湖泊与湿地严峻生态环境问题的原因,既有自然因素,也有人为因素,而人为因素即不适当的生产、生活方式和滞后的管理方式是最直接和主要的原因。

一是周边流域人类活动强度大,缺乏综合治理。长期以来,大量产业和人口在湖泊周边集聚,导致进入湖泊的总氮、总磷等污染物增加,水环境污染不断加重,生态严重退化,在我国中东部平原湖区、东北、云南尤为明显。特别是近二三十年,各地大规模的沿湖开发现象屡禁不止,开发与保护失衡使得湖泊保护面临更加复杂、严峻的压力。国家已经开展少数重点湖泊流域的治理和保护,但不同区域、不同流域分层次的系统治理、综合管理力度明显不够,"山水林田湖草生命共同体"的系统治理理念尚不深入,没有流域乃至区域整体的统筹协调,局部的治理和保护效果难以持久。

二是管理效率低下,缺乏统一的管理机构。我国湖泊长期缺乏统一的管理机构。国家层面,水利部门主管湖泊防洪与水资源利用,自然资源与林草部门主管湿地,生态环境部门负责自然保护区,农业(渔业)部门负责渔业资源利用,其他涉湖管理机构还有园林、旅游部门等。地方层面,还有湿地公园管理、交通部门的航道管理、水利部门的湖泊岸线管理、环保部门的环境管理、地方财政或林业部门的芦苇管理等,管理单位错综复杂、职能交叉重叠,存在诸多矛盾和利益冲突,使得湖泊与湿地保护管理协调工作困难重重,效率低下。此外,现有湖泊与湿地保护率较低,仅为 43.5%,众多国家重点生态功能区、江河源头、生态脆弱和敏感区、鸟类迁飞越冬区等重要湖泊与湿地,仍未全部纳入保护体系之中。

三是大型水利工程建设较多,生态保护与修复工程偏少。上游控制性水利枢纽工程等一系列重大工程影响到长江中游通江湖泊的湖盆容积与形态变化,引起江湖水沙交换过程与通量的连锁调整,进而影响湖泊的蓄泄能力、水资源、水环境质量、生态系统完整性与稳定性,以及湖泊与湿地生物多样性与珍稀候鸟栖息地等各个方面。国家在水专项计划以及"山水林田湖草沙"综合治理中纳入了少数重点湖库的生态保护与治理,然而全国层面的湖泊与湿地生态保护和修复工程的整体规划和设计尚未开展,在地方层面不同省份对湖泊与湿地的生态保护重视力度参差不齐,例如湖北省和江苏省颁布了省级的湖泊保护条例,国家层面和其他省份尚未出台相关文件。

1.2.3　国内外湖泊生态保护主要案例及借鉴意义

湖泊污染与水环境恶化是国内外湖泊治理与保护的首要问题，也是国际公认难题。国际上针对湖泊保护和治理方面的工作开展较早，特别是欧美、日本等发达国家，如德国博登湖、日本琵琶湖，国内的太湖、滇池开展综合治理与生态保护相对较早，省级层面目前湖北省走在了国内湖泊生态保护与治理的前列，其湖泊治理保护的经验为推进我国湖泊生态保护和治理工作提供了借鉴与启示。

1. 国内外湖泊生态保护案例

博登湖位于瑞士、德国和奥地利的交界处，长 64 km，最宽处为 12 km，湖岸线总长 273 km，其中 173 km 位于德国境内。20 世纪 70 年代，肥料的使用以及水源净化设施的缺乏，曾令博登湖面临较为严重的富营养化问题。1972 年，该湖被德国政府认定为"严重污染"。为控制入湖污染，德国兴建城市污水处理厂，改善下水管网和泵站，污水处理率由 1972 年的 25% 增加到 1997 年的 93%；采取了一系列限磷措施，湖水磷浓度也从 1979 年的 0.087 mg/L 降至 2009 年的 0.012 mg/L；建造了许多蓄水池和雨水泵站，以减少雨水冲刷引起的地表面源污染直接进入湖体。博登湖流域还建立了职权分明的层级管理机构，超越地方政府利益，制定了湖泊水污染治理条例及水资源保护法则，实施民间湖泊保护组织与政府机构相互监督，限制湖泊及其周边地区的开发建设，拆除水泥护坡，改造自然河湖岸线，加强水质监测与管理。

为治理琵琶湖水环境问题，日本政府采用"源水保护、入水处理、湖水治理、生态恢复、立法管理、意识同步"的治理思路，历时近 40 年，促使琵琶湖水质由地表水质五类标准提高到三类标准。琵琶湖的治理可以分为两个阶段，第一阶段为 1972~1997 年，以"琵琶湖综合开发规划"为主要标志。1972 年，日本政府出台了"琵琶湖综合开发规划"，包括治水、水质安全、水资源开发、湖周边水利用等 22 类工程，规划以保护琵琶湖自然环境与水质、开发流域水资源及防洪为主要目的，规划主要工作重点为水资源有效利用和防洪减灾，但水质依然处于不断恶化的趋势；第二阶段为 1999~2020 年，以"琵琶湖综合保全整备规划"为主要标志。1999 年推行实施了"琵琶湖综合保全整备规划"，通过实施污染物排放控制、郊区雨污水净化、支流水质处理控制、泥沙污染治理、森林防护、提高雨水下渗能力、加大民众宣传教育等措施，湖区水质富营养化得到有效控制，水环境质量得到有效改善。

太湖是我国第三大淡水湖，湖泊面积 2427.8 km^2，对长三角地区社会经济发展发挥着巨大的保障与支撑作用。从 20 世纪 80 年代开始，随着太湖流域的城市化进程加快和社会经济发展提速，太湖水环境问题逐渐突出：总磷值 1981 年为 0.02 mg/L，1987 年为 0.046 mg/L；1995 年太湖全流域骨干河道污染长度占 78.6%，

2/3 的湖泊处于中度富营养以上程度；2007 年 5 月底，太湖蓝藻大面积暴发，引发无锡市近 200 万居民供水危机。水污染引发的流域水质型缺水矛盾日益尖锐，流域社会、经济发展以及百姓生活均受到重大影响。从 1996 年国务院召开太湖流域水污染防治第一次会议开始，拉开了太湖治理与生态保护的序幕。前期工作主要以"治理老污染，控制新污染"为行动方针，整改、关停污染企业，控制工业点源和农业面源污染，施行排污许可证制度，建立河长制，颁布《太湖流域管理条例》，制定环太湖城市水利工作联席会议制度，推进市场化机制和经济手段进入流域综合治理。同时，依托大型水利工程实行"引江济太"工程，通过加快湖体水循环，缓解水体压力，促进流域生态系统功能恢复。截至 2022 年底，太湖总体水质由劣 V 类提升为 IV 类水，无锡水域水质跃升至 III 类，综合营养状态指数由中度富营养状态改善为轻度，并且太湖连续 16 年实现了"确保饮用水安全、确保太湖水体不发生大面积水质黑臭"两个治理目标。

滇池是云南省最大的淡水湖，素有"高原明珠"之称。近几十年来，由于城市扩张引起湖滨植被覆盖度下降，农田排水及工业废水未经处理排入湖中，加之湖区内围网养殖，导致滇池水质不断恶化，水体富营养化问题日益突出，蓝藻水华频发，最严重时滇池上覆盖着一层难闻的绿膜，成为一个"臭水湖"。中央和云南省政府组织取缔养鱼网箱，解决了滇池的内源性污染问题；实行雨污分流，兴建污水处理厂，减缓雨污入湖造成的生态负荷；实施牛栏江—滇池引水工程，平均每年引水 5.6 亿 m^3 入滇池，实现生态补水，滇池水质由 V 类改善为 IV 类，污染程度由重转轻。滇中引水工程建成后，也具备相机向滇池补水的有利条件，为改善滇池水环境创造条件。

湖北有"千湖之省"的美誉，古云梦泽淤塞形成众多湖泊。有关资料表明，20 世纪 50 年代，湖北有 0.5 km^2 以上的湖泊 1066 个，总面积 8300 km^2，约占全省面积的 1/5。随着人口增长、经济发展带来的供给压力与日俱增，向湖索地、围湖造田的现象愈演愈烈，导致全省湖泊数量和面积都在逐步萎缩，湖泊污染和富营养化严重，生态功能退化。至 21 世纪初，湖北省湖泊存量仅为 309 个，总面积不足 2700 km^2，各种水鸟种群和数量急剧减少。为扭转湖泊萎缩、生态功能退化的局面，2012 年湖北省制定全国首个省级层面的湖泊保护条例——《湖北省湖泊保护条例》，摸清湖泊的数量、面积、分布和变迁，出台了省级湖泊保护名录，率先试行湖长制；同时还有针对性地实施退垸还湖、拆除围网、退出养殖，并开展"围网种草"的水生植被修复探索，改善湖泊水质，统筹湖泊生态安全。

2. 国内外湖泊生态保护借鉴与启示

综上而言，国内外针对湖泊治理与生态环境保护工作主要采取了工程和非工程两类措施。工程措施包括增加污水处理能力、加强入湖通道水质监测、实施跨流域调水工程等，非工程措施主要包括完善河湖治理管理体系、加强湖泊治理与保护立法、实施湖泊保护治理生态补偿、提升居民生态保护意识和主观能动性等。与此同时，先进的湖泊治理保护的经验也为推进我国湖泊生态保护和治理工作提供了借鉴与启示。

一是健全和完善法律法规体系，为湖泊保护和治理提供保障。流域管理问题是河湖水环境管理的核心内容之一，根据湖泊流域具体情况制定有针对性的流域水污染防治及管理法规，做到有法可依，是发达国家治理湖泊的共同特点。

二是建立统一的流域管理体制，探索建立各机构间的协调机制。以流域为单元的湖泊及流域一体化综合管理模式是实现湖泊保护的必然选择。流域单元统一管理是《欧盟水框架指令》的一个重要制度，强调了立法目标、管理机制和欧盟内跨成员国和跨行政区的协调合作。

三是加强源头控制、过程截污，促进经济与环境协调发展。各国治污实践，特别是湖泊富营养化治理案例充分表明，加强污染物源头治理，减少污废水排放是富营养化治理的最根本和有效措施之一。德国一直以来通过严格的污水排放管理来减轻水污染，多数发达国家通过采用强有力的环境法律法规、环境经济政策、产业调整及技术创新等手段，加强源头控制，极大地改善了该国的环境质量，实现了经济与环境协调发展。

四是建立水质、水量和水生态系统一体化管理体系。欧美水域规划战略目标已不再局限于污染控制，更多着眼于水质、水量和水生态系统一体化的管理体系。《欧盟水框架指令》在对河流状况进行评估时，包括生物质量、水文情势、物理化学指标三大类；博登湖分别采用了保护生态系统的三大管理措施，即严格控制湖泊及周边开发建设、保护湖泊湖滨带、实行河湖同治。

五是促进经济、社会和科技领域政策与水领域政策相结合。北美五大湖区成立了科学技术产品化基金，推动区内众多企业和科研机构把技术优势转化为产品；欧盟对湖泊供水与水处理服务进行经济分析，提出既要考虑供水和水处理服务成本，又要考虑因环境破坏带来的环境与资源成本；《欧盟水框架指令》提出，把经济政策、社会政策、科技政策与湖泊政策相结合，为湖泊治理提供良好的社会环境、经济基础和技术支撑，全方位推动湖泊治理。

1.3 干旱区湖泊生态环境保护与修复进展

1.3.1 内陆干旱区湖泊概况及其特征

干旱区指属于干旱气候的地区，最为显著的特征是区内气温日较差和年较差大、降水量少且季节性变化率大、蒸发量远高于降水量，从而导致植被生长及生态维系的主要因子为水分因素。通常将年降水量在 200 mm 以下的地区称为干旱区，年降水量在 200～400 mm 之间的地区称为半干旱区，而干旱半干旱区则为二者的总称。内陆干旱区为地处干旱区且远离海洋，河流水系形成于陆地且最终消散于陆地的区域，其主要分布于亚欧大陆腹地尤其是亚洲中部地区，我国的新疆、内蒙古、甘肃等均有分布，尤其以新疆及与新疆接壤的中亚国家最为典型。

特殊的地理位置，独特的山脉与盆地或谷地相间的地貌格局，构建成干旱区独有的以内陆河流域为主体，以河流廊道为纽带，并与生物生态紧密联系的系统完整的内陆河水分循环体系，在各水系末端形成多处尾闾湖泊湿地景观。较为典型的内陆干旱区湖泊有里海、咸海、巴尔喀什湖、阿拉湖、博斯腾湖、乌伦古湖、玛纳斯湖、艾比湖、罗布泊、伊塞克湖、田吉兹湖等；湖群有北哈萨克斯坦的谢列特湖群、恰内湖群库伦达湖群等。中国干旱区湖泊约有 700 个，主要分布在新疆，10 km^2 以上的湖泊有 29 个（伊犁河的尾闾巴尔喀什湖在哈萨克斯坦境内除外），其中 26 个湖泊分布在新疆，大多为内陆尾闾湖泊。新疆主要湖泊概况见表1-3。

表 1-3   新疆主要湖泊概况表

湖泊名称	类型	历史典型水位/m	面积/km^2	所属地区	湖泊特性
博斯腾湖	陷落湖	1048	1160	新疆巴州	准平原尾闾、淡水湖
乌伦古湖	陷落湖	478.6	753	新疆阿勒泰地区	平原尾闾、微咸湖
艾比湖	陷落湖	189	1070	新疆阿勒泰地区	平原尾闾、咸化湖
赛里木湖	陷落湖	2071	458	新疆博州	高山尾闾、微咸湖
玛纳斯湖	陷落湖	213.3	577.8	新疆昌吉州	平原尾闾、咸化湖
喀纳斯湖	终碛湖	1374	45.73	新疆阿勒泰地区	吞吐型、淡水湖
柴窝堡湖	陷落湖	1094	30	新疆乌鲁木齐市	平原尾闾、淡-咸转化湖
艾丁湖	沉降湖	−155	230	新疆吐鲁番市	平原尾闾、咸化湖
艾里克湖	陷落湖	—	55	新疆克拉玛依市	平原尾闾、微咸湖
巴里坤湖	陷落湖	—	92	新疆哈密市	平原尾闾、咸化湖
天池	终碛湖	1980	4.9	新疆昌吉州	高山尾闾、淡水湖

干旱内陆区尾闾湖泊独特的湖泊水文、物理及水化学、水生生态学性质，决定了它的属性不同于湿润区的湖泊，且处于中高山区的尾闾湖与处于流域下游平原区的尾闾湖特征也有所差别，后者往往更为敏感和脆弱。在干旱区内陆河山地绿洲-荒漠复合系统中，尾闾湖位于荒漠腹地或绿洲与荒漠交接地带；若以绿洲为大陆，以沙漠戈壁为海洋，尾闾湖便是岛屿或是半岛。因所处为平原地带，决定了湖泊的形态如同一只浅浅的碟子，深度与面积之比小。由于地形平旷，水位浅，又多大风，尾闾湖中水温、矿化度等要素在纵向上十分均匀，而在水平方向上差异较大。又因海拔低、气候极度干旱，降水极少蒸发强烈，故此往往矿化度很高，大多为咸化湖。湖水的主要甚至唯一补给来源为河流，严重依赖上游高山成水源

流区,对气候变化响应敏感,且位于流域最下游,深受流域中下游人类活动干扰。以上种种特征,决定了干旱区尾闾湖的相似性与别他性,在独特的地理和气候条件下,内陆干旱区尾闾湖泊在相对独立的水分循环系统内参与全球自然系统的水分循环和物质输移过程,其看似封闭实际又具有开放性,对区域气候变化和人类活动的影响具有高度的敏感性。

内陆河尾闾湖形成的生态环境,在维持自身生态系统稳定的同时也保障流域的生态安全及其更大范围的生态健康。尾闾湖是内陆河水循环的最后环节,是流域中集水汇盐的中心,在水分传输的同时也接纳各种矿物质和污染物,并稀释降解。尾闾湖及其维系的周边地下水埋深较浅的区域,是重要的生物栖息地,形成特殊的耐盐生物物种(如水中生产的鱼类、卤虫卵,湖畔和湖中生长的芦苇、水草和蒲类等植物和各种鸟兽等),有维持生物多样性的功能,包括物质生产与循环、生物多样性维持、小气候与大气调节、水体循环与净化、地表覆盖与防风固沙等,另外还具有科研文化、旅游休闲等文化价值。

1.3.2 干旱区尾闾湖泊面临的主要生态环境问题

作为内陆流域能流、物质的最终归宿,内陆尾闾湖泊是污染物质和盐分的累积中心,盐化和水质退化往往是自然和漫长的过程,这在中高原区的湖泊表现最为典型,这些湖泊往往受气候变化的影响,近年来随着冰川水量补给的增加大多呈现面积增加的态势,如阿尔金山上的阿雅克库木湖、赛里木湖等;但平原尾闾湖受人类活动和气候变化的双重影响,尤其是人类活动加剧使得湖泊萎缩、咸化快速加剧,导致较严重的生态环境问题。因水分循环异常导致的湖泊萎缩、消失,往往造成内陆湖泊流域生态系统受损,依赖尾闾湖泊的生物多样性维持、生物固碳、湿地净化、防风固沙、大气环境调节、绿洲生态屏障等功能极大降低或消失,最为突出的表现即为湖泊面积萎缩、水体咸化、水质退化、湖周生态环境恶化及其干涸湖盆盐化沙尘对外环境的影响等。

1. 平原尾闾湖泊水位下降、面积快速萎缩

从 20 世纪起新疆尾闾湖泊先后出现入湖水量急剧减少,面积快速萎缩的态势,其中罗布泊在 20 世纪 70 年代几乎干涸,60 年代后艾比湖、台特玛湖、艾丁湖、柴窝堡湖、艾里克湖、玛纳斯湖等湖泊面积大幅度萎缩,部分湖泊在 80 年代后期接近干涸,博斯腾湖、乌伦古湖、巴里坤湖等面积也出现一定程度的萎缩,但基本保持了一定的历史水面面积。总体上,20 世纪 70～90 年代,干旱区尾闾湖泊基本呈现萎缩态势,90 年代到 2000 年,则主要表现为扩张,此后 2000～2021 年又呈现快速萎缩,近年来逐步得到控制。

艾比湖鼎盛期的湖面面积在 3000～3500 km² 之间,到 20 世纪 40 年代末,湖面缩小至 1200 km²,1950～1972 年湖面面积快速萎缩,湖面由 1070 km² 缩小为 589

km², 1972～1995 年面积略有增减，1995～2002 年湖面面积快速由 473 km² 增加到 938 km²，此后到 2004 年变幅不大，基本维持在 890～950 km² 之间，后湖面面积有所减小，到 2013 年维持在 500 km² 左右，后逐渐升到 2018 年的 650 km²（图 1-1）。

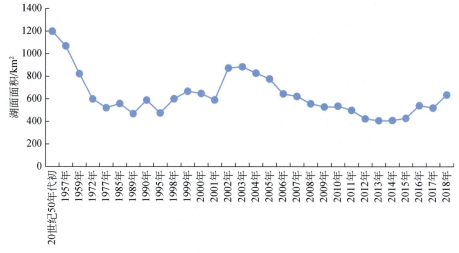

图 1-1 艾比湖湖面面积历年变化

艾丁湖历史上水面面积为 230 km²，20 世纪 40～90 年代，水面面积由 150 km² 降至约 10 km²；到 2013 年 5 月，艾丁湖已基本干涸，湖面、湖床逐渐演变为盐沼地或干涸的盐壳地，湖区裸露盐化面积达 90 km²（图 1-2）。

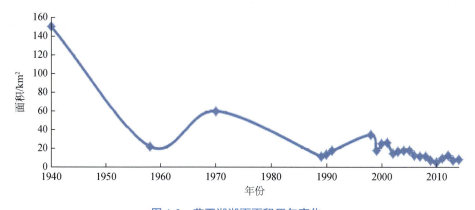

图 1-2 艾丁湖湖面面积历年变化

柴窝堡湖湖泊面积 2000 年以前在 30 km² 以上，此后随着柴西、柴北水源地开采量增加，水面面积逐渐开始减少，2012 年下降至 25 km²，此后快速在 2015 年左右锐减至 2.5 km²、容积由 1.253 亿 m³ 减少至 100 万 m³ 以下，湖水向东南方向前进了 100 m，湖面水位下降了 2～3 m，湖周地下水水位下降了 8～10 m。此后湖泊面积逐渐回升，至 2021 年达到 20 km² （图 1-3）。

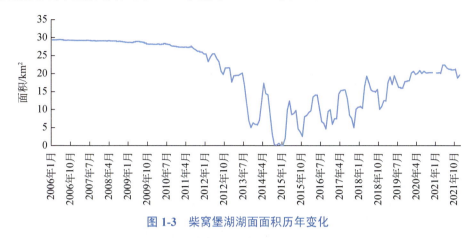

图 1-3 柴窝堡湖湖面面积历年变化

艾里克湖为白杨河流域各河流的尾闾湖，历史上一直由白杨河进行水量补给，在 20 世纪 70 年代以前，艾里克湖水面面积可维持在 60 km² 以上，1972～1991 年间随着补给水量的减少，水面面积在 15～45 km² 之间变动，到 20 世纪 90 年代基本无水量补给，至 1995 年湖面面积萎缩，并濒于干涸。自 2001 年起，克拉玛依市政府启动艾里克湖应急补水工程，7 年间每年向白杨河下游补水 1.0 亿 m³，使得湖泊面积得以恢复到 55 km²，但维持该面积面临较大困难（表 1-4）。

表 1-4 艾里克湖生态补水前后区域生态环境变化评估统计表

时间	多年平均入湖水量/（10⁸m³）	补给水源	湖面面积/km²	湖区生态环境状况
1972 年前	1.2	白杨河	60	良好
1972～1978 年	0.3～0.4	白杨河	45	较差
1979～1991 年	0.3	白杨河	15～45	差
1992～2000 年	<0.3	白杨河	干涸～35	极差
2001 年后	1.043	白杨河、外来水源	55	良好

台特玛湖作为我国最长的内陆河塔里木河的尾闾，20 世纪 50 年代面积约 80 m²，1972 年以来，塔里木河下游大西海子水库以下 363 km 长的河道长期断流，尾闾台特玛湖干涸。从 1999 年起，新疆维吾尔自治区借着开孔河流域进入丰水年的契机开启了向塔里木河下游生态输水，至 2016 年湖面面积达到 400 km²（图 1-4）。

玛纳斯湖在 20 世纪 50 年代水面面积达到 550 km²，20 世纪 60 年代初的航测地形图分析玛纳斯湖已经干，直至 1989 年间除了部分年份有少量水量外，基本处于干涸状态。1999 年湖水面面积恢复至 475.55 km²，但 2000～2001 年湖水面积又出现递减的趋势；2003 年湖水面积有所增加，但 2004 年又出现缩减，主要受入湖水量的影响（表 1-5）。

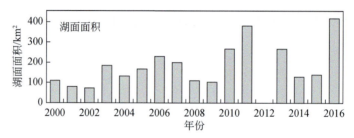

图 1-4　台特玛湖面面积历年变化

表 1-5　近 50 年来玛纳斯湖及周围湖泊的面积变化（km²）

周围湖泊	20 世纪 50 年代末	1972 年	1976 年	1989 年	1999 年	2000 年	2001 年	2003 年	2004 年
玛纳斯湖	550	7.08	0	0	475.55	289.5	70.66	220.87	99.83

1958 年以前博斯腾湖水位一般均保持在 1048.00 m 以上，即使在极其枯水的 1957 年水位仍保持在 1047.93 m。在 1980 年以前，博湖水位呈现 4～6 年的周期性变化，平均每年下降 12.0 cm。从 1988 年起，博斯腾湖水位开始持续上升，2002 年 8 月博斯腾湖平均水位高达海拔 1049.26 m，是有实测资料以来最高纪录。在此之后湖泊水位又经历了 2003～2009 年的连续快速下降，至 2010 年水位开始出现小幅回升（图 1-5）。

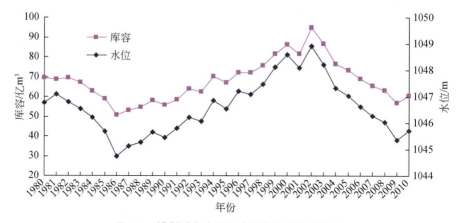

图 1-5　博斯腾湖水位及库容年际变化趋势图

乌伦古湖在 1957 年以前在天然状态下，布伦托海水位 484.0 m，湖面积为 863.6 km²，吉力湖水位 486.0 m，湖面面积为 198.7 km²，两湖合计面积为 1062.3 km²，大小湖水位差为 2 m。1959 年以后，乌伦古河中游大面积开垦，河水被大量引入灌区和蓄于水库，入湖水量大减，至 1970 年湖水位降至 481.8 m，相应湖面面积为 838 km²；1980 年湖水位为 478.8 m，湖面面积 740 km²，容积约 58 亿

m^3。从 1959 年至 1986 年，大海子水位下降 4～5 m，湖面面积缩小了 110.5 km^2，湖水储水量减少了 45.8 亿 m^3。1987 年以后，"引额济海" 扩建工程全部竣工，每年引水约 3 亿～4.5 亿 m^3，乌伦古湖（主要是大湖）水位才开始逐渐回升并逐渐趋于稳定，1990～1999 年，水面基本维持在 1013 km^2，水面高程平均 483 m（图 1-6）；2013 年卫星数据调查结果，乌伦古湖水域总面积 1027.6 km^2，其中布伦托海水面为 858.9 km^2，吉力湖水面为 168.7 km^2。

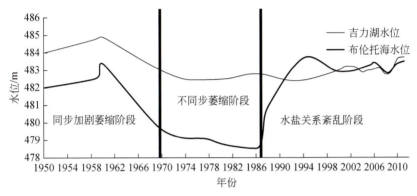

图 1-6　乌伦古湖大、小湖水位历史变化图

20 世纪 70 年代巴里坤湖平均面积为 9647.2 hm^2，90 年代面积为 9424.6 hm^2，20 世纪前十年平均面积 9090.8 hm^2，变化较缓慢。2013 年河南水利厅专家分四次对巴里坤湖进行了遥感监测，通过影像（1∶50000）：5 月 31 日湖水面积为 55.55 km^2；6 月 29 日湖水面积为 50.29 km^2，相对 20 世纪减少了近 40%。

2. 湖泊水体咸化、水质退化加剧

随着干旱区平原尾闾湖泊水位快速下降、面积加速萎缩，湖泊咸化、水质退化和富营养化程度不断加剧，成为水环境保护与治理的难点。

博斯腾湖、乌伦古湖、柴窝堡湖、艾丁湖、艾里克湖、艾比湖、巴里坤湖等湖泊水体矿化度总体随湖面面积萎缩和湖泊水位下降而呈增加的趋势。其中，博斯腾湖在 20 世纪 70 年代以前水体一直为矿化度小于 1 g/L 的淡水，但随着水位的下降，在 1975 年左右已经达到 1.4 g/L，为微咸水；在 2000 年左右基本回落到淡水的最大值 1 g/L，之后基本保持在 1.2～1.5 g/L 之间，基本处于咸淡转化状态（图 1-7）。

随着自然水量补给方式被人为控制替代的影响，乌伦古湖在 1986 年后出现了大、小湖水盐关系紊乱的状况。在乌伦古湖流域天然的水文补给方式作用下，大、小湖水盐特征完全不同，其中吉力湖因接受乌伦古河补给，且因水面高于布伦托海，成为水量有进有出的吞吐型淡水湖泊，而布伦托海水量主要为吉力湖水量经

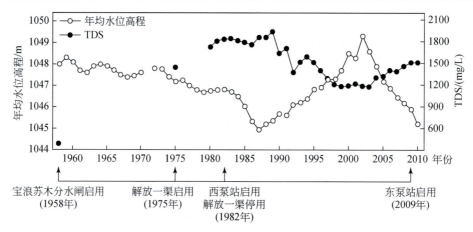

图 1-7　博斯腾湖近 50 年来水位高程及年均矿化度变化

由库依尔尕河补给，且除了蒸发外，基本没有出口，成为流域最终的物质和能流归宿区，为典型的干旱内陆区微咸的封闭型湖泊。从 20 世纪 60 年代起，乌伦古湖水盐系统在多种因素的作用下持续失衡，1976 年以前，主要表现为大、小湖持续萎缩、咸化，但大、小湖间的水位差和水力关系尚稳定；1976 年后，大湖（布伦托海）水位迅速升高，并在很多时候超过小湖，导致两者间原有的大小湖水位差消失，在水文关系上，由原来吉力湖单向补给布伦托海，变为两者互为补给。大湖矿化度出现持续下降并稳定水体矿化度空间分布进一步均匀化。但小湖水体矿化度却依然持续增加，2008 年左右超过 1 g/L 的淡水限制，且小湖水盐关系丧失了干旱区湖泊的特定规律，即盐分变化与湖泊水位（水量）为正向相关关系，湖泊水盐关系无序化，吉力湖生态系统由淡水系统向咸水生态系统转变（图 1-8）。

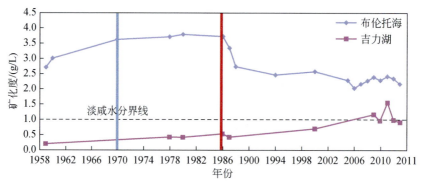

图 1-8　乌伦古湖大、小湖矿化度历史变化情况

柴窝堡湖在历史上与小盐湖相通，类似于吞吐型湖泊，历史上一直以来为淡水湖泊，还一度成为乌鲁木齐市的备用水源地，但随着面积的快速萎缩，湖泊快速咸化，尤其在 2012~2016 年间，矿化度超过 25 g/L，在 2013 年甚至超过 45 g/L，

成为咸化湖，随着治理力度的加大，目前柴窝堡湖矿化度基本控制在 5～10 g/L 之间（图 1-9）。

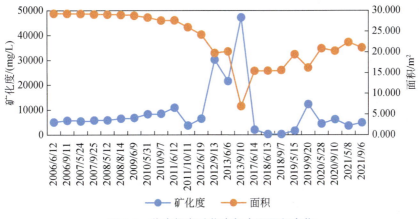

图 1-9　柴窝堡湖矿化度与水面面积变化

艾比湖、艾丁湖历史均是高度咸化的湖泊，艾比湖除了径流主要补给区外，矿化度在 180 g/L 以上，随着原有湖区水面萎缩，漏出的地面成为高度盐化的荒漠或沼泽。根据艾丁湖沉积物的变化过程，艾丁湖在 20 世纪水质为淡水，随后，淡水逐渐变为咸水，直至盐湖。目前，湖水矿化度达 210 g/L，湖中主要产出矿物有石盐、芒硝、无水芒硝，以及石膏、钙芒硝和多种钾、镁盐类，特别是光卤石的出现，反映艾丁湖已进入盐湖阶段的后期。目前湖的北部已逐渐干涸，湖盆残留大片盐壳。

在湖泊水质方面，各尾闾湖泊的有机物、氮磷、氟化物等指标均在各湖泊出现面积快速萎缩和水位快速下降后出现加速增高的趋势，湖泊水体富营养化水平也不断增加，尤其以艾比湖（氟化物、高锰酸盐指数、总磷劣Ⅴ类）、艾丁湖、乌伦古湖（氟化物、化学需氧量劣Ⅴ类）、柴窝堡（氟化物、高锰酸盐指数、总磷、化学需氧量劣Ⅴ类）最为典型，艾里克湖（化学需氧量、高锰酸盐指数、氟化物Ⅴ类）、博斯腾湖等控制在一定范围内（化学需氧量Ⅳ类）。在富营养化水平方面，艾比湖综合营养状态指数达到中度富营养水平，艾里克达到轻度富营养水平，乌伦古湖、博斯腾湖为中营养水平。诸多研究发现，随着流域环境保护与治理力度的大幅提升，在有限入湖水量或湖泊面积情况下，即使物质输入在较清洁水平，尾闾湖泊的有机物、氮磷、氟化物及其盐分等也难以达到较低水平，且随着水量的增加，这一情况的改善程度并不显著，显示出与季风区各类湖泊以及与干旱区山地湖泊、河道湖、出流湖等明显不同的特点，对其合理的水环境质量管理阈值的判定一直是环境管理上的难题。

3. 湖周湿地退化、生态环境恶化

　　总体而言，随着湖泊面积萎缩和水质退化的加剧，干旱区尾闾湖泊湿地呈现植被大范围退化、大量珍稀动物濒临灭绝。与 1986 年相比，乌伦古湖 2010 年湿地面积减少到 40.74 km²（6.11 万亩），湿地面积净减少 15.81 km²（2.37 万亩），占流域湿地面积（1986 年）的 28.19%。湖荡及湖滨芦苇湿地消失主要区域分布在吉力湖北、布伦托海中海子东西边缘，在东南骆驼脖子和大湖西部也有少量萎缩。大量湖荡及湖滨湿地的消失，使得其净化水质的功能也随之下降，并且湖泊生物种类、数量减少；植被覆盖率降低，原湖滨沼泽浅滩上生长的水生、湿生、中生、湿地植物因水位下降而枯萎死亡，逐渐被稀疏的陆生、旱生植物所替代。由于生境发生了变化，栖息于原植物群落中的水禽也减少，细粒径的湖相沉积物质裸露出地表，沼泽湿地对湖泊生态的保护作用也极大削弱。

　　艾里克湖干涸后，乌尔禾地下水位由原来的 2 m 降至 14 m 以下，导致荒漠草场退化，大片胡杨林死亡，20 km² 以上的芦苇带干枯。湖滨新村居民和近湖军垦团场职工无法生活、生产，被迫迁移。由于失去了遮挡风沙的天然屏障，该区域风沙肆虐，沙尘天气剧增，部分地域出现沙漠化，并波及周边地区。使得中国第二大沙漠——古尔班通古特沙漠西侵，并不断向克拉玛依市逼近，直接威胁克拉玛依绿洲及周边区域的生态安全。

　　柴窝堡湖湖面水位和湖周地下水水位的持续下降，使原有湿地变为干旱荒滩，芦苇、马莲等植物全部死亡，湖周植被、古树死亡，湖周仅有少量荒漠植被零星分布。湖周近 2 万亩休耕农田已出现严重的土地沙化，次生生态灾害开始显现。且湖泊水生生态系统已被荒漠生态系统代替，生物多样性急剧衰退，生态系统完整性严重受损，生态结构极其脆弱，柴窝堡湖水源涵养功能、生态服务功能丧失，导致湖泊周围区域生态环境迅速恶化。湖周大量水生植被枯亡，裸露的湖底已大面积盐碱化，湖岸休耕农田仅一年已出现严重沙化。

　　艾丁湖流域湖域面积的缩小使得流域气候逐步恶化，加剧了植物退化。艾丁湖周边大片芦苇、红柳、骆驼刺等枯死，白、黑鹳，大、小天鹅，鹅喉羚等大量珍稀动物和其他野生鸟、兽类濒临绝迹。沙尘暴还裹带大量高盐碱土壤覆盖农田，致使艾丁湖周边农田盐碱化明显加重；流域土地沙化面积增加，沙尘暴肆虐，沙尘中有大量的盐分，这将加速天山博格达峰及东天山冰川退缩，并对下游的乌鲁木齐市和吐鲁番盆地的水资源产生巨大影响，综合已有研究和现状资料，每年发生风力搬运的盐尘在 500 万～1260 万 t。

　　2000～2010 年，艾比湖面积缩减了 330.31 km²，平均每年缩减 33 km²，退缩速度比前期增长了 1.5 倍。湖区生态系统发生突出变化的区域主要集中分布在艾比湖湖滨区域及湖区西南缘博尔塔拉河及精河下游区及东北部等区域，呈现湖泊水域萎缩退化为盐碱地，湖滨带低地草甸干化、盐渍化及荒漠化。

巴里坤湿地生态环境恶化主要表现在湖泊湿地萎缩，河流和沼泽湿地的严重退化，退化面积达 70% 以上。土壤类型已由过去的盐化草甸土正在向草甸盐土演替，草原常年超载放牧，乱挖乱砍草原植被和随意开垦荒地的现象时有发生，加之气温升高、降水减少等客观因素，使草原得不到休养生息，造成草场退化、沙化、水土流失较为严重，为沙暴、扬沙、浮尘的形成提供了条件，风沙天气连年不断，且有加剧趋势。湿地逐渐退化为覆被条件差的草地和盐碱质荒漠化土地。

新疆内陆尾闾湖泊自 20 世纪五六十年代以来因湖泊萎缩、咸化、水质退化和生态恶化等一系列问题，尤其盐尘和生物多样性下降等引起了国内外的高度关注，其发生发展的主要原因由人类不合理的开发活动引起，在气候变化的大背景下加剧和演化。

1.3.3　干旱区湖泊生态环境保护修复实践

1. 乌伦古湖早期的生态保护实践

20 世纪六七十年代乌伦古河频繁发生断流，导致入湖水量锐减，湖泊水位快速下降，面积萎缩引发诸多生态环境问题，1970 年，兵团第十师开通了 73 km 处之地峡，开挖了引河（额尔齐斯河）济海渠，把额尔齐斯河水引入布伦托海，自此进入乌伦古湖的补给水源包原水源乌伦古河，也包括客水源额尔齐斯河部分水量，彼时入湖水量并不稳定，对布伦托海面积的维持作用并不显著。1987 年 10 月阿勒泰地区完成了引额济海扩建工程，布伦托海水位快速上升，自此之后大湖的水位和面积得以维持，在较大程度上维护了湖泊及其周边生态环境，不致发生显著的退化。

2. 台特玛湖生态环境保护实践

台特玛湖作为我国最长的内陆河流——塔里木河的尾闾，其在 20 世纪 70 年代干涸后引起国内外的高度关注。在 1999 年开孔河流域进入丰水期的契机下，开始将多余洪水向塔里木河干流下游进行生态输水。2001 年 6 月，国家批准实施总投资 107.39 亿元的塔里木河流域近期综合治理项目，自此开启了台特玛湖的生态保护工作。自 2000 年起，先后组织实施了 18 次向塔里木河下游生态输水，水头 13 次到达尾闾台特玛湖，实现了"水流到台特玛湖，塔里木河干流上中游林草植被得到有效保护和恢复，下游生态环境得到初步改善"的规划目标。新疆自 2000 年起，先后 22 次向塔里木河下游实施生态输水。随着多次输水，台特玛湖的占地面积 511 km^2，达到上百年来的峰值，湖周边的生态环境得到了全面恢复，动植物的种类和数量都达到了历史新高度。

3. 近年来新疆主要尾闾湖泊的生态环境保护修复实践

随着国家和自治区对干旱区尾闾湖泊生态环境变化的关注,"十二五"中后期开始各尾闾湖泊的保护工作陆续在国家、自治区和所在地（州、市）人民政府的推动下开展了生态保护修复与水质改善行动和实践。国家、自治区先后投入专项资金用于博斯腾湖、赛里木湖流域生态保护工作,自治区和各相关地州市陆续开展了乌伦古湖、艾里克湖、柴窝堡湖、艾比湖、艾丁湖等湖泊的生态安全调查与评估,制定了湖泊流域生态保护修复方案和水体达标方案等,有力推动了各尾闾湖泊的水面面积恢复和水质的维持。在湖泊生态保护修复方面,主要采取了以下措施。

1）实施湖泊流域社会经济调控

重点是针对当前流域内人口结构与规模、消费模式,产业结构与规模、产业组织及布局的特点,确定经济、社会优化调控方案、途径与方法,全面协调流域经济增长、社会发展与资源环境支撑之间的相互关系,通过对经济增长方式和社会发展模式的调控来实现资源节约利用和污染物减排,控制社会经济增长所造成的能源消耗和环境污染。

2）实施湖泊流域水土资源调控

通过合理确定各湖泊的水资源调控基准（包括入湖水量、合理生态水位等）,按照"以水定地"的原则,严格控制流域内各县市随意开荒和增加耕地面积;多措并举,促进流域水资源的高效合理利用;加强流域水资源调配,保证入湖水量,维持湖泊合理生态水位。按照对湖泊流域土地资源、土地适宜性和流域土地生态脆弱性情况,对整个流域进行了土地资源的"三线"调控与保护区划分,其中红线区严格保护构筑起流域生态安全的基本格局;黄线区严格控制国土开发强度,逐步减少农村居民点占用的空间,使更多的空间用于保障生态系统的良性循环;蓝线优化区重点是针对经济开发区域进行优化,目的是通过区内土地控制非农建设用地占用农用地,盘活存量用地;合理引导结构调整方向及合理引导产业集聚化等,来消减流域生态安全压力。

3）强化湖泊流域污染防治

以乌伦古湖为例,根据对乌伦古湖水质现状的评价,目前乌伦古湖属于Ⅳ类水质,主要超标污染物为 COD、氟化物（TN 虽未超标,但接近Ⅲ类水质上限）,属于水质改善型湖泊,需要以环境容量为约束手段,以乌伦古湖 COD、TN 达到并维持Ⅲ类水质标准为目标,核定入湖污染负荷总量需求,科学确定污染负荷削减量,结合乌伦古湖流域内污染负荷来源和类型特征,以及各类污染源控制水平,提出重点区域点、面污染源控制与削减对策。

4）实施湖泊流域生态修复与保护

重点以湖泊生态系统结构完整和生态系统健康为核心,考虑湖泊流域目前面临的主要环境问题和受人类活动干扰相对强烈的状况，采取生态自我修复为主、人工促进修复为辅的手段，对现有保持较好的生态区域加强保护；对于已经发生退化的生态区域，在采取一系列污染控制对策措施的基础上，着力科学调控和恢复湖泊水文条件和特性，去除或减轻人类活动或消极压力，优先依靠生态系统自我恢复能力，必要条件下以人工措施创造生境条件，给予人工辅助生态修复，其中注重因地制宜地优先选择本地物种。例如，针对乌伦古湖小湖（吉力湖）持续咸化、萎缩，生态进一步退化，以及大、小湖区大型水生植物数量和种类显著下降，导致水生生物生境受损、生物栖息环境萎缩、固持底质污染物的能力降低的现状，重点实施吉力湖水体保育和大型沉水植物生态修复、湖滨缓冲区修复与保护、流域水源涵养林生态入湖河流生态保育、湖泊土著鱼类种质资源保护等工程。

5）实施湖泊流域环境监管能力建设

重点实施乌伦古湖流域生态环境与保护、生态环境监测、环境监察、应急保障和环境信息化五大能力建设，为维护流域生态安全和环境质量提供能力支撑。

参 考 文 献

程艳, 李森, 孟古别克·俄布拉依汗, 等. 2016. 乌伦古湖水盐特征变化及其成因分析[J]. 新疆环境保护, 38(1): 1-7.

孔小莉, 张华钢. 2019. 湖北省湖泊环境保护的困境与对策[C]//中国环境科学学会. 2019 中国环境科学学会科学技术年会论文集. 第 2 卷: 780-783.

皮曙初, 余国庆. 2004. 湖北"围湖造林"悲剧重演 "千湖之省"美名不再[EB/OL]. 新华网. 2004-12-18. http://news.sohu.com/20041218/n223543467.shtml.

邱德斌, 刘阳. 2019. 国外湖泊水环境保护和治理对我国的启示[J]. 中国标准化, 24: 120-121.

盛昭瀚, 陶莎, 曾恩钰, 等. 2023. 太湖环境治理工程系统思维演进与复杂系统范式转移[J]. 管理世界, 39(2): 208-224.

王坤. 2018. 中国湖泊生态环境质量现状及对策建议[J]. 世界环境, (2): 16-18.

王圣瑞. 2015. 世界湖泊水环境保护概论[M]. 北京: 科学出版社.

王圣瑞, 李贵宝. 2017. 国外湖泊水环境保护和治理对我国的启示[J]. 环境保护, 45(10): 64-68.

吴舜泽, 王东, 马乐宽, 等. 2015. 向水污染宣战的行动纲领——《水污染防治行动计划》解读[J]. 环境保护, 43(9): 15-18.

肖惟志, 李爱年. 2022. 北美五大湖生态环境保护法律的逻辑展开及对我国的启示[J]. 湖南警察学院学报, 34(3): 62-70.

熊春茂, 张笑天, 赵敏, 等. 2014. 关于生态湖泊建设的实践与思考[J]. 水利发展研究, 14(10): 36-40.

熊昱, 雷俊山, 华平, 等. 2021. 湖北湖泊保护与治理"十四五"规划思考[C]//中国水利学会. 中国水利学会 2021 学术年会论文集. 第一分册. 郑州: 黄河水利出版社: 367-370.

徐敏, 张涛, 王东, 等. 2019. 中国水污染防治 40 年回顾与展望[J]. 中国环境管理, 11(3): 65-71.

薛滨. 2021. 我国湖泊与湿地的现状和保护对策[J]. 科学, 73(3): 1-4+69.

闫立娟, 郑绵平. 2014. 我国蒙新地区近 40 年来湖泊动态变化与气候耦合[J]. 地球学报, 35(4): 463-472.

佚名. 从围网养鱼到围网种草生态大省的治湖之变［N/OL］.湖北日报. 2023-04-02. https://epaper.hubeidaily.net/pc/column/202304/02/node_01.html.

佚名. 多举措推动湖泊治理——来自一些国家的报道［EB/OL］. 2022-07-27. http://world.people.com.cn/n1/2022/0727/c1002-32486423.html.

佚名. 日本琵琶湖 30 年治理经验［EB/OL］. 2016-05-09. http://www.igea-un.org/cms/show-5047.html.

张甘霖, 谷孝鸿, 赵涛, 等. 2023. 中国湖泊生态环境变化与保护对策[J]. 中国科学院院刊, 38(3): 358-364.

张红武, 王海, 马睿. 2022. 我国湖泊治理的瓶颈问题与对策研究[J]. 水利水电技术(中英文), 53(10): 21-32.

张晶. 2012. 中国水环境保护中长期战略研究[D]. 北京: 中国科学院大学.

赵华林. 2013. 以生态文明建设理论为指导深入推进湖泊环境保护工作[J]. 环境保护, 41(2): 8-11.

郑丙辉, 曹晶, 王坤, 等. 2022. 水质较好湖泊环境保护的理论基础及中国实践[J]. 湖泊科学, 34(3): 699-710.

郑军, 李乐, 郑静. 2022. 欧美水生态环境管理历程和现状研究[J]. 中国生态文明, (4).

第2章 乌伦古湖流域概况

乌伦古湖（Ulungur Lake）位于新疆准噶尔盆地北部，阿勒泰地区的福海县境内，由布伦托海（又名大湖或大海子）和吉力湖（又名拷勒湖或小湖）组成，水域总面积 1069.4 km²，其中布伦托海水面为 882.8 km²，蓄水量为 68.7 亿 m³；吉力湖水面为 186.6 km²，蓄水量为 16.7 亿 m³。"两湖"由 7 km 长的库依尔朵河连通，鱼类资源十分丰富。乌伦古湖是我国西北干旱区典型闭流型湖泊，其主要补给水源为乌伦古河，是一条内陆河流，流经青河县、富蕴县、福海县，最终汇入乌伦古湖。1970 年和 1987 年分两期实施完成了"引额济海"工程，从额尔齐斯河干流向乌伦古湖补水，开辟了乌伦古湖的第二水源，平均每年补湖水量 3 亿 m³，水位持续上涨，乌伦古湖倒灌吉力湖，改变了原有水循环规律，吉力湖生态系统由淡水系统向咸水系统转化。

乌伦古湖在控制沙漠北侵、防止荒漠化、承载珍稀濒危鱼类等方面具有重要的生态功能，也是新疆最大的天然渔业基地，鱼产量占全疆的 30%以上。湖区及周边区域有 19 种国家重点保护动物，其中一类 5 种、二类 14 种。主要保护 4 种土著鱼类，即贝加尔雅罗鱼、河鲈、丁鱥、银鲫。湖泊周边区域植物种类丰富，有维管束植物 41 科 102 属 205 种，浮游植物 8 门 115 种属，水生植物 10 科 15 种（邓铭江，2023）。

乌伦古湖具有不可替代的生态地位，其强大的生态功能是改善和稳定区域生态环境的调节器、制衡器。表现在乌伦古湖水位的消长变化，对当地土地资源、矿产资源、动植物群落，乃至区域气候都具有重大影响（赵星和陈瑾，2012）。但乌伦古湖水面没有出口，环境自净能力较弱，自 20 世纪 60 年代以来，乌伦古湖流域就承载了越来越剧烈的农业开发活动，导致流域河、湖水力关系断裂，引发湖泊生态系统快速退化。20 世纪末，流域人口和各类活动呈现又一次加剧态势，且出现多元化和复杂化特点，各类污染物排放逐年加剧，林、草、湿地等重要生态类型大量减少且呈现破碎化，流域生态屏障严重退化，湖周景观资源已渐遭破坏，乌伦古湖作为流域最后的物质能流归宿，在逐年增加的高强度压力下，水质和水生态均呈现持续退化。刘长勇（2021）分析了乌伦古湖生态治理措施研究，在高强度污染排放压力下，水质和水生态均面临严重威胁。乌伦古湖水质存在盐度、矿化度高、化学需氧量（COD）及氟化物偏高的问题，水生态系统逐步向荒漠化、富营养化结构转变。乌伦古湖生态环境问题由来已久，既有自然变迁的影响，同时受到人为活动影响较大（海拉提·阿力地阿尔汗，2021）。

乌伦古湖是新疆干旱平原区现存的少数几处天然湿地之一，也是我国十大内陆淡水湖泊之一，已被收入世界湿地名录。乌伦古湖流域是国家 25 个重要生态功能区之一，是"一带一路"核心区的重要生态屏障，更是直接影响国家生态安全格局的核心区域，在维护地区生态环境健康和支撑地区可持续发展方面具有至关重要的生态地位。

新疆历来高度重视湖泊生态环境保护与修复工作，专项设立了新疆湖泊生态环境保护试点专项资金，先后编制了《乌伦古湖生态安全评估研究报告》《乌伦古湖生态环境保护总体实施方案》《乌伦古湖水体达标方案》《乌伦古湖流域水生态环境调查评估报告》《乌伦古湖流域水质目标及水生态环境保护对策建议》等。2018 年在国家三部委的关心关爱下，在自治区党委、政府的全力支持下，新疆额尔齐斯河流域山水林田湖草生态保护修复工程试点项目（2018～2021 年）成功纳入国家第三批试点，其中有"新疆乌伦古湖水污染成因分析与污染防治对策研究"项目。该项目研究遵循"山水林田湖草沙"整体理念，基于构建乌伦古湖绿色流域总体目标，从资源科学开发利用、生态系统维护与保护及污染系统治理三个方面开展研究工作，为新疆乃至我国北方重要生态屏障保护，提升我国生态环境保护在国际上的影响力和彰显力，提供坚实技术支撑。

2021 年 3 月，新疆生产建设兵团第十师、阿勒泰地区依据《关于组织申报中央财政支持山水林田湖草沙一体化保护和修复工程项目的通知》要求，拟申报《新疆乌伦古河流域兵地融合山水林田湖草沙一体化保护和修复工程实施方案（2021—2023 年）》，通过申报预期达到一套西北干旱地区可复制、可推广的生命共同体生态保护修复技术模式，筑牢祖国西北边疆生态安全格局体系，确保北疆水塔生态安全，打造丝绸之路经济带生态文明示范区，提升各族人民生态福祉，为谱写美丽中国新疆篇章、实现新疆社会稳定和长治久安提供生态支撑和示范引领。

2.1　流　域　范　围

乌伦古湖流域（Ulungur Lake Basin）主要包括乌伦古河发源（部分支流发源于蒙古国）和流经阿勒泰地区的青河县、富蕴县（部分）和福海县（部分）以及福海监狱（一农场）、新疆生产建设兵团 182 团等区域，湖泊西部还包括吉木乃县及塔城和布克赛尔县的小部分行政区域，流域总面积 38400 km²，其中国境内流域面积共计 26801 km²，流域地理位置介于北纬 47°01′~47°25′、东经 87°01′~87°34′。

流域以农牧业生产为主，人类活动对水资源的需求主要是农牧业灌溉用水（黄智华等，2011）。整个乌伦古湖及其流域为人类提供了大量的生物资源、饮用和灌溉水源、休闲旅游等多种服务功能。

2.2 自然环境概况

2.2.1 地形地貌

福海县地势北高南低（依次为山地、丘陵、戈壁、平原、沙漠地貌）、东高西低，全县最低海拔 386 m（位于南戈壁哲拉沟），最高海拔 3332 m（位于中蒙边界最高峰辉腾阿恰山），县城平均海拔 500 m。额尔齐斯大断裂整体将县境分为北部山区和南部平原两个地貌单元。山区地貌又可分为高山带、中山带、低山带，山前冲积-洪积平原丘陵，平原可分为两河间平原、河谷平原和沙漠。

乌伦古湖在大地构造上处于准噶尔北缘拗陷的西北。湖形受到东北东—西南西和北西—东南二组构造线的走向所控制，属断陷湖。第一组为乌伦古湖北断裂，走向为北东 30°，倾向 335°，倾角 52°。西北盘为石炭系变质泥质片岩，向东南逆掩于第三系浅灰色砂岩夹薄层砾岩之上。断裂破碎带宽约 30 m。第二组北西—东南断裂构造，地表出露不明显。

乌伦古湖发育于古生代褶皱的基底上，中生代时期遭受剥蚀，缺失沉积岩系，第三系岩系较为发育。始新世之前，属上升剥夷过程。始新世—渐新世堆积了浅灰色粗砂岩、泥岩和薄层石英质砾岩的乌伦古层，厚 350 m。上新世时期沉积了灰色、棕色粗砂岩，并有砾岩、砂砾岩为主的苍棕色砾岩层。根据湖区周围沉积物的分布、湖成阶地、湖蚀崖及埋藏的湖相沉积物特征，中更新世时湖泊已初具轮廓，晚更新世已奠定基本格局（图 2-1）。

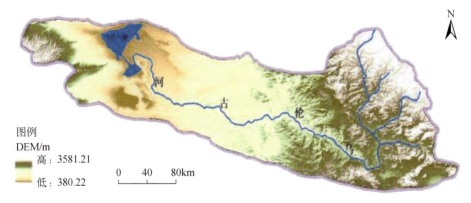

图 2-1 乌伦古湖流域数字高程模型（DEM）

资料来源：《乌伦古湖流域水生态环境调查评估报告》

1. 乌伦古湖（Ulungur Lake）

乌伦古湖位于准噶尔盆地北部的乌伦古湖盆地中，其北部以东西走向的那林卡拉他乌山与额尔齐斯河谷底分开，其西部有东西向的蚀余山丘、山前洪积坡地及山间谷地与湖岸相垂直，西南部为低缓的剥蚀丘陵德伦山，东部和东南部为低缓平坦的砂砾质河流阶地与泥沙质的乌伦古河现代与近代三角洲。

1）湖滨地貌

布伦托海北岸紧逼那林卡拉他乌山，北东东走向的岸线和北西西走向的山地有一不大的夹角，西部山前倾斜地比较宽，向东变窄，在 45 km 渔点以北，山麓线与岸线大体重合。山前倾斜地上，以砂砾质洪积扇为主，间有零星和缓的第三系湖相砂泥岩蚀余残丘。

布伦托海西岸湖滨，多为砂砾质的阶地和洪积缓坡地。

布伦托海的北岸和西岸长年处于上风处，故滨岸堆积地貌不发育而屡见基岩湖岸，岸上部分呈戈壁景观。布伦托海的北岸和西岸，长年处于上迎风岸，加上河流带来的碎屑物质较丰，造成了典型的滨岸带堆积地貌。包括风成沙丘、沙咀、滨岸坝河岸外坝。

A. 风成沙丘

风成沙丘以布伦托海南岸为典型，在中海子沿岸有众多呈北北东走向的新月形活动沙丘；在东岸的福海县城的西、北方向，特别是乌伦古河三角洲上，尚分布了众多的被红柳半固定的北东向和北西向的小型沙丘，以及呈南东走向的一系列狭长的垄状沙丘。典型的垄状沙丘，宽度仅 10～20 m，其长度在 2 km 以上。风成沙丘显然是滨岸带及乌伦古河近代三角洲上的细粒沉积物被风搬运、改造后的产物。

B. 滨岸坝

布伦托海东岸自北到南，都有良好的滨岸坝延绵不断地分布在高水位之上，坝顶高出下级水位 5～10 m，是早年高水位稳定时期湖浪作用的结果，并明显受到风的改造和风沙加积。

吉力湖南岸滨岸坝体更高大，受风沙加积更明显。

C. 岸边坝河沙咀

布伦托海东岸，有典型的岸边坝发育，其中以东南南部的加尔马（沙梁子）规模最大，它长年出露水面，平行岸线呈东北西南向延伸，长达 17 km，宽数十至数百米，距岸约 2 km，其西南端与岸连，坝顶最高点高程在 483 m 以上，比水面高出约 5 m，向东北方向变低变窄，并断续没入水下。其西侧向风面与东侧背风面相比，砂石含量高、直径大；有多道大致平行的微突起的浪积脊线；岸坝内侧有浅积水区，岸外有多道小型水下坝堤，无风尘沙丘。73 km 里小海子与布伦托海之间，有一湾口坝，是由南北两个沙咀（以南部沙咀为主）相连发育而成，长度近 8 km，宽一百到数百米，骆驼脖子和布伦托海之间，有着南北两个沙咀，现在基本相连而成湾口坝。中海子口北岸沙咀，自北向南延展，长度已超过 2 km。73 km 小海子内，有一自北向南伸展的长度已超过 3 km 的沙咀，将该水域一分为二，在骆驼脖子和 73 km 的小海子内，还有一些规模较小的沙咀和岸外坝。

2）水下地貌

①布伦托海的北岸和西岸，岸线平直且岸下为陡坡，甚至出现平行于岸线的近岸水下凹槽。东岸则为缓坡，这种现象，除受构造影响外，风浪对其有一定的作用。②布伦托海湖底的中部受构造作用地形微有隆起，将湖盆分为东洼和西洼。③布伦托海东岸堆积地貌极为发育，有着大量的沙咀、水下沙坝、岸外线和湾口坝。并因沙坝的封隔作用，形成众多的潟湖，浅水沼泽和封隔湖体，各类滨岸带堆积地貌的走向基本上都是东北西南向与盛行风向（北西西）垂直。吉力湖底的中部存在一个狭窄的脊线，将湖盆分为东西两洼，该脊向北与北部岸线，向南与南岸山脊线在一条直线上，是尚未被现代湖相沉积覆盖的残留山脊。

2. 乌伦古河（Ulungur River）

乌伦古河流域（Ulungur River Basin）是阿勒泰地区第二大流域，发源于青河县境内，流经富蕴县，最后注入福海县的吉力湖。该流域地处于阿尔泰山南坡，国界内最高点海拔高程为 3658 m。整个流域内地势北高南低，由东向西倾斜，层状地貌特征突出，从大、小青河段—青格里河段—乌伦古河上、中、下游段，经历了阿尔泰山脉南麓的高山区、中山区、低山丘陵区和冲洪积平原区四大地貌单元。大小青河所在的高中山区多峡谷，地势陡峭，高程 3500～1500 m，起伏差较大，一般在 100～300 m；青格里河段、乌伦古河上游段（布尔根河—富蕴地界）低山丘陵区一般海拔高程 800～1500 m，多发育河流阶地；乌伦古河中游段多见箱型河谷，切割深度 30～35 m，两侧为剥蚀平原。乌伦古河下游段为冲洪积平原区，高程 490～600 m，地势开阔平缓，一级阶地发育。从上游到下游河谷地貌由高山峡谷到冲洪积平原，高程从 3500 m 至 490 m，河流坡降渐小，从 5.0%至 0.5%，高程渐低，河流流速逐渐变缓，最终汇入吉力湖。

将乌伦古河流域主要分为四部分分别描述其自然地理概况：①大、小青河段；②青格里河段、布尔根、查干郭勒河段；③乌伦古河中游段（二台至杜热段）；④乌伦古河下游段（福海河谷段）。

1）大、小青河段

按自然地理特性可将该段流域内分为亚高山带、中山带和低山带和断陷盆地。亚高山带主要分布在流域的北部及东北部上游山区，平均海拔在 2600～3600 m，最高峰乌伦昆达巴提海拔 3659 m，由于河谷强烈的下蚀和第四纪多次冰川的作用，山地发育冰川湖、冰斗、槽谷、鳍脊角峰和亚高山平原等地形。地势起伏一般在 300～400 m 之间，在谷底及山坡生长有草甸、苔藓地衣，土壤主要为冰沼土及高山草甸土，基岩为砂页岩、灰岩、花岗岩等。中山带分布在海拔 2000～2600 m 间，以冻裂分化为主，基岩以变质岩、花岗岩、千枚岩、绿色片岩等组成。这里虽然有第四纪冰川作用遗迹，但不及亚高山带明显。这一带河谷降水丰沛，气候较湿润，阴坡有比较茂密的西伯利亚落叶松、白桦林等，是青河县主要森林资源区之一。阳坡生长以禾本科、豆科、莎草科等为主的繁茂草甸植被，也是青河县越冬饲料基地之一。主要土壤为山地草甸土、灰土色森林及栗钙土。低山带在海拔 1200～2000 m 之间，由于构造运动及侵蚀作用的共同影响，在河流交汇处有河流汇集的山间盆地，此带地势起伏不大，相对高度约 200～300 m，气候干燥，切割不强烈，但融雪剥蚀作用显著，山地草原植被发育，土壤以栗钙土及棕钙土为主，低山带河谷成为青河县畜牧草场和农业生产区。基岩是由古生代的石灰、页岩和片岩组成，断陷盆地主要是大、小青格里河盆地、查干古勒河盆地、强罕盆地。海拔高度一般在 1200～900 m 之间，盆地面积约为 172 km²。盆地内第四纪沉积物厚度大，地势平坦，一般切割不深。因盆地气候温和，水源方便，土层厚而肥沃，所以是青河县的主要种植区和饲草饲料基地。

大、小青河中上游多为中高山区，大、小青河深切其中，基岩裸露，侵蚀强烈，两岸陡峻危岩比比、崩石累累。多峡谷，地势陡峭，高程 3500～1500 m，地势起伏差较大，一般在 100～300 m，河谷两岸大量碎石滑落，形成重力堆积，河谷中粗大的漂卵砾石裸露；出山口后大、小青河汇流在青河县城南部，青河县地处构造凹陷区，为两河三角洲地带，县城北部为山区，其余三面环水。县城处水流相对平缓，河床中出露河漫滩，砂卵砾石裸露堆积。河流上游，纵坡较大，一般在 1.0%～3.0%，流速快，冲刷严重。河床岸边一般砂卵砾石裸露，河道冲刷明显，凹岸的侧蚀较剧烈。大、小青河灌区主要分布在河流一级阶地和部分二级阶地。土壤主要为棕钙土、灌溉棕钙土与潮土、草甸土。在本流域亚高山带中高山带小湖星罗棋布，据 1964 年版 1∶10 万地形图统计在 40 处以上，较大的什巴尔库勒湖，湖面高程 2642 m，面积为 1.7 km²；沃尔塔库勒湖，湖面高程 2393.3 m，面积 0.96 km²；最大湖泊为查干郭勒河上海拔 2396.7 m 的查干郭勒登库勒淡水湖，湖泊面积 1.8 km²，水深可达 10 m。

2）青格里河段、布尔根、查干郭勒河段

该段为低山丘陵区，海拔高程 800～1500 m，多发育河流阶地；主要地貌形态有：河流阶地，现代冲沟，山前洪积扇裙，低山丘陵。河流阶地：主要分布于青格里河谷地，河流纵坡较大，一般在 1.0%～2.0%，流速快，冲刷严重。河床岸边一般砂卵砾石裸露发育有两级阶地：Ⅰ级阶地为堆积阶地，阶面平坦，微微倾向河床，阶面宽 200～100 m，二元结构完整，表层为 1.5 m 左右厚的含腐殖质砂土层，下部为砂卵砾石层厚 3.0～5.0 m。Ⅱ级阶地为侵蚀基座阶地，阶面宽 20～100 m，表面局部见有厚 1.5 m 左右的洪坡积物，下部为砂卵砾石层厚 2.0～4.0 m，阶面平坦，以 4°～6°坡度倾向河床与一级阶地高差 5～6 m。山前洪积扇裙：位于山前地带，以 2°～3°的坡度倾向青格里河。洪积物及碎石土厚度从山脚向青格里河逐渐增大，一般厚度 1.0～5.0 m，最厚可达 7.0 m 左右。

3）乌伦古河中游段（二台至杜热段）

本河段所处大的区域地理位置位于准噶尔盆地东北缘以北，阿尔泰山西南坡以南的乌伦古河中游河段。乌伦古河出山谷后，地势逐渐开阔。大的地貌类型属低山丘陵地形，期间发育有乌伦古河河谷及河流两岸的阶地，总体地势北高南低，东高西低，由北东向南西倾斜，山脉走向一般呈北西南东向，一般海拔高程 800～1500 m。乌伦古河为区域最低侵蚀基准面，总体流向为南东北西向，顺乌伦古河谷地势又表现为由两岸倾向河谷下游。青河县萨尔托海上游片区为低山区，河流阶地不发育，直到二台片区渐变过渡为丘陵区，河流一二级阶地发育，河床岸边可见到直径 2 m 的巨大冰川漂砾。靠近恰库尔图地段，乌伦古河中段为不对称的箱型河谷，切割深度 30～35 m，往往凹岸呈陡崖，凸岸呈阶地。河流总体流向西北 300°左右，河曲沿北西、北东"X"形扭性结构面方向发育，连绵蜿蜒的河曲显示出构造地貌的格局。沿河两岸冲沟较发育，切割较深多呈"V"字形，一般纵坡较大，沟口洪积物呈扇形覆于一级阶地后缘。沿河流两岸发育有三级阶地，除Ⅱ级阶地冲积物中见有冰积砾石外，其他两级均为冲积堆积阶地。

4）乌伦古河下游段（福海河谷段）

本河段位于准噶尔盆地北缘乌伦古河沿岸广大冲洪积平原上，具体位于乌伦古河下游河流阶地及冲洪积地带上。区内总的地势是东、南东高北西低，乌伦古河由东向西注入吉力湖，沿线坡降 0.2‰～1.0‰左右，高程 500～880 m 左右。乌伦古河经过上游水流的湍急、中游河道的折曲后，自喀拉布尔根向下游出山口后进入河道下游冲洪积平原区，沿途地形相对宽缓低平，河道变迁改道明显，河道分叉、左右岸不断转换，边岸冲蚀明显；河心滩发育，沿河谷及边岸河谷林生长茂盛。按地貌单元划分区内可分为：剥蚀波状平原、乌伦古河现代河谷和风蚀沙丘等几大地貌单元。剥蚀波状平原：分布在片区北、北东和南西部，主要由第三系碎屑岩组成。由北向南地形呈波状起伏，约和第三系岩层产状相一致。除了洼地边上陡坎处有第三系地层出露处，大部分地区地表被第四系坡积、残积、洪积物所覆盖，在平原上发育了大小不等的风蚀洼地，一些巨大的洼地深度可达一二百米，长数十至上百公里。暂时性洪流所携带的泥沙，堆积在洼地内，形成大片的泥漠。乌伦古河现代河谷：在南北剥蚀波状平原（夷蚀平台）之间为宽 10～20 km 的河流冲洪积、堆积地貌，所夹持的乌伦古河两岸阶地特征明显。乌伦古河河道经多期多次改道后河道蛇曲发育，沿途多转折段，左右岸不断转换，现代河谷呈宽浅式"屉"型，河道宽窄不一，最宽处 220 m，窄处仅 40 m 左右，局部因河心滩出露将河道分成叉河，沿岸及河心滩河谷林生长茂盛。沿乌河两岸一级阶地断续出露，一般宽 150～1000 m 不等，高出现代河床 2～3 m；二级阶地为堆积阶地，阶面开阔平缓，阶坡小于 5°，阶宽 2～10 km 左右，右岸宽左岸窄，福海片区规划灌区大部分位于乌伦古河右岸一、二级阶地上。风蚀沙丘：在乌伦古河流二级阶地阶坎、剥蚀波状平原上不同程度分布着半固定风蚀沙丘，呈北北西向延伸的纵向沙垅，枝状连片分布，比高 5～15 m 不等，弧立包呈浑圆状。

2.2.2　气候特征

乌伦古河流域位于欧亚大陆中心，属于准噶尔干旱区。该地区的气候特点表现为夏季炎热，春旱多风，秋季凉爽，冬季严寒漫长，降水稀少，蒸发量大，空气干燥，光照十分充足，气温日差显著，无霜期 110～130 天。根据该流域青河、富蕴、福海三县的水文气象站 1958～2020 年的资料分析，该流域年均气温 3.9℃。该流域水汽主要源自大西洋和北冰洋气流，但受阿尔泰山地形梯度变化影响，降水随高度升高而增加，高山区可达到 700～800 mm，中低区为 400～500 mm，年际变化比较大，夏季多，春秋少。该流域青河、富蕴、福海三县的水文气象站 1958～2020 年的资料分析，该区域多年平均降水量为 176 mm。

流域水汽主要源自大西洋和北冰洋气流，但受阿尔泰山地形梯度变化影响，降水随高度升高而增加，高山区可达到 700～800 mm，中低区为 400～500 mm，年际变化比较大，夏季多，春秋少。多年平均水面蒸发量 867.2 mm，陆面蒸发量为 190.8 mm。空气相对湿度小，年平均相对湿度在 50%～70%，作物生长季节空气相对湿度为 35%～60%。干燥日（日平均相对湿度低于 30%）3～8 天，均出现在作物生长期。降雪出现在 10 月中下旬至翌年 4 月中下旬，年降雪天数29 天。

区域太阳总辐射量 126～135 kcal[①]/cm^2，光合有效辐射量为太阳总辐射量的48%，最高值为 7 月，最低值为 12 月。光温配合较好，利于作物的光合作用。年实际日照时数为 2788 h，作物生长的 4～10 月，日照时数在 1900 h 左右，作物生长旺盛的 6～8 月，各月日照均在 300 h 以上，一日最长日照时数可大于 14 h（表 2-1）。

表 2-1　气象站气象要素统计表

项目	单位	青河	富蕴	福海	顶山
多年平均气温	℃	0.9	3.1	4.3	4.3
极端最高气温		38.4	42.3	39.4	40.6
极端最低气温		−47.7	−46.0	−41.2	−41.7

---

① 1 kcal=4185.85 J

续表

项目	单位	青河	富蕴	福海	顶山
平均降水量	mm	170.8	188.3	122.6	111.0
最大一日降水量		49.5	41.9	33.2	52.2
水面蒸发量（20 cm 蒸发皿）	mm	1375.8	1937.4	1771.4	2289.0
多年平均湿度	%	57	55	58	62
多年平均雷暴日数	d	13.3	12.5	16.2	12.2
多年平均风速	m/s	2.6	1.8	3.5	3.1
最大风速及风向	m/s	17.3	20.7	21.7	28.1
	风向	W/C	W/C	W	NW
最大积雪深度	cm	73	75	31	23
最大冻土深度	cm	239	175	207	190

福海县属大陆性干旱气候。基本特点是夏季干燥炎热，冬季长而严寒，冬春大风，常有寒流侵袭。福海县年均气温 4.7℃，极端高温 35.8℃，极端低温零下37.4℃。无霜期日数 166 天。全年日照 2700.4 h，年平均降水量为 128.8 mm。年均蒸发量高达 1840 mm。

2.2.3　河流水系

乌伦古湖水系包括乌伦古湖、乌伦古河、库依尔尕河、青格里河（大青河）、基什克奈青格里河（小青河）、查干郭勒河、强罕沟以及源自蒙古国的布尔根河（图 2-2）。其中青格里河（大青河）、基什克奈青格里河（小青河）、查干郭勒河、强罕沟以及源自蒙古国的布尔根河，这 5 条河流在青河县境内汇成乌伦古河，沿准噶尔荒原北部额尔齐斯河南边与其平行缓缓西流，直到福海县境内汇成乌伦古湖，全长 725 km，干流长 95 km，年径流量为 10.7 亿 m^3。乌伦古湖水源补给主要是乌伦古河，其次是降水、周边径流和地下补给。20 世纪 70 年代以来，通过"引额济海"工程，乌伦古湖与额尔齐斯河形成输水通道，开辟了乌伦古湖的新水源。

乌伦古湖流域由于季节性融雪和降水时空分布不均，所以年内径流量大多集中在夏季。同时径流年际变化明显，历年最大径流量为 22.68 亿 m^3（1969 年），历年最小年径流量为 6.363 亿 m^3（1974 年）。在冬季由于气温低，乌伦古湖流域河流全部封冻，平均封冻天数可达 141～154 天。

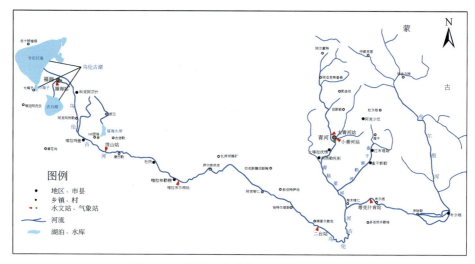

图 2-2　乌伦古河流域水系及水文站分布图

2.2.4　水文与水资源

福海县水资源总量 25.62 亿 m³。哈拉额尔齐斯河年径流量 19.37 亿 m³，多年平均流量 61.4 m³/s，河道全长 195 km，总落差 2153 m，按可利用落差 800 m，以中等干旱年（P=75%）计算，额尔齐斯河水能蕴藏量为 38 万 kW，加上乌伦古河水能蕴藏量 0.5 万 kW，福海县总的水能蕴藏量为 38.5 万 kW，截至 2010 年，已建成的小水电站两座共计 2600 kW。

额尔齐斯河以北春秋牧场有山间裂隙水或露头泉眼，最大涌水量达 1 L/s。准噶尔盆地北缘乌伦古河以南索索沟至三个泉，富有第三系承压水。乌伦古河最下游三角洲地下水位高，地下潜水储量大，地下水年可开采量为 6000 万 m³。额尔齐斯河、乌伦古河之水均为阿尔泰山融雪水，额尔齐斯河水矿化度低于 0.1 g/L，pH 值大于 7，呈弱碱性反应，水质优良；乌伦古河矿化度为 0.4～0.6 g/L，pH 值大于 7.8。

乌伦古湖夹于额尔齐斯河与乌伦古河之间，入湖水来自发源于阿尔泰山东部冰川融水补给的乌伦古河，吉力湖水量直接由乌伦古河补给，布伦托海靠乌伦古河与额尔齐斯河间接补给（高凡等，2020）。乌伦古湖是我国较大的内陆封闭型湖泊之一，由布伦托海（大湖）和吉力湖（小湖）共同组成，两湖之间由 7 km 长的库依尔河贯联。1970 年开通了 73 km 处之地峡，开挖了引河（额尔齐斯河）济海渠，把额尔齐斯河水引入布伦托海，自此进入乌伦古湖的补给水源包括原水源乌伦古河，也包括客水源额尔齐斯河部分水量。

1957 年以前在天然状态下，布伦托海水位 484.0 m，湖面积为 863.6 km²，吉力湖水位 486.0 m，湖面积为 198.7 km²，两湖合计面积为 1062.3 km²，大小湖水位差为 2 m。根据福海水文站常年观测资料（1961～2010 年），乌伦古湖多年平均降水量 121.5 mm，年降水入湖水量为 1.32×10^8 m³，自有观测记录以来至 1957 年乌伦古河年均入湖水量为 8.03×10^8 m³（福海水文站测得），地下径流入湖水量为 1.44×10^8 m³，三项合计为 10.79×10^8 m³，年水面蒸发量为 10.76×10^8 m³（多年平均蒸发量为 100 mm 左右），大小湖水位基本能够维持平衡（表 2-2 和图 2-3）。

表 2-2　天然状态下乌伦古湖的水量平衡

项目	水量收入/亿 m³				湖面蒸发支出/亿 m³	平衡差/亿 m³
	乌河补给	地下径流	降水补给	合计		
年均水量	8.03	1.44	1.32	10.79	10.76	0.03

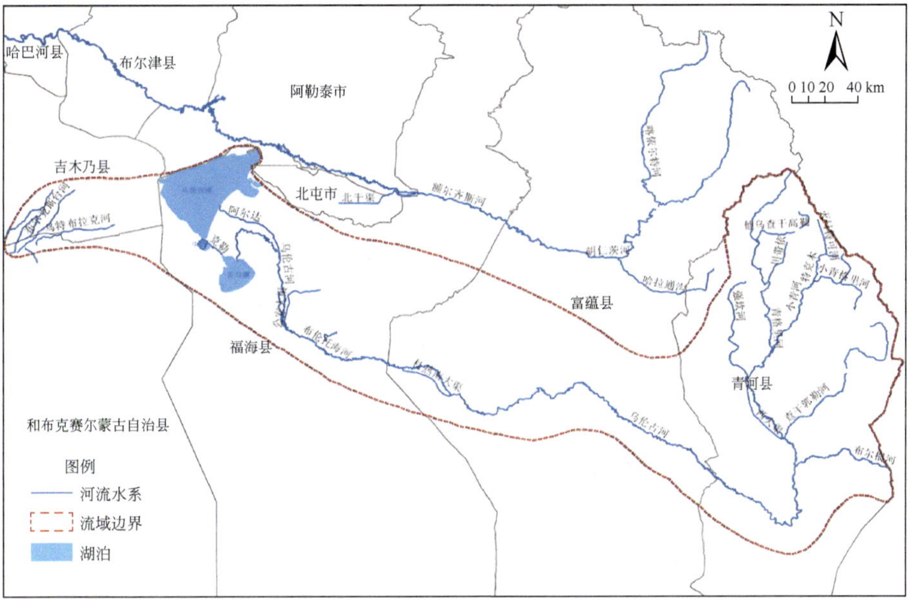

图 2-3　乌伦古湖流域水系图

资料来源：《乌伦古湖生态安全评估研究报告》

1. 大湖水文水资源特征

布伦托海又称大湖（或乌伦古湖），包括大海子、东北角形成的小湖体（73 km 小海子）、骆驼脖子、中海子等，中海子经库依尔尕河与吉力湖连接（图 2-4）。布伦托海南北宽 27 km、东西长 41 km，1959 年水面面积为 827 km²，实测最大水深 12.0 m，为矿化度 2.72 g/L 的微咸湖泊。布伦托海形状近似直角三角形，两个直角边为陡岸，斜边岸坡稍缓。由于该区域与额尔齐斯河河谷间，最窄处有一道 2.2 km 宽的天然地峡分割，1970 年，兵团农十师开通了 73 km 处之地峡，开挖了引河（额尔齐斯河）济海渠，把额尔齐斯河水引入大海子。1974 年春，农十师渔场煤矿，又在引河济海渠末拦渠建闸，旁通隧洞，建成了 73 km 水电站。

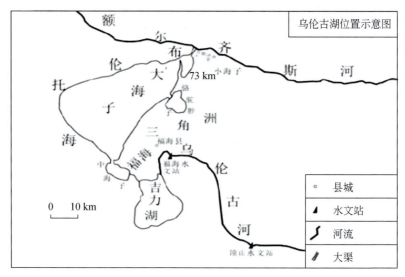

图 2-4　乌伦古湖及其周边水系关系示意图

　　乌伦古湖位及湖面面积随进湖水量的大小而变化。1957 年以前（近似天然状态），湖面高程 484 m（低于额尔齐斯河水面 15 m），水面面积 864 km²，福海水文站测得的乌伦古河平均年入湖水量为 8.03 亿 m³。1959 年以后，乌伦古河中游大面积开垦，河水被大量引入灌区和蓄于水库，入湖水量大减。1968 年入湖水量仅 2 亿 m³。1970 年湖水位降至 481.8 m，相应湖面面积为 838 km²。1970 年始在北端地峡处开挖渠道，引额尔齐斯河水入湖，但引水量很小，每年约 0.4 亿 m³。1980 年湖水位为 478.8 m，湖面面积 740 km²，容积约 58 亿 m³，据分析，从 1959 年至 1986 年，大海子水位下降 4～5 m，湖面面积缩小了 110.5 km²，湖水储水量减少了 45.8 亿 m³，使湖水矿化度从 2.72 g/L 上升到 3.51 g/L。

　　1987 年以后，"引额济海"扩建工程全部竣工，每年引水约 3 亿～4.5 亿 m³，乌伦古湖（主要是大湖）水位才开始逐渐回升并趋于稳定。1993 年，恰逢乌伦古河和额尔齐斯河都是丰水年，大湖水位曾回升至 1957 年以前的水平，根据有关观测数据，1990～1999 年，水面基本维持在 1013 km²，水面高程平均 483 m，平均水深 7.9 m，储水量 89.0 亿 m³。据 2003 年卫星数据调查结果，乌伦古湖水面为 1016 km²，其中布伦托海水面为 846 km²，吉力湖水面为 170 km²。2013 年卫星数据调查结果，乌伦古湖水域总面积 1027.6 km²，其中布伦托海水面为 858.9 km²，吉力湖水面为 168.7 km²。并且 1987 年后，大湖平均矿化度有所下降，近年来大湖平均矿化度保持在 2.0～2.7 g/L。

　　乌伦古湖湖水一般于 10 月下旬开始结冰，11 月中旬全面封冻，冰厚 1 m 左右，翌年 3 月下旬开始解冻，冰冻期约 130 天。

布伦托海为历史上水量只进不出的半封闭型湖泊，污染物质只进不出，水深较浅，平均水深 7.9 m，最大水深 12 m。乌伦古湖位于额尔齐斯河谷风口，湖区春、秋季多风，全年盛行西北风。由于多风，水动力交换动力主要为风生湖流，湖泊水体上下交换较剧烈，在有风期间或刮风后，湖泊垂直水温多呈同温分布，只有在平静无风或风速较小的时间段,湖泊水温垂向的温度变化出现正温层分布，湖泊封冻后，湖水则呈逆温层分布。

2. 小湖水文水资源特征

吉力湖又称波特港湖、小湖，目前当地多称为小海子，东西宽 16.5 km、南北长 17.5 km，湖水较浅，1959 年水面面积为 172 km²，贮水量 17.1 亿 m³。吉力湖为一不规则椭圆形，湖底中部存在一个狭长的隆脊，将湖盆分为东西两洼。在大湖的西南部，原有乌伦古河水源主流在全新世很长时间里，从福海县附近向西北直接注入布伦托海。后因河床逐渐淤高，从 19 世纪起，河流改道先流至吉力湖，后经库依尕河再注入布伦托海。

受乌伦古河补给作用的影响，吉力湖历史上为矿化度小于 0.5 g/L 的淡水湖，但是从 20 世纪 60 年代起，乌伦古河用水量不断增加，导致进入吉力湖的河水量不断减少，吉力湖和布伦托海一起呈现萎缩状态。为抬高吉力湖水位，1974 年在库依尔尕河上建闸以切断吉力湖与布伦托海的联系，后损坏废弃。1987 年 10 月完成引额济海扩建工程后，布伦托海水位快速上升，加之 1992 年后，乌伦古河自顶山水文站（顶山水库后）至入吉力湖口之间的河道处于频繁断流状态，导致吉力湖补给水量不足，1993 年布伦托海水位一度超过 484.0 m，高过小湖（低于483.0 m），自此开始发生布伦托海向吉力湖倒灌的现象，1994 年 4 月引额济海渠道被全部堵死，后又因湖泊缺水而开通，此后小湖矿化度不断升高。截至目前，吉力湖已成为矿化度为 1.0 g/L 上下的淡-咸转化湖泊，导致生态系统正在由淡水系统向微咸转换。

3. 乌伦古河水文特征

乌伦古河由发源于青河县境内的青格里河与发源于蒙古国的布尔根河汇集而成。其中，青格里河是乌伦古河的主要源流，由大、小青格里河在青河县城附近汇集而成；在县城下游 23 km 和 58 km 处，河流先后在阿热勒托别乡和阿尕什敖包乡分别接纳了强罕河和查干郭勒河；又流约 20 km 后，二台水文站以上与布尔根河汇合后，河流始称乌伦古河。二台水文站以上集水面积为 18375 km²，流出山口以后，折向西北流，再没有支流汇入，最后注入乌伦古湖。乌伦古河流域水系组成见表 2-3。

表 2-3　乌伦古河流域水系组成情况

流域名称	一级支流	流域面积/km²	多年平均径流量/亿 m³	二级支流	流域面积/km²	多年平均径流量/亿 m³
乌伦古河	青格里河	6639	8.35	大青河	1802	4.38
				小青河	1297	2.4
				强罕河	580	0.2
				查干郭勒河	1954	0.80
				合计	5633	7.78
	布尔根河	10315	3.28			
合计		16954	11.63			

　　乌伦古河流经青河、富蕴和福海县，全长 821 km，其中富蕴县为中游，河段河长 210 km。自河源达拉达坂至青河县，河道比降 11.38%，青河县至二台河道比降 1.74%，二台至吉力湖口更为平缓，为 0.97%。全流域面积为 4.3 万 km²，其在我国境内流域面积为 2.76 万 km²，多年平均水资源量为 9.87 亿 m³，为阿勒泰地区第二大河流。

　　乌伦古河是阿尔泰山南坡河流中径流量年际变化最大的河流，为降水加积融雪型径流补给形式，乌河流域二台站历年最大年径流量为 25.87 亿 m³（2010 年），历年最小年径流量为 2.75 亿 m³（1982 年），最大与最小值比值为 9.41，流域各控制站年变差系数在 0.35～0.98 之间（表 2-4）。其主要原因为乌伦古湖流域距离西来水汽较远，山势较低，截留水分的机会少而不稳，没有冰川和永久积雪的调节。

　　受季节性融雪和降雨时空分异性的影响，年内径流量多集中在夏季，汛期（5～7 月份）主要是融雪、降雨形成地表径流，平均占年径流量的 75.14%，但由于区域降水不丰富，降雨产流量不大，7～8 月的径流量只占到全年径流量的 20% 左右，流域内农业用水高峰期往往在 7～8 月，流域承受高强度农业活动的能力较弱，易于导致农业用水高峰期河道径流的锐减甚至断流。

表 2-4　新疆典型河流径流量年变差系数（Cv）比较

河名	站名	集水面积/km²	年系列数	Cv
特克斯河	卡甫其海	27964	36	0.13
喀什河	托海	9387	36	0.19
昆马力克河	协合拉	12816	35	0.13
阿克苏河	西大桥	42123	35	0.12
伊犁河	雅马渡	49186	56	0.15
额尔齐斯河	布尔津	24246	53	0.32
乌伦古河	二台	18375	53	0.48

4. 额尔齐斯河水文特征

额尔齐斯河（Irtysh River）位于新疆阿勒泰地区，地理坐标北纬 47°00′00″～49°10′45″、东经 85°31′57″～90°31′15″，是我国西北部经哈萨克斯坦和俄罗斯流入北冰洋水系的外流河。额河源出新疆阿勒泰地区富蕴县阿尔泰山南麓齐格尔达坂，山间两支源头卡依尔特斯河和库依尔特斯河汇合后成为额尔齐斯河，受地形影响额尔齐斯河水系呈单向羽状不对称分布，沿阿尔泰山南麓自东南向西北有喀拉额尔齐斯河、克兰河、布尔津河、哈巴河、别列则克河、阿拉克别克河（界河）等北岸支流汇入，流经中国新疆富蕴、福海、阿勒泰、布尔津、哈巴河等 5 个县市，出国境进入哈萨克斯坦境内斋桑泊，在俄罗斯的汉特曼西斯克附近汇入鄂毕河，最后注入北冰洋的卡拉海（图 2-5）。

图 2-5　额尔齐斯河流域水系图

从河源至河口全长 4284 km，流域面积 164.2 万 km²；其中，从河源至中哈国界全长 633 km，流域面积 5.73 万 km²，多年平均地表水径流量为 111.04 亿 m³（国外产流量为 19.01 亿 m³，国内产流量为 92.03 亿 m³）。

额尔齐斯河干流与乌伦古河干流近似并行而流，额尔齐斯河在阿勒泰北屯镇向下 20 km 处与乌伦古湖擦肩而过，最近处仅 3 km 左右，但因有低毛石山阻隔，湖河不通，两者为相对平行各自独立的水系。由于 20 世纪 60 年代以来，人类活动加剧乌伦古河萎缩和断流，导致进入乌伦古湖的水量大为减少，致使湖面萎缩、生态恶化。1970 年兵团农十师开通了 73 km 处之地峡，开挖了引河（额尔齐斯河）济海渠，把额尔齐斯河水引入布伦托海，但彼时引水量很小，年约 0.4 亿 m³。1987 年 10 月 17 日"引额济海"进一步扩建工程竣工，使得引额济湖年引水量可达到

$3.0×10^8 \sim 4.5×10^8 \, m^3$（约为额尔齐斯河年均径流量的 4%），使得布伦托海水位得以快速恢复，大湖水域生态环境得到根本性改善，也使得客水水源成为乌伦古湖的主要补给水源。

2.2.5 土壤特征

乌伦古河流域土壤层次较薄、质地比较粗，有机肥力低，但是含盐少、地下水位深，排水条件便利。影响本区域土地资源的几个主要因素有土层厚度、质地粗细、盐碱化程度、水文地质条件以及地形。湖盆平原内，从山麓至乌伦古湖土壤分布依次为：棕漠土→灌耕棕漠土→灌耕土（灌淤土）→潮上→灌耕草甸土→草甸盐土→典型盐土→盐化沼泽土。其中棕钙土、草毡土以及灰棕漠土是乌伦古湖主要土壤类型。棕钙土主要分布在乌伦古湖周边以及东南部山区，棕钙土的形成是以草原土壤腐殖质积累作用和钙积作用为主，棕钙土的植被具有草原向荒漠过渡的特征。草毡土主要分布在乌伦古河北部，土体一般较湿润，密生高山矮草草甸，表层有厚 3～5 cm 至 10 cm 不等的草皮，根系交织似毛毡状，轻韧而有弹性，地表常因冻融交互作用呈鳞片状滑脱。腐殖质层厚 9～20 cm，含量 6%～14%，作浅灰棕或暗灰色，剖面厚度 30～40 cm，大都用作夏季牧场。灰棕漠土主要分布于乌伦古河南部，也称灰棕色荒漠土，为温带荒漠地区的土壤，有机质含量低，介于灰漠土和棕漠土之间（图 2-6）。

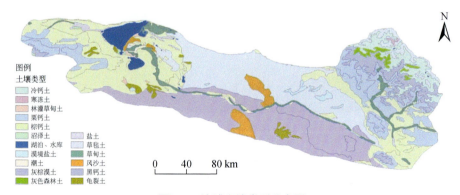

图 2-6 流域土壤类型分布图

资料来源：《乌伦古湖流域水生态环境调查评估报告》

2.2.6 矿产资源

福海县矿产资源十分丰富，已探明的矿产资源有 32 种，占全国 171 种的 19%，占全疆 138 种的 24%，占阿勒泰地区 94 种的 34%，已发现矿点、矿化点、矿床 158 处，有探明储量的矿 21 种，矿床 84 个，其中中型矿床 14 个，小型矿床 70 个，占评价矿床的 83%，金属矿床 43 处（中型矿床 1 处，小型矿床 42 处）占评价矿床的 51%。依据福海县成矿地质条件和矿产资源赋存条件，目前县域内优势矿产资源有宝石、白云母和砂金，潜在的优势资源有油气、煤、岩金、铜、铅锌（镍）、铁、钽、铌、铍、锂辉等，主要包括能源、贵金属、稀有金属、有色金属、黑色金属、非金属等矿产，近期具有开发前景的矿种有金、铜、铁、铅、锌、锂辉石、花岗岩、辉长岩、铍、铌、钽、煤、石油等矿产，目前正在开发利用的主要有铁、锂辉石、花岗岩、辉长岩等矿产资源。全县采矿用地面积约占总土地利用面积的 0.1%。根据全国第二次污染普查数据，福海县辖区内矿产资源开采企业共有 17 户，其中仅有 4 户黏土及其他土砂石开采企业正常生产经营，分别为福海县永固环保建材有限公司、福海县恒腾建筑材料有限责任公司、福海县福鑫砂石料有限责任公司和福海县开元建材有限责任公司。4 户铁矿采选企业已全部关停。

2.2.7　景观资源

福海县自然环境优美，风光秀丽，旅游资源丰富多样。自然风光主要为乌伦古湖景区，湖区主要景点有乌伦古湖海滨景区、吉力湖海上魔鬼城景区、环湖公路景点、赫勒渔村；新疆独有的冬季旅游项目——乌伦古湖观冬捕、乌伦古湖鸟岛、银沙湾国际度假区；山区主要景点有阿拉善温泉度假区、蝴蝶沟、红山嘴口岸、叶克图克夏牧场、萨尔布拉克奇石沟；南部风光有黄花沟农业产业园、吉拉大峡谷等。此外还有神奇的雅丹地貌，壮阔的大漠景观，浓郁独特的民风民俗都是文化品位很高的旅游资源。

福海黄金海岸景区乌伦古湖布伦托海东北岸，距离福海县城 22 km。夏季湖中水温保持在零上 20℃左右，沿岸近 100 m 的天然浅水滩，是天然浴场。

乌伦古湖位于准噶尔盆地西北边缘，东距福海县城 14 km，海拔 468 m。217 国道在湖间穿过。海上魔鬼城景区地处吉力湖东岸，乌伦古河入湖口处，俗称东河口。距离福海县城 14 km。站在湖口东望，距湖岸百米处，遗存着一片雅丹地貌，呈南北走向，绵延十余里，坡体呈斗圆形。

阿拉善温泉景区位于福海县境内阿尔泰山脉中部喀鲁温，地处阿尔泰山中部卓尔特河的一个小支流间。距福海县城 190 km，全长 25 km，海拔 1310 m。温泉地带森林茂密，阴坡主要以红松、云杉为主，阳坡则是白桦、青杨交错。

霍加雪夫岩画群发现于 2003 年，是一处高山古岩画群，位于距福海县 210 km 的阿尔泰山脉霍加雪夫山峰 2190 m 处。岩画群长约 700 m，它的发现填补了福海县没有岩画群的历史。

2.2.8　生物资源和重点区域识别

1. 生物资源

乌伦古湖是阿尔泰山绿洲的天然生态屏障，区域生物资源较为丰富，植物主要包括浮游植物和水生植物等，野生脊椎动物主要有鱼类、两栖爬行类、鸟类及兽类等；还有昆虫 300 余种，水生浮游动物约 90 种，水生底栖动物 20 余种等（邹兰等，2019）。栖息着天鹅、黑颈鹤、鹭鸶、海鸥、灰鹤、大雁、白鹭、野鸭、翠鸟等 47 种名贵鸟类，盛产贝加尔雅罗鱼（小白鱼）、东方欧鳊、银鲫、梭鲈、赤鲈等 27 种名贵野生鱼类，兼备"鸟类天堂"和"名贵鱼乡"的美名。据调查，目前乌伦古湖水生态系统中有浮游植物 164 种，以硅藻、绿藻和蓝藻为主；浮游动物 16 属 25 种，枝角类和桡足类为优势种，种类数量占比为 76%；水生植物以芦苇为主，沉水植物龙须眼子菜、穿叶眼子菜和狐尾藻覆盖面积较少，不到水面面积的 5%；底栖动物共有 41 种，主要以水生昆虫和寡毛类为主，年均密度为 1015.01 ind./m^2（师庆三等，2021）。其水位的消长变化，对当地土地资源、矿产资源、动植物群落，乃至区域气候都具有重大影响。并在防止垦地沙化、局部气候调节、承载珍稀濒危鱼类等方面具有重要的生态保持和平衡功能，是区域生态环境的调节器、制衡器，具有巨大的生态环境效益。乌伦古湖还是新疆干旱平原区现存的少数几处天然湿地之一，已被收入世界湿地名录，是我国重要湿地之一，也是新疆第二大湖及新疆第二大渔业基地，具有重要的生物多样性保育和水文调节功能。

1）陆生植物

乌伦古河流域野生高等维管束植物 64 科 298 属 803 种，其中蕨类植物 3 科 3 属 7 种，裸子植物 1 科 1 属 5 种，被子植物 60 科 294 属 791 种。流域内无国家级保护植物分布，分布有自治区级保护植物 15 种，其中自治区 1 级保护植物 10 种，分别是沙地麻黄、蛇麻黄、细子麻黄、中麻黄、单子麻黄、锁阳、罗布麻、肉苁蓉、盐生肉苁蓉、梭梭；自治区 2 级保护植物 5 种，具体包括额河杨、甘草、胀果甘草、花蔺草、大赖草。

对于乌伦古河流域内分布的保护植物来说，均属于北疆地区广布种，在流域内分布范围也相对较为广泛，其中麻黄、梭梭广泛分布于乌伦古河两岸荒漠区；锁阳、甘草、花蔺草伴生于河谷林草区；罗布麻则生长在上游河谷两岸山坡地；额河杨为乌伦古河河谷林的优势种，沿河自上而下的近河区域均有分布；大赖草主要分布于尾闾乌伦古湖湖滨沙地。

2）陆生动物

根据新疆动物地理区划，乌伦古河流域在动物地理区划上属古北界—中亚亚界—蒙新区—西北荒漠亚区和阿尔泰—巴彦喀萨岭亚区。流域有陆栖脊椎动物 26 目 76 科 399 种，包括两栖纲 1 目 1 科 1 种，爬行纲 1 目 3 科 7 种，鸟纲 18 目 54 科 318 种，哺乳纲 6 目 18 科 73 种。被列为国家和自治区重点保护的野生动物有 64 种，包括兽类 15 种（紫貂、狼獾、雪豹、北山羊、河狸等 6 种国家 I 级保护动物，棕熊、水獭、草原斑猫、原麝、马鹿、盘羊等 7 种国家 II 级保护动物，自治区 I 级保护动物赤狐，自治区 II 级保护动物艾鼬），鸟类 47 种（包括黑鹤、金雕、白肩雕、玉带海雕、胡兀鹫、大鸨等 9 种国家 I 级保护鸟类,大天鹅、黑鸢、苍鹰、普通鵟、猎隼、黄爪隼、红隼、灰鹤、蓑羽鹤、雕鸮等 37 种国家 II 级保护鸟类,自治区 II 级保护鸟类白眼潜鸭),两栖类 2 种,包括极北蝰、水游蛇,分属自治区 I、II 级保护动物。流域内保护动物多分布于乌伦古河上游高寒草原、山地针叶林区和山地草原带以及河谷林草区,其中雪豹、赤狐、棕熊、猞猁、北山羊、盘羊、胡兀鹫、秃鹫、兀鹫、金雕、阿尔泰隼等主要分布于乌伦古河上游高寒草原、山地针叶林区和山地草原带;兔狲、黑鸢、苍鹰、猎隼、黄爪隼、红隼、雕鸮、纵纹腹小鸮、长耳鸮、短耳鸮等以河谷林草区为主要分布区。河狸在中国境内仅分布于乌伦古河流域,根据 2015 年春阿勒泰林业局对河狸数量的最新统计,在中国境内河狸仅存 162 窝,其中 32 窝分布于布尔根河狸国家级自然保护区,在青河县境内的青格里河和乌伦古河干流河段总计有 60 余窝河狸,乌伦古河干流布尔根河口至已建萨尔托海牧业引水枢纽间河段分布有 12 窝河狸,乌伦古河富蕴县境内分布有 50 余窝河狸,福海县境内由于河流断流,河狸数量已十分稀少,仅有零星活动痕迹。

3）水生生物

乌伦古河流域浮游植物 6 门 62 属 152 种,以硅藻门为主;浮游动物 48 属 63 种,以原生动物、轮虫为主;底栖动物共 40 种,其中环节动物、软体动物各 1 种,节肢动物 38 种。乌伦古河流域共有鱼类 20 种,隶属于 5 目 6 科 20 属,其中乌伦古湖分布有 20 种,乌伦古河河道中分布有 13 种。包括 7 种土著鱼类,分别为银鲫、尖鳍、贝加尔雅罗鱼、丁鱥、北方花鳅、北方须鳅和河鲈,占鱼类种数的 35.0%。非土著鱼类 13 种,包括鲤鱼、东方欧鳊、湖拟鲤、梭鲈、粘鲈、江鳕、白斑狗鱼、高体雅罗鱼、鲢、鳙、草鱼、池沼公鱼、麦穗鱼。

根据相关资料,乌伦古河流域无保护、濒危等鱼类。乌伦古河渔获物以土著鱼类为主,鱼类小型化及品种结构单一的趋势明显。上游干支流仍能维持一定种群数量,干流中下游河段尤其是福海水文站以下河段因水资源供需矛盾加剧,造成水生生境破坏严重,鱼类分布空间及资源量均已退缩至乌伦古湖湖区。乌伦古湖因渔业生产、外来鱼类(尤其是池沼公鱼)入侵等影响,使渔获物组成,以及各种鱼类种群数量的发生了较大变化,土著经济鱼类资源总体发展趋势是下降的、个体呈现小型化。面临极大威胁,贝加尔雅罗鱼和河鲈种群数量锐减,其他鱼类产量也呈下降趋势。河鲈、梭鲈、丁鱥、白斑狗鱼、江鳕已经成为易危种,贝加尔雅罗鱼和高体雅罗鱼已被列为濒危种(于雪峰,2020)。

乌伦古河流域生物资源基本情况统计于表 2-5。

表 2-5　乌伦古河流域生物资源基本情况统计表

陆生生物	陆生植物	无国家级保护植物分布,自治区 I 级保护植物 10 种,分别是沙地麻黄、蛇麻黄、细子麻黄、中麻黄、单子麻黄、锁阳、罗布麻、肉苁蓉、盐生肉苁蓉、梭梭;自治区 II 级保护植物 5 种,具体包括额河杨、甘草、胀果甘草、花蔺草、大赖草

续表

陆生生物	陆生动物	国家和自治区重点保护的野生动物有 64 种，包括兽类 15 种（紫貂、狼獾、雪豹、北山羊、河狸等 6 种国家 I 级保护动物，棕熊、水獭、草原斑猫、原麝、马鹿、盘羊等 7 种国家 II 级保护动物，自治区 I 级保护动物赤狐，自治区 II 级保护动物艾鼬），鸟类 47 种（包括黑鹳、金雕、白肩雕、玉带海雕、胡兀鹫、大鸨等 9 种国家 I 级保护鸟类，大天鹅、黑鸢、苍鹰、普通鸳、猎隼、黄爪隼、红隼、灰鹤、蓑羽鹤、雕鸮等 37 种国家 II 级保护鸟类，自治区 II 级保护鸟类白眼潜鸭），两栖类 2 种，包括极北蝰、水游蛇，分属自治区 I、II 级保护动物
	水生生物	鱼类 20 种，隶属于 5 目 6 科 20 属。包括 7 种土著鱼类，分别为银鲫、尖鳍、贝加尔雅罗鱼、丁鱥、北方花鳅、北方须鳅和河鲈，占鱼类种数的 35.0%。非土著鱼类 13 种，包括鲤鱼、东方欧鳊、湖拟鲤、梭鲈、粘鲈、江鳕、白斑狗鱼、高体雅罗鱼、鲢、鳙、草鱼、池沼公鱼、麦穗鱼

资料来源：《新疆乌伦古河流域兵地融合山水林田湖草沙一体化保护和修复工程实施方案（2021—2023 年）》

2. 重点区域识别

1）阿尔泰山两河源自然保护区（Two-river Source Nature Reserve in Altai Mountioans）

阿尔泰山两河源自然保护区位于新疆维吾尔自治区，横跨富蕴、青河两个县境内的高山区域，总面积 67.59 万 hm²。其中核心区面积为 29.83 万 hm²、缓冲区面积为 19.22 万 hm²、科学实验区为 18.54 万 hm²。

额尔齐斯河与乌伦古河是阿勒泰各族人民自古以来繁衍生息的摇篮，两河源区的湿地面积约有 58000 hm²，分布有年径流量超过 1 亿 m³ 的大河 5 条；维管束植物有 967 种；地衣有 200 多种；苔藓植物有 193 种；大型真菌有 150 种。兽类有 54 种；鸟类有 222 种；国家重点保护的珍稀动物有 20 多种；昆虫有 1167 种。由于两河在新疆社会经济和北疆生态安全方面的发挥着日益重要的作用，因此两河源自然保护区被列为中国重要湿地。

2）布尔根河狸自然保护区（Burgen Beaver Nature Reserve）

新疆布尔根河狸自然保护区位于阿勒泰地区青河县塔克什肯镇境内，总面积为 5000 hm²。其中，核心区总面积 691.33 hm²，缓冲 1262.69 hm²，科学实验区 3045.98 hm²。布尔根河狸国家级自然保护区是中国唯一的蒙新河狸生息和自然保护区，也是在 1999 年以前近 20 年时间里新疆专门为湿地物种建立的 2 个保护区之一。1981 年始建为省级自然保护区，2013 年 12 月，国务院办公厅批准"新疆布尔根河狸自然保护区"晋升为国家级自然保护区。

布尔根河狸国家级自然保护区以珍稀濒危的蒙新河狸和鸟类以及生态环境为主要保护对象，集动植物物种与生态保护、湿地保护、科学研究、水源涵养、科普宣传教育、对外交流与合作、永续利用自然资源等多功能于一体的野生动物类型的自然保护区。截至 2012 年，保护区内的蒙新河狸家族数量已经增加到 31 个。保护区现有植物 49 科 387 种；兽类 46 种，两栖爬行类 11 种，鸟类 222 种，其中有国家一级保护动物 9 种，二级保护动物 26 种。昆虫资源丰富，有 10 目 322 种；

苔藓 41 科 137 种，真菌 16 科 44 种。

布尔根河两岸分布的天然河谷林作为蒙新河狸的食物来源和隐蔽场所，河谷林主要由苦杨等乔木树种和土伦柳、油柴柳、沼泽柳等灌木树种组成，是不可多得的柳属植物的基因库。河谷林为中国进行寒温带河谷林生态系统理论研究，探讨在寒温带河谷林生态系统中合理有效、持续利用自然资源提供了理想场所，为衡量人类在寒温带河谷林生态系统中的经济活动提供了充分的评价依据。特别河谷林布尔根河两岸是国家一类野生保护动物——蒙新河狸在中国唯一集中分布区域，具有很高的自然保护价值和科学研究价值。保护区内水源丰富，湿地众多，生态系统多样。复杂的食物链为在此繁殖或者迁徙停留的鸟类提供了充足的食物，使之成为鸟类南北迁徙的第三条重要通道和歇息地重要组成部分，同时也是众多珍稀鸟类的重要繁殖区。

3）卡拉麦里有蹄类自然保护区（Kalamaili Mountain Nature Reserve）

卡拉麦里山有蹄类自然保护区地处准噶尔盆地东部，建立于 1986 年。保护区西起滴水泉、沙丘河、东至老鸦泉、北塔山，南到自流井附近，北至乌伦古河南 30 km 处，总面积 180 万 hm^2，其中卡拉麦里山有蹄类自然保护区阿勒泰管理站总面积为 158.99 万 hm^2，其中灌木林地 2806 hm^2，牧草地 89.69 万 hm^2，未利用地 41.25 万 hm^2。保护区内植被组成较为简单，类型单调，分布稀疏，生存的建群植物是由超旱生、旱生的小乔木、灌木、小半灌木以及旱生的一年生草本、多年生草本和中生的短命植物等荒漠植物组成。优势种类以藜科、廖科中的旱生、沙生种类为主，整个保护区高等植物有 31 科 101 属 139 种，其中双子叶植物 25 科 117 种，单子叶植物 5 科 19 种。野生动物种类有 288 种，其中国家一类保护动物 12 种，鸟纲 38 科 220 种，哺乳纲 15 科 52 种，爬行纲 4 科 12 种，两栖类 1 科 3 种，还有近年来放归野外的普氏野马在野外成功成活并逐渐发展起来。

4）乌伦古河国家湿地公园（Ulungur River National Wetland Park）

新疆青河县乌伦古河国家湿地公园位于新疆青河县城西南部，包括青河县内乌伦古河与上游青格里河河道及其两岸的河谷林，以保护珍稀动植物及其赖以生存的森林、河流湿地等多样性的生态系统为主。项目规划面积 13590.3 hm^2，其中湿地面积 6309.2 hm^2，湿地率 46.4%。乌伦古河湿地分为沼泽湿地、河流湿地 2 个湿地类，草本沼泽、灌丛沼泽、森林沼泽、永久性河流、洪泛平原湿地 5 个湿地型。建设集湿地恢复保育、科普宣教、科学研究、监测培训、湿地游览体验为一体的国家级湿地公园。

湿地公园内蕨类植物有 2 科 5 种，裸子植物有木贼麻黄 1 种，被子植物有 25 科 118 种；哺乳纲共有 5 目 8 科 22 种，包括狗獾、水獭、狍等，其中有国家一级保护动物蒙新河狸 1 种，国家二级保护动物石貂 1 种。鸟类共有 15 目 34 科 130 种，其中有国家一级保护动物黑鹳、金雕、大鸨 3 种，国家二级保护动物大天鹅、蓑羽鹤等 17 种。湿地鸟类共有 44 种，其中游禽包括雁形目 14 种、鸥形目 7 种、目 1 种，涉禽包括鹳形目 3 种、鹤形目 6 种、鸻形目 13 种，两栖纲 1 目 2 科 4 种，爬行纲 1 目 3 科 8 种，鱼纲共有 4 目 6 科 13 种，包括黑鲫、银鲫、河鲈等。

5）乌伦古湖湿地公园（Ulungur Lake National Wetland Park）

乌伦古湖国家湿地公园位于新疆福海县县城西 20 余公里的解特阿热勒镇内，由乌伦古湖（大海子、中海子）和吉力湖（小海子）两部分组成，总面积 12.7155 万 hm²，其中湿地总面积 10.95 万 hm²，占湿地公园总面积的 86.11%，主要包括湖泊湿地、沼泽湿地和河流湿地 3 种类型。湿地生态系统包括湖泊湿地生态系统和以芦苇、低草灌丛为主的沼泽湿地和河流湿地生态系统，类型多样，在我国西北干旱地区具有极强的典型性（孙丽，2013）。湿地主要指河流、乌伦古湖水体及其沿岸地带（阴俊齐等，2017），湖泊湿地是乌伦古湖湿地的主体，属于永久性淡水湖泊，面积 10.5401 万 hm²，占乌伦古湖湿地总面积的 96.26%。沼泽湿地分布于浅水区和湖滨，总面积 4074 hm²，占乌伦古湖湿地总面积的 3.72%，其中芦苇沼泽 3722 hm²，低草灌丛沼泽 352 hm²；河流湿地主要是乌伦古河的入湖口河段，以及吉力湖与乌伦古湖连接段，总面积 25 hm²，占乌伦古湖湿地总面积的 0.02%。

乌伦古湖湿地公园内有植物 22 科 43 属 78 种，其中水生植物 10 科 15 种；此外还有浮游植物 8 门 115 种属，沉水植物 5 科 5 属 7 种。湿地植被主要有水生植被、草本沼泽植被、灌丛沼泽植被等 3 种植被类型。水生植被分布于湖泊水域之中，主要有篦齿眼子菜群落、金鱼藻群落、小茨藻群落、狐尾藻群落、聚草群落、菹草群落、蒲萍群落、水葱群落等；草本沼泽植被分布于湖泊的浅水区域，以及湖滨及其附近河段四周的低阶地、低洼地、水浸滩等集水区域，主要有芦苇群系、禾草群系、苔草群系、蒲草群系、赖草群系、荆三棱群系、盐生假木贼群系、沙蒿群落、碱蓬群落等；灌丛沼泽植被分布于湖滨季节性积水的沼泽湿地中，主要有白柳群落、柽柳群落、尖果沙枣群落、苦杨群落、铃铛刺群落等。

乌伦古湖湿地公园内有动物 21 目 40 科 101 种，其中鱼纲 4 目 6 科 22 种，主要有河鲈、湖拟鲤、东方真鳊、贝加尔雅罗鱼、鲤鱼、高体雅罗鱼、银鲫、须鲅、白斑狗鱼、梭鲈、江鳕、白鲢、花丁鲄、西伯利亚花鳅、粘鲈等；两栖纲 1 目 2 科 2 种，即绿蟾蜍与中国林蛙；爬行纲 1 目 1 科 2 种，即棋斑游蛇与黄脊游蛇；鸟纲 12 目 26 科 67 种，主要有鸬鹚、赤麻鸭、针尾鸭等，还有 4 种国家 I 级保护动物：黑鹳、小鸨、波斑鸨、玉带海雕和 6 种国家 II 级保护动物：红隼、黑腹沙鸡、大天鹅、疣鼻天鹅、白尾鹞、乌雕；哺乳纲 3 目 5 科 8 种，主要包括狼、赤狐、沙狐、野猪、水獭、田鼠、麝鼠等，其中河狸属国家 I 级保护动物，水獭属国家 II 级保护动物。另外，还有水生浮游动物 96 种属；底栖动物 21 种；水生昆虫类 44 种。

6）乌伦古湖特有鱼类国家级水产种质资源保护区

乌伦古湖特有鱼类国家级水产种质资源保护区总面积 3000 hm²，其中核心区 2400 hm²，实验区 600 hm²；乌伦古湖和博斯腾湖是特种鱼的生产捕捞基地，主要产河鲈和贝加尔雅罗鱼（李尽梅，2005），主要保护对象为高体雅罗鱼、金鲫、湖拟鲤、江鳕、粘鲈、尖鳍鮈、北方花鳅、北方须鳅等特有及濒危土著鱼类。

7）大青河森林公园

大青河、小青河源头是三道海子高山雪水融化而成，是乌伦古河的重要支流，也是青河县 6.4 万群众赖以生存的母亲河。大青河森林公园 2000 年批准建园，它是一座兼人文景观和自然风景为一体的综合性公园。大青河森林公园坐落在青河县西北面，距青河县 43 km。总面积 1921 hm²，森林覆盖率 98%，森林总蓄积量 36263 m³。主要森林类型有西伯利亚落叶松林、西伯利亚云杉林、松杉混交林、桦树林、杨树林和以河谷为主的针阔混交林等植物种类达多种，种属余种。夏季气候温和、雨量充沛、森林茂密、古木参天，山清水秀。

2.3 社会经济概况

2.3.1 行政区划、历史文化和经济发展

1. 行政区划

流域范围主要涉及福海县、富蕴县以及青河县。其中，福海县辖 3 乡 3 镇 1 场：福海镇、喀拉玛盖镇、解特阿热勒镇、阔克阿尕什乡、齐干吉迭乡、阿尔达乡、福海一农场。富蕴县辖 3 个镇、6 个乡：库额尔齐斯镇、可可托海镇、恰库尔图镇、吐尔洪乡、杜热乡、库尔特乡、喀拉通克乡、铁买克乡、喀拉布勒根乡。青河县 2 个镇、5 个乡：青河镇、塔克什肯镇、阿热勒乡、阿热勒托别乡、萨尔托海乡、查干郭勒乡、阿尕什敖包乡。

2. 历史文化

1）历史沿革

流域自古为多民族共同生存发展区域。约公元前五世纪至清代，在此生活过的有塞人、呼揭、匈奴、鲜卑、柔然、突厥、葛逻禄人以及蒙古族、汉族、哈萨克族等。公元前 60 年，西域都护府的设立使其正式纳入祖国版图。在历史演进过程中，福海县境曾先后隶属部族地方政权突厥汗国、铁勒汗国、蒙古汗国、瓦剌汗国、准噶尔汗国辖理。盛唐时期，县境分属于唐王朝的羁縻政权大漠、阴山都督府管辖，元代属别失八里省。清代，县境以乌伦古河为界南北分属于阿勒泰将军府和乌里雅苏台定边左副将军治下的科布多参赞大臣管辖。清同治年间，曾设布伦托海办事大臣辖理相当于今阿勒泰地区范围的广大地区，治所据传就在今县城西（遗址待考），布伦托海一时成为阿尔泰大草原政治、经济、文化中心。光绪年间，清廷设布伦托海屯局。光绪三十一年（1905 年），科（科布多）、阿（阿尔

泰）分治，县境归阿尔泰办事大臣管辖。阿尔泰办事大臣所辖区域直隶于清廷理藩院，属中央特别行政区。民国八年（1919 年），正式建县，名布伦托海县（布伦托海，蒙古语，意为杂色丛林），民国三十一年（1942 年）改称福海县。2002年 12 月，福海县直辖 5 乡 1 镇。下辖 65 个行政村，6 个居民委员会。截至 2019年，福海县辖 3 镇 3 乡：福海镇、阿喀拉玛盖镇、解特阿热勒镇、阔克阿尕什乡、齐干吉迭乡、阿尔达乡；另辖 6 个乡级单位：地区一农场、福海监狱、兵团一八二团、兵团一八三团、兵团一八七团、兵团一八八团。县人民政府驻福海镇。

2）民俗文化

A. 达斯坦

哈萨克族达斯坦在哈萨克族聚居地广为传唱，对新疆来说哈萨克族聚居的阿勒泰地区，其中主要分布流传在福海县广大牧业地区，尤其是以福海县的阔克阿尕什乡齐勒哈仁村为中心。1988 年，福海县正式把哈萨克族达斯坦列为重点研究保护民族民俗文化之一。1992 年，福海县文学集成办编著了《新疆民间文学集成长诗、叙事诗卷福海分卷》一套 4 册，34 万字，在中国范围内发行。

B. 刺绣

哈萨克刺绣的种类很多，而且名称各异，根据刺绣种类的渊源、内涵、形状和物质基础，每种刺绣都有自己的称谓。其种类多达一二百种，有盘羊角图案、公羊角图案、双犄角图案、独角图案、单犄角图案、肩形图案、三角图案、驼羔眼图案、驼颈图案等等。

C. 毡房

毡房，在哈萨克语中称"字"，它不仅携带方便，而且坚固耐用，住居舒适，并具有防寒、防雨、防震的特点。房内空气流通，光线充足，为哈萨克牧民所喜爱，由于是用白色毡子做成，毡房里又布置讲究，人们称之为"白色的宫殿"。

3）经济发展

2021 年地区生产总值（GDP）实现 559804 万元，同比增长 5.5%。其中，第一产业实现增加值 189110 万元，同比增长 2.9%；第二产业实现增加值 168198 万元，同比增长 6.9%；第三产业实现增加值 202496 万元，同比增长 7.1%。三次产业比重为 33.8：30.0：36.2。

富蕴县 2021 年地区生产总值（GDP）实现 665894 万元，比上年增长 5.9%。其中，第一产业增加值 59415 万元，同比增长 2.4%；第二产业增加值 407185 万元，同比增长 6.0%；第三产业增加值 199297 万元，同比增长 7.1%。三次产业比重分别为 9：61：30。

青河县 2021 年地区生产总值（GDP）281768 万元，同比增长 1.6%。其中，第一产业增加值 38653 万元，增长 6%；第二产业增加值 94893 万元，下降 3%；第三产业增加值 148222 万元，增长 3.2%。三次产业比重分别为 13.71：33.67：52.60。

福海县 2010～2019 年地区生产总值逐年增长，2020 年首次出现负增长，2021 年恢复正增长。富蕴县在 2015 年、2016 年和 2020 年出现负增长，其余年份均正增长。青河县 2010～2021 年地区生产总值整体上呈逐年增长，2020 年起 GDP 增速明显放缓，由 2019 年的 38.42%下降至 2021 年的 1.6%（图 2-7）。

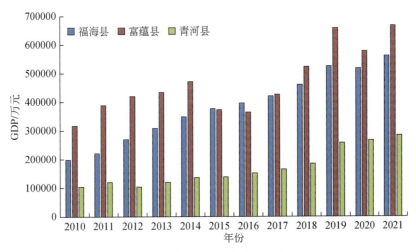

图 2-7　乌伦古湖流域多年地区生产总值

4）渔业资源

阿勒泰地区适宜发展渔业的水域面积较大，湖泊众多，较大的水面有福海县境内的乌伦古湖，是我国十大淡水湖之一，还有大小不等的淡水湖泊，养鱼水面达 12.3 万 m^2，年产鱼量 5000 余吨，鱼类繁多，鱼种丰富，品质优良。有贝加尔雅罗鱼、白斑狗鱼、鲤鱼、鲶鱼、河鲈、粘鲈等鱼类 34 种，包括经济价值较高的有 18 种。根据地方渔业统计报表，2011～2020 年，福海县鱼产量在 2190～4350 吨。

2.3.2　土地利用

根据土地利用调查结果，乌伦古湖流域土地利用类型中，占比最高的为未利用土地以及草地，面积分别为 25935.49 km^2、10549.60 km^2，占流域总面积的比例分别为 64.47%、26.22%。水域、耕地、林地以及城乡、工矿、居民用地面积较少，分别为 1317.93 km^2、1222.55 km^2、1158.73 km^2 以及 44.77 km^2，占流域总面积比例分别为 3.28%、3.04%、2.88%以及 0.11%。流域土地利用分类见图 2-8 和表 2-6。

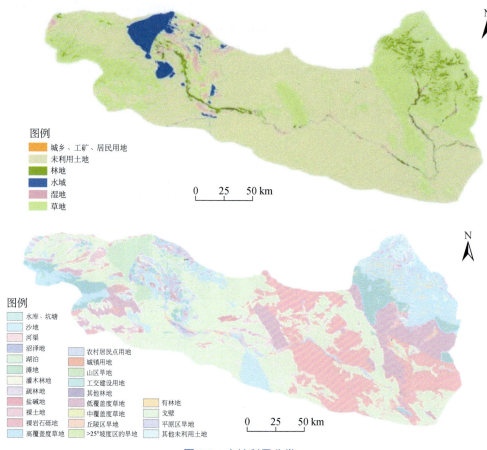

图 2-8 土地利用分类

资料来源:《乌伦古湖流域水生态环境调查评估报告》

表 2-6 土地利用情况分类表

一级地类	二级地类	面积/km²	比例/%
草地	低覆盖度草地	4775.34	26.22
	高覆盖度草地	3471.76	
	中覆盖度草地	2302.50	
	小计	10549.60	
城乡、工矿、居民用地	城镇用地	8.56	0.11
	工交建设用地	2.70	
	农村居民点用地	33.51	
	小计	44.77	

续表

一级地类	二级地类	面积/km²	比例/%
耕地	>25°坡度区的旱地	54.01	3.04
	平原区旱地	1001.35	
	丘陵区旱地	163.85	
	山区旱地	3.34	
	小计	1222.55	
林地	灌木林地	237.91	2.88
	其他林地	3.13	
	疏林地	218.77	
	有林地	698.92	
	小计	1158.73	
水域	河渠	67.27	3.28
	湖泊	1208.03	
	水库、坑塘	40.44	
	滩地	2.19	
	小计	1317.93	
未利用土地	戈壁	14902.55	64.47
	裸土地	848.13	
	裸岩石砾地	8121.40	
	其他未利用土地	390.17	
	沙地	1239.20	
	盐碱地	316.13	
	沼泽地	117.90	
	小计	25935.49	
总计		40229.09	

2.4　流域生态环境状况

2.4.1　生态系统状况

根据乌伦古湖流域自然环境和自然资源的特点，可将流域生态体系依据地貌特征划分为五个系统，即山地生态系统、山前冲洪积倾斜平原生态系统、河谷平原生态系统、人工绿洲生态系统、湖泊生态系统。各生态系统又由若干个生态单元构成。

1. 山地生态系统

山地生态系统接受丰富的降水，是流域的水资源的形成区，通过山区良好植被的蓄积调蓄作用，对水资源进行时间重分配；山区风化作用所产生的混砂、酥石等物质通过流水和重力输出系统之外，山地生态系统接受大气降水，形成水的重力势能，水在流动的过程中势能转换为动能，是水能的形成和转化输出区。山地生态系统各生态系统单元基本上呈垂直分布，由高到低依次是高山草甸、草甸草原、中山森林、森林草原、低山草原、干草原、低山丘陵荒漠草原。

2. 山前冲洪积倾斜平原生态系统

山前洪积倾斜平原生态系统主要位于乌伦古河中游峡口水库以下河段，山前冲洪积倾斜平原生态系统呈不连续分布，是径流的消耗和转化区，河流携带砂砾的沉积区，植被盖度低，以荒漠草原为主。

3. 河谷平原生态系统

河谷平原生态系统位于乌伦古河干流二台水文站以下河段，是径流排泄、转化、蓄积及蒸散区，同时也是水携带物质的沉积和输送区，以及水能的释放区和生物有机物输入区，河谷生态系统植被发育。

4. 人工绿洲生态系统

人工绿洲生态系统分布范围主要分布于河流的高阶地、河岸坡带和低阶地上，是以引水渠道为水域和道路为联系的农田、人工草场和村镇、城市景观，是人类生产和生活的中心，通引水灌溉使径流转化、高效利用和水流携带物质的沉积。

5. 湖泊生态系统

湖泊生态系统主要指乌伦古湖，是乌伦古河的尾闾，属于封闭水体。是径流蓄积蒸发的区域，同时径流带来大量有机物质、无机物质和泥沙在湖水中沉积。

这些景观组成之间有着相辅相成、相互制约和相互矛盾的特定的生态学关系。上述 5 种环境资源拼块状况的优劣，决定了乌伦古河流域环境质量的好坏（图2-9）。

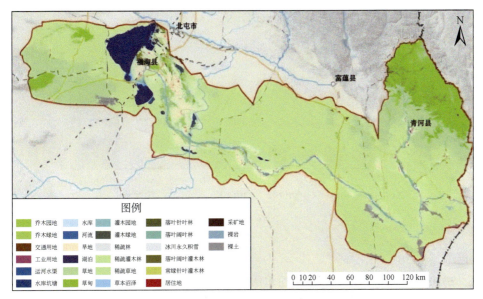

图 2-9　乌伦古河流域生态系统类型图

2.4.2　流域环境质量现状

1. 大气环境质量状况

根据《自治区 14 城市及兵团 2 城市环境空气质量状况及排名》报告，阿勒泰地区大气环境质量较好，2020 年，距离流域最近的阿勒泰市大气环境监测点全年优良天数比例为 100%，与上年持平；PM_{10} 浓度为 15.3 μg/m^3，比上年下降 0.6%；$PM_{2.5}$ 浓度为 9.7 μg/m^3，比上年增加 12.8%。2016~2020 年间，阿勒泰市空气质量呈上升趋势，环境空气质量综合指数由 2.07 下降到 1.49（图 2-10 和图 2-11）。

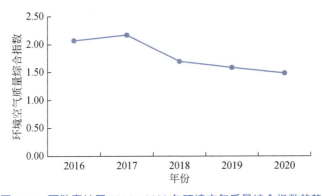

图 2-10　阿勒泰地区 2016~2020 年环境空气质量综合指数趋势

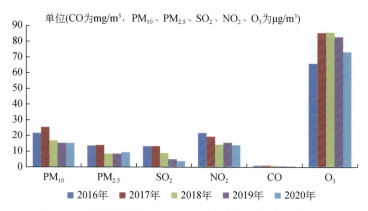

图 2-11 阿勒泰地区 2016～2020 年大气污染物浓度对比

2. 水环境状况

2020 年，乌伦古河、布尔根河水质总体良好，各河流监测点位水质均在 II 类以上。相较于河流水质，湖泊水质相对较差，乌伦古湖水质为劣 V 类水，超标因子为化学需氧量（超标倍数为 0.35）、氟化物（超标倍数为 1.37）。吉力湖水质为 IV 类水，超标因子为化学需氧量（超标倍数为 0.40）（表 2-7 和表 2-8）。

表 2-7 2015～2020 年乌伦古河流域河流断面水质状况

所在水体	点位名称	点位级别	2015 年	2016 年	2017 年	2018 年	2019 年	2020 年
乌伦古河	大青河源头		II	II	II	II	II	II
	顶山	国考	II	II	II	II	II	II
	二台		II	III	III	II	II	II
	福海	国考	—	—	—	—	—	II
布尔根河	塔克什肯		II	II	II	II	II	II

表 2-8 2015～2020 年乌伦古河流域湖泊点位水质状况

所在水体	点位名称	点位级别	2015 年	2016 年	2017 年	2018 年	2019 年	2020 年
乌伦古湖	乌伦古湖湖中心	国考	劣 V	劣 V	劣 V	劣 V	劣 V	劣 V
	码头至中心		劣 V	劣 V	劣 V	劣 V	劣 V	劣 V
	乌伦古湖码头	国考	劣 V	劣 V	劣 V	劣 V	劣 V	劣 V
	南部渔政点	国考	劣 V	劣 V	劣 V	劣 V	劣 V	劣 V
	农十师渔政点		劣 V	劣 V	劣 V	劣 V	劣 V	劣 V
	莫合台		劣 V	劣 V	劣 V	劣 V	劣 V	劣 V
吉力湖	进水区		劣 V	IV	劣 V	劣 V	V	IV
	湖心区		劣 V	劣 V	IV	IV	—	—

集中式饮用水源地水环境质量。乌伦古湖流域主要水源地包括 3 个城镇地表水饮用水水源地，水质总体保持稳定（表 2-9）。

表 2-9　乌伦古河流域主要地表水水源地水质状况

序号	水源地名称	水源地类型	水质监测结果					
			2015 年	2016 年	2017 年	2018 年	2019 年	2020 年
1	福海县团结水库水源地	湖库型	III	III	III	III	III	III
2	富蕴县城水源地	河流型	II	II	II	II	II	II
3	青河县乌伦古河水源地	河流型	II	II	III	III	II	II

3. 土壤环境质量状况

2020 年，阿勒泰地区土壤环境总体安全。根据阿勒泰地区土壤污染详查结果显示，阿勒泰地区不存在污染耕地及污染地块。未发生因耕地土壤污染导致农产品质量超标且造成不良社会影响的事件，未发生因疑似污染地块或污染地块再开发利用不当且造成不良社会影响的事件。2020 年阿勒泰地区化肥综合使用量在 21.84 kg，亩用量低于全疆平均水平，2020 年农药实际使用量 97.98 吨，相比之下，2020 年较 2019 年减少农药使用量 1.859 吨，实现了农药化肥使用量零增长。2019 年地膜回收量 4288 吨，回收再利用 807 吨，回收率 78.3%，再利用率 18.83%，废弃农膜回收利用率逐年提高。

参 考 文 献

邓铭江. 2023. 金山南面大河流(上)——额尔齐斯河生态保护与水文过程耦合机理研究[J]. 中国水利, (5): 67-72.

高凡, 邹兰, 孙晓懿. 2020. 改进综合水质指数法的乌伦古湖水质空间特征[J]. 南水北调与水利科技,18(1): 127-137.

海拉提·阿力地阿尔汗, 彭小武, 刘晓伟, 等. 2021. 新疆乌伦古湖水生态环境保护对策研究[J]. 新疆环境保护, (2): 15-21.

黄智华, 周怀东, 薛滨, 等. 2011. 人类活动对乌伦古湖环境演化的影响[J]. 人民黄河,33(5): 60-62.

李尽梅. 2005. 挽救珍稀鱼类,保护特色资源[J]. 中国渔业经济, (4): 30-32.

李炎臻, 刘小慧, 李毓炜, 等. 2021. 基于多源遥感数据的乌伦古湖面积动态变化分析[J]. 水利水电快报,(3): 29-33+48.

刘长勇. 2021. 乌伦古湖生态治理措施研究[J]. 陕西水利, (9): 117-119.

师庆三, 程维明, 海拉提·阿力地阿尔汗. 2021. 绿水青山生态文明建设与绿色发展新范式——阿勒泰山水林田湖草系统建设实践［M］. 北京: 中国环境出版集团.

孙丽.2013. 新疆乌伦古湖国家湿地公园湿地的保护和恢复[J]. 山东林业科技,(4): 105-107+51.

阴俊齐, 陈丽, 贾尔恒·阿哈提, 等. 2017. 新疆生态环境十年(2000～2010 年)遥感调查与评估

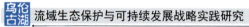

〔M〕. 北京: 科学出版社.

于雪峰. 2020. 乌伦古湖渔业资源现状及保护措施[J]. 黑龙江水产,(3): 8-9.

赵星, 陈瑾. 2012. 乌伦古湖开展生态补水工程的必要性[J]. 甘肃农业,(3): 45-47.

邹兰,高凡,马英杰, 等. 2019. 基于距离协调发展度模型的乌伦古湖健康评价[J]. 环境科学与技术,(7): 206-212.

3.1　乌伦古湖的形成

乌伦古湖位于乌伦古河流域内，是受特定地质构造背景的制约和控制而形成的。乌伦古湖地处新疆准噶尔盆地北部，该盆地属于中国西北地区的新生代构造区之一，一条北西走向的逆冲断层——大准噶尔断裂，对准噶尔盆地的形成和演化起到了重要作用。受印度洋板块和亚欧板块的碰撞作用，隆升了昆仑山山脉、阿尔金山山脉、天山山脉和阿尔泰山山脉，形成了大规模的地壳运动，乌伦古湖也是在这种地壳运动的背景下形成的。随着准噶尔盆地不断隆升和沉降，乌伦古湖先后经历了多次的湖泊形成和干涸，最终形成了现在的乌伦古湖（任纪舜等，1980）。

乌伦古湖所处的区域位于阿尔泰山南麓，在古生代晚期，阿尔泰地区是一片海域，处于低纬度的海洋环境中，经过长期沉积形成了一系列沉积岩，包括石炭系、二叠系、三叠系和侏罗系等。这些沉积物的特点是含有大量的碳酸盐、硅酸盐、砂岩、泥岩等，其中碳酸盐岩具有特殊的地质特征，因为它们在早期的海相环境下形成，受到地质构造的影响，经过变化和变形后成为构成盆地地貌的基础岩石。这些沉积岩是乌伦古湖形成的基础（中国科学院新疆综合考察队，1978；杨发相，2011）。

随着地质构造运动的不断演化，在古生代末期到中生代初期，阿勒泰地区经历了大规模的构造变动，形成了阿尔泰山褶皱带。在构造变动的过程中，该区域出现了多次隆升和沉降，盆地逐渐成形。在古近纪晚期，乌伦古湖所处的盆地隆升，由于相对稳定的构造环境，盆地地面逐渐抬升，形成了一个相对封闭的湖泊环境。由于盆地边缘高出中心部分，形成了天然的水坝，使得湖泊水位相对较高，水体向外部输送的能力相对较差，导致湖泊水体矿化度和盐度逐年升高。这种地质构造环境为乌伦古湖的形成和演化提供了基础（中国科学院新疆综合考察队，1978；杨发相，2011）。

中生代晚期，乌伦古湖所在的盆地已经成为一个相对稳定的地区。由于长期的侵蚀和沉积作用，盆地内陆地和海洋之间的过渡带变得非常平缓。在这个时期，盆地内的河流逐渐发展成为一个密集的河网，为之后乌伦古湖的形成奠定了基础（中国科学院新疆综合考察队，1978；杨发相，2011）。

新生代早期，乌伦古湖区域再次发生大规模的构造运动，形成了今天的山盆地貌。同时，盆地内的河流也受到影响，河道形态发生变化，开始向北流淌（中国科学院新疆综合考察队，1978；杨发相，2011）。

新生代晚期，乌伦古湖的形成进入关键阶段。受构造运动的影响，盆地出现抬升和下降。在第四纪中晚期曾出现了比现在湖泊面积大 2～3 倍的古大湖（蒋庆丰等，2016）。至第四纪晚期，布伦托海凹陷的地质构造运动导致乌伦古湖进一步凹陷，冰雪融水形成的径流量大减，乌伦古湖与额尔齐斯河断绝联系，形成了现今湖泊的基本面貌。总之，乌伦古湖的形成和演化既是地质构造运动的产物，也是地质构造变动的记录（中国科学院新疆综合考察队，1978；杨发相，2011）。

3.2　乌伦古湖区域地貌特征及演化

3.2.1　乌伦古湖区域地貌特征

乌伦古湖是第四纪晚期大型湖泊凹陷湖的典型湖泊，是我国十大著名淡水湖之一。乌伦古湖在大地构造上处于准噶尔北缘拗陷的西北。湖形受到东北东—西南西和北西—东南二组构造线的走向所控制，属断陷湖。乌伦古湖发育于古生代褶皱的基底上，中生代时期遭受剥蚀，缺失沉积岩系，第三系岩系较为发育。根据湖区周围沉积物的分布、湖成阶地、湖蚀崖及埋藏的湖相沉积物特征，中更新世时湖泊已初具轮廓，晚更新世已奠定基本格局。

乌伦古湖区域地貌特征主要受到喀喇昆仑山和阿尔金山两条山脉的影响，北为西北-东南走向的阿尔泰山，南为逐步向准噶尔盆地过渡的山前丘陵和平原，是西北阿尔泰山南麓的平原区绿洲与准噶尔盆地古尔班通古特沙漠之间的重要天然生态屏障（程艳等，2016），发育多种沉积体系和沉积环境（田兵兵，2022），既有丘陵地形，也拥有现代三角洲的多种类型，乌伦古湖是浅碟式的地堑构造湖，具有陆相中常见的冲积扇、砂砾质湖滩，部分区域发育湿地地貌（张昌民等，2017），呈现出内陆高原平原、河流河谷、冰川、盐湖、风蚀、生物等多个地貌类型的特点。

乌伦古湖地势呈南北向长条形，整体上由东北部向西南部逐渐倾斜，由北向南呈阶梯状递减，分布有山地、盆地、丘陵、平原、河谷等多种地貌类型单元。从上游到下游河谷地貌由高山峡谷到冲洪积平原，河流坡降渐小，高程渐低，河流流速逐渐变缓，最终汇入乌伦古湖，其流域地貌类型图如图 3-1 所示。

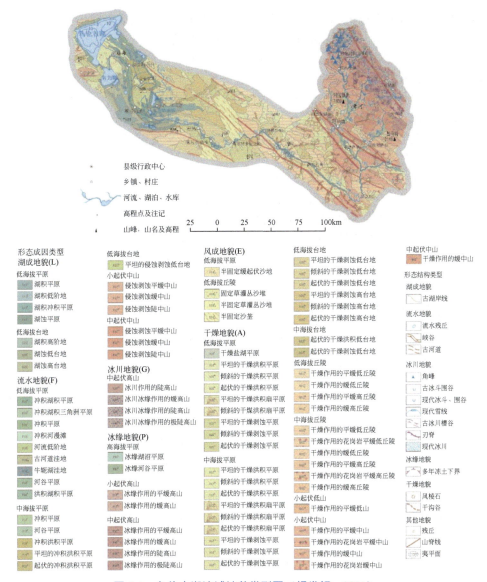

图 3-1　乌伦古湖流域地貌类型图（杨发相，2011）

　　乌伦古湖区域地貌特征多种多样。这些地貌类型互相交织，相互影响，共同构成了乌伦古湖区域，具体地貌类型如下：

　　盆地地貌：乌伦古湖所处的准噶尔盆地是一个断陷型盆地，由于地壳运动和沉积作用的影响，盆地内部形成了复杂的地形构造。整个盆地地貌形态较为平坦，海拔在 500～1000 m 之间，是典型的内陆盆地地貌类型。

　　沉积岩地貌：乌伦古湖地区沉积岩发育，主要包括石炭系、二叠系、三叠系和侏罗系等不同年代的沉积岩。这些沉积岩形成了丰富的地貌景观，如山丘、峡谷、台地、河谷等，给整个区域带来了独特的自然风光。

湖泊地貌：乌伦古湖是一个典型的内陆浅水湖泊，湖面海拔高度在 350 m 左右，平均水深在 2～3 m 之间。湖泊周围是一片广阔的湖滩，湖滩地貌平坦开阔，是一处重要的生态保护区。

河流地貌：乌伦古湖流域内的河流众多，主要有额尔齐斯河、察汗河、伊里乌苏河等。这些河流在流经不同的地形地貌类型时，呈现出多样的河谷地貌景观，如深峡、悬崖、瀑布等。

冰川地貌：在第四纪冰期，乌伦古湖周围的冰川对该地区的地貌形成产生了很大的影响。冰川侵蚀和冰川堆积造就了一些地貌景观，如冰碛丘、冰蚀丘等。

盐湖地貌：乌伦古湖为内陆盆地湖泊，长期缺乏排水，导致湖泊盐度逐年升高。因此，乌伦古湖周边形成了一些盐湖地貌，如盐碱滩、盐化土地等。

风蚀地貌：乌伦古湖周边气候干燥，风力较大，形成了诸多风蚀地貌，如流沙丘、沙漠草原等。

3.2.2 乌伦古湖地貌演化

乌伦古湖地貌演化是一个长时间的过程，受到多种因素的影响，包括地质构造、气候变化、水文变化等。在过去的几百万年中，乌伦古湖的地貌演化经历了多个阶段。

第一阶段是古生代晚期至中生代，当时的地壳运动造成了乌伦古湖盆地的形成。这个阶段是乌伦古湖地貌演化的基础。

第二阶段是新生代的第三纪早期至中期，当时的乌伦古湖是一个深水湖，湖面高出现今海拔 600～700 m，面积较大。在这个时期，乌伦古湖地区经历了一次较为剧烈的隆升，导致了湖泊深度的变化。

第三阶段是第四纪早期，随着第四纪冰期的到来，乌伦古湖周围的山脉逐渐被冰川侵蚀，同时湖泊周围的草原逐渐变为沙漠。这个时期的乌伦古湖变得较为浅滩，水位比现在低了约 30 m。

第四阶段是第四纪晚期，乌伦古湖与额尔齐斯河断绝联系，奠定了现今湖泊基本面貌。在这个时期，地壳运动造成了布伦托海（乌伦古湖）进一步凹陷，同时冰川规模缩减导致冰雪融水径流量大减，乌伦古湖与额尔齐斯河断绝联系。

第五阶段是全新世以来，乌伦古湖的变化主要受气候影响。早全新世三千年期间，气候冷暖干湿变化导致乌伦古湖水文变化频繁，中全新世近四千年气候相对稳定，温度适宜，降水丰沛，湖泊处于高水位状态，晚全新世持续两千年以上，气候干燥，湖泊面积大范围萎缩。

总的来说，乌伦古湖地貌演化的过程中受到了多种因素的影响，下面将从地质构造、气候变化、水文变化、人类活动角度分析各个因素对乌伦古湖形成的影响。

1. 地质构造对乌伦古湖形成影响

地质构造是乌伦古湖形成的重要因素之一。首先，地质构造的隆升和下降是乌伦古湖形成的重要因素之一。在地球形成和演化过程中，地壳的变形和构造运动是一种普遍现象。乌伦古湖形成的地质时期处于第四纪早期，这个时期正处于喜马拉雅运动和阿尔卑斯运动的早期，区域性隆升和下降造成了地表的高差和水系的变化，这为乌伦古湖的形成创造了条件。随着布伦托海的进一步凹陷，乌伦古湖的面积和深度也随之增大。

其次，地质构造的破碎和断裂使得地表岩层发生了变形和错动，这对于乌伦古湖的形成和发展也有一定的影响。在乌伦古湖周围的地区，存在许多北东向的断裂带，这些断裂带在地壳运动的作用下，造成了地表的抬升和下沉，形成了众多的盆地和丘陵。这些盆地和丘陵的存在，为乌伦古湖提供了地形上的支撑和水源的补给，也为湖泊的演化带来了许多变数。此外，地质构造对于乌伦古湖水文环境的形成和演变也有一定的作用。地质构造的差异决定了地表地貌的不同，不同的地貌形成不同的水文环境。乌伦古湖地处内陆，气候干燥，降水较少，蒸发强烈，水资源相对匮乏。而地质构造的影响，使得乌伦古湖水系得到了一定的保障和补给，保证了湖泊水文环境的相对稳定。

在新生代地质时期，该地区发生过多次的构造运动，使流域内地层产生弯曲、断裂等构造变形，同时形成了大小不等的断块和地块。在这种构造背景下，乌伦古湖盆地形成了一系列地形要素，如山峦、平原、河流等，为乌伦古湖的形成提供了地形基础。

因此，地质构造对乌伦古湖的形成和演化起着重要的作用，为湖泊的形成提供了地质基础，同时也决定了湖泊的演化轨迹。

2. 气候变化对乌伦古湖形成影响

乌伦古湖地处中国北方内陆干旱区，气候干燥，降水量少，蒸发量大，年均气温较低，环境干旱。乌伦古湖的形成与气候变化密切相关。在全新世早期，中国北方地区气候较为潮湿，湖泊较为普遍。随着时间的推移，气候逐渐干燥，湖泊数量逐渐减少。而在新仙女木事件之后，全球气候变冷，中国北方地区进入了一段寒冷干旱的时期。在这个时期，许多内陆湖泊陆续干涸，其中一些湖泊逐渐演变成为盐碱地和沙漠，而另一些湖泊则形成了盐湖和咸水湖，乌伦古湖就是其中之一。

在乌伦古湖历史长河中，气候变化一直是湖泊水文变化的主要驱动力之一。早在全新世三千年期间，气候冷暖干湿变化就已经导致乌伦古湖水文变化频繁。据研究，全新世早期至中期的气候变化主要受北半球太阳辐射强度和季节变化的影响，以及冰川与季风的相互作用，气候以干冷为主，湖泊水位处于较低水位状态。其中在约九千年前，气候变化导致乌伦古湖干旱，甚至干涸，形成了"乌伦古湖期干旱事件"。这一时期，乌伦古湖湖底沉积物中的沉积物类型多为沙、砾石和风成粉土，湖泊岸线向内缩小，湖水面积缩小，河流水位降低，流域土地退化。

接着在中全新世近四千年的时间里，气候相对稳定，温度适宜，降水丰沛，乌伦古湖处于高水位状态。水面面积扩大，河流水位升高，形成了泛滥平原。这一时期的乌伦古湖湖底沉积物类型多为泥沙和粉质物质，沉积速度较快，且沉积物中富含藻类和水生植物的化石，湖泊岸线向外扩大。

最后，在晚全新世持续两千年以上的时间里，气候干燥，乌伦古湖水位下降，并处于低水位状态，湖泊面积大范围萎缩。由于布伦托海（乌伦古湖）为流域海拔最低点，封闭型湖泊特点导致其水体交换能力较差，多年的气候变化和水位变化引发湖泊矿化度、盐度逐年升高，1950 年以前，乌伦古湖水位经历了多次上升及下降过程，水体盐度和矿化度较高的问题已持续百年（海拉提·阿力地阿尔汗等，2021）。这一时期的乌伦古湖湖底沉积物类型多为泥沙和风成物质，沉积速度较慢，湖泊岸线向内缩小，流域土地退化。

总结来说，气候变化对乌伦古湖形成和演化的影响具体表现在以下几个方面。

1）降水量和温度的变化

降水量和温度的变化是导致乌伦古湖水文变化的主要原因之一。随着气候的变化，降水量和温度也发生了变化。在早全新世三千年期间，气候相对寒冷干旱，乌伦古湖水位大幅下降，甚至可能完全干涸，同时湖泊面积和深度都显著减小。而在中全新世近四千年时间内，气候相对稳定，温度适宜，降水丰沛，湖泊处于高水位状态，形成了湖泊的最大面积和最深深度。在晚全新世持续两千年以上，气候趋于干燥，湖泊面积大范围萎缩，甚至再次干涸。这些气候变化对乌伦古湖的水位、面积、深度等参数产生了较大的影响。

2）冰川的形成与消融

在冰川时期，乌伦古湖周围的冰川形成，并通过冰川融水和冰川冲积物的输入，改变了湖泊的水文地质特征。在冰川消融时期，冰川融水和冰川冲积物进一步影响了湖泊的水文地质特征，对湖泊水位、盐度、矿化度等参数产生了影响。

值得注意的是，由于布伦托海（乌伦古湖）为流域海拔最低点，湖泊水体交换能力较差，多年的气候变化和水位变化引发湖泊矿化度和盐度逐年增大。

3. 水文变化对乌伦古湖形成影响

乌伦古湖周围的山地和高原是其主要的水源地，湖泊的水文特征对乌伦古湖的形成具有重要的影响。在全新世晚期，随着气候的干旱化，乌伦古湖的水源减少，湖泊的水位开始下降，同时由于流入湖泊的河流水流速度减慢，沉积物开始在湖泊中沉积。这些沉积物主要来自于周围的山地和高原，其中含有大量的盐分和矿物质，随着水位的下降，这些物质开始在湖底上沉积，逐渐形成了湖泊底部的盐堆。盐堆层层叠加，最终形成了乌伦古湖的盐湖区。

在盐湖区形成之后，随着时间的推移和气候的变化，盐湖区的盐堆不断沉积、堆积和压实，形成了乌伦古湖的盐碱土层。随着湖泊水位的继续下降，盐湖区的盐碱土层继续暴露在湖面上，形成了乌伦古湖的盐碱荒漠区。同时，由于气候干燥，湖泊的蒸发量较大，盐湖区的盐分不断浓缩，形成了乌伦古湖的咸水湖区。

4. 人类活动对乌伦古湖形成影响

除了地质构造、气候变化和水文特征等因素外，人类活动也对乌伦古湖的形成和演化产生了一定的影响。在历史上，乌伦古湖周围的地区是游牧民族的居住地，人类的耕种和放牧活动导致了土地的过度开垦和草原的过度利用，加速了土地的沙漠化和湖泊水位的下降。此外，人类的工业化和城市化进程也对乌伦古湖的水质和生态环境产生了负面影响。

20 世纪 50 年代开始，人类活动对乌伦古湖的影响越来越大，湖区草原逐渐被开垦和放牧，造成水土流失、草原退化等问题，同时湖泊水量逐渐减少，水位降低，盐碱化现象加剧。1970 年和 1987 年分两期实施完成了"引额济海"工程，工程渠道最大流水量可达 30 m³/s，年入湖水量 $2×10^8 \sim 6×10^8$ m³，开辟了乌伦古湖的第二水源（田兵兵，2022）。该工程的完成不仅解决了当地居民的用水问题，还保护了乌伦古湖的生态环境，维持了湖区的生态平衡。但是，工程建设过程中也存在一些问题，比如土地沙漠化、草原退化等，这些问题需要继续引起重视，并采取措施加以解决。

近年来，随着环境保护意识的增强，政府和社会组织开始重视乌伦古湖的生态环境保护和可持续利用。通过加强湖泊水资源管理和保护，限制人类活动对湖泊周围生态环境的影响，乌伦古湖的生态环境得到了一定程度的改善和恢复。同时，利用乌伦古湖丰富的自然景观和旅游资源，发展乌伦古湖旅游业，促进了当地经济的发展。

总的来说，乌伦古湖的形成过程是多种因素相互作用的结果，包括地质构造、气候变化、水文和人类活动等方面。在长期的演化过程中，乌伦古湖的水位和水文特征发生了巨大的变化，形成了盐湖区、盐碱土层和盐碱荒漠区，同时也形成了咸水湖区。这些地貌景观丰富多样，成为了乌伦古湖地区的自然景观和旅游资源。

3.3　乌伦古湖流域土地利用变化与效应

3.3.1　土地利用现状

据《乌伦古湖生态安全评估研究报告》（2014），乌伦古河流域土地利用以未利用的戈壁石砾地和草场为主，耕地和林地次之，耕地主要分布在福海县，青河县现有耕地 148.58 km²，富蕴县现有耕地 89.58 km²，福海县现有耕地 568.96 km²；富蕴县可利用天然草场达到 46620 km²，实际利用面积 33300 km² 左右，此外森林面积约 6000 km²，是全国著名、新疆最大的县级山区林场；福海县耕地面积达到 532.8 km²，全县草场面积 15318 km²。

据《乌伦古湖生态安全评估研究报告》（2014），乌伦古湖流域面积总计 26801 km²，其中耕地面积 1068.38 km²，占流域面积的 3.99%；林草植被总覆盖率为 34.24%，其中林地面积为 1048.99 km²，森林覆盖率达 3.91%，草地面积为 8128.35 km²，占流域面积的 30.33%；水域面积为 1236.41 km²，占流域面积的 4.61%；未利用地面积为 15282.77 km²，占流域面积的 57.02%（表 3-1）。可以看出，乌伦古湖流域未利用土地面积最多，其次为草地，耕地和林地再次，工矿居民用地面积最小。从土地利用类型二级分类来看，戈壁面积最多，占到整个流域面积的 31.74%，其次为裸岩石砾地和低覆盖度草地，分别占流域面积的 18.75% 和 13.63%。

表 3-1　乌伦古湖流域土地利用类型面积构成

土地类型		2010 年	
一级分类	二级分类	面积/km²	结构比例/%
耕地	耕地	1068.38	3.99
林地	有林地	656.80	2.45
	疏林地	195.92	0.73
	灌木林地	193.15	0.72
	其他林地	3.13	0.01
	合计	1048.99	3.91
草地	高覆盖度草地	2984.67	11.14
	中覆盖度草地	1491.61	5.57
	低覆盖度草地	3652.07	13.63
	合计	8128.35	30.33
水域	河渠	59.12	0.22
	湖泊	1133.70	4.23
	水库坑塘	42.57	0.16
	滩地	1.02	0.00
	合计	1236.41	4.61
工矿居民用地	城镇用地	8.56	0.03
	农村居民点	27.04	0.10
	其他建设用地	0.50	0.002
	合计	36.10	0.135

续表

土地类型		2010 年	
一级分类	二级分类	面积/km²	结构比例/%
未利用土地	沙地	482.97	1.80
	戈壁	8506.81	31.74
	盐碱地	234.40	0.87
	沼泽地	58.34	0.22
	裸土地	582.98	2.18
	裸岩石砾地	5024.98	18.75
	其他	392.29	1.46
	合计	15282.77	57.02

资料来源:《乌伦古湖生态安全评估研究报告》

从乌伦古湖流域土地利用空间分布(图3-2)来看,流域耕地主要分布在福海县和富蕴县境内,并以福海县面积最大,为532.8 km²;草地主要分布在青河县二台以上的流域汇水区,在富蕴县也有部分低覆盖度草地分布;林地主要分布于流域的河谷地带和流域汇水区,青河县分布有较多的有林地;水域主要分布在福海

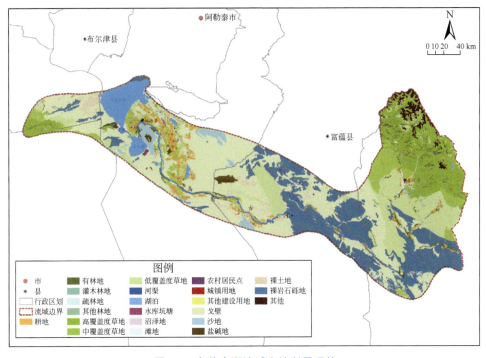

图 3-2 乌伦古湖流域土地利用现状

县，有乌伦古湖和人工水库；未利用地主要分布在福海县和富蕴县，其中福海县分布有较多的戈壁，富蕴县分布有较多的裸岩石砾地，此外在哈巴河县也分布有裸岩石砾地。

3.3.2 土地利用变化

乌伦古湖区域的土地利用变化主要受到人类活动的影响。在过去几十年中，该区域的农业、畜牧业和能源开发等人类活动对土地利用和覆盖产生了很大影响。下面是乌伦古湖区域主要土地利用类型的变化。

1. 湿地变化情况

与 1986 年相比，2010 年湿地面积减少到 40.74 km^2，湿地面积净减少 15.81 km^2，占流域湿地面积（1986 年）的 27.96%。湖荡及湖滨芦苇湿地消失的主要区域分布在吉力湖北、布伦托海中海子东西边缘，在东南骆驼脖子和大湖西部也有少量萎缩（图 3-3）。连接大、小湖的库依尔孜河周边人类活动频繁，垃圾、污水随意排放，影响了湖泊河流及湖泊水质（《乌伦古湖水体达标方案》）。

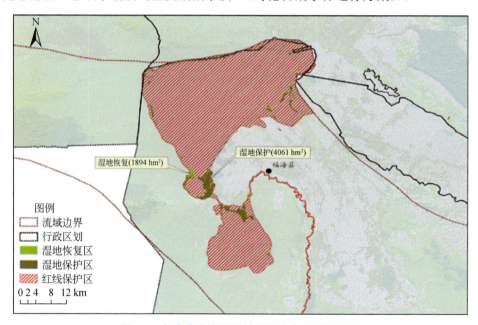

图 3-3　乌伦古湖湖滨湿地现状分布及退化区域

大量湖荡及湖滨湿地的消失，使其净化水质的功能下降，湖泊生物种类、数量减少，植被覆盖率降低。原湖滨沼泽浅滩上生长的水生、湿生、中生、湿地植物因水位下降而枯萎死亡，逐渐被稀疏的陆生、旱生植物所替代。由于生境发生了变化，栖息于原植物群落中的水禽也减少，细粒径的湖相沉积物质裸露出地表，沼泽湿地对湖泊生态的保护作用也极大削弱。

2. 河谷林地变化情况

根据流域土地利用变化分析，与 1986 年相比，乌伦古河中下游两岸及入吉力湖湖口的三角洲地区，有近 97.66 km² 的河谷林地消失，其中富蕴段河谷林面积减少 42.58 km²，退化率为 26.56%；福海段河谷林面积减少 55.08 km²，退化率为 28.18%。流域中下游大量河谷林地的消失，使得乌伦古河河滨缓冲系统退化，固持河岸净化河流水质的屏障功能大为减弱（图 3-4 和图 3-5）。

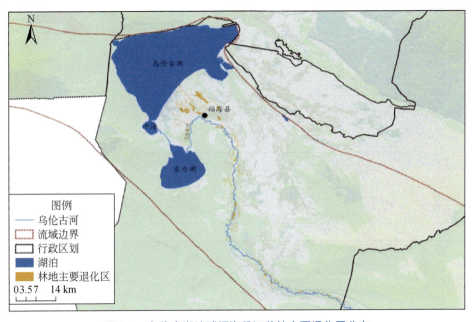

图 3-4　乌伦古湖流域福海段河谷林主要退化区分布

3. 草地变化情况

乌伦古湖流域近水区域草地系统退化严重，流域生态屏障功能大为减弱。与 1986 年相比，2010 年流域内草地退化面积为 572.75 km²，富蕴县和福海县的退化区域主要分布在近水区域，占到了流域总退化比例为 53.7%，青河县退化区域主要在流域的水源涵养源头，均造成河道和湖泊草地缓冲屏障功能的降低和植被水源涵养功能的减弱（表 3-2 和图 3-6 至图 3-8）。

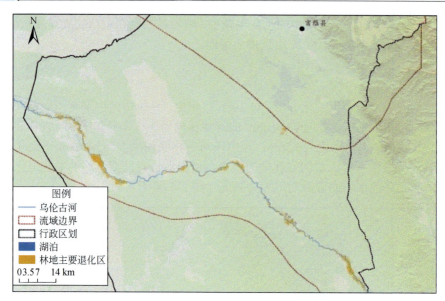

图 3-5   乌伦古湖流域富蕴段河谷林主要退化区分布

表 3-2   乌伦古湖流域草地退化及其转化耕地面积统计表

区域	草地退化面积/km²	退化草地转为耕地面积/km²	比例/%
福海	206.06	129.27	62.73
富蕴	96.17	31.50	32.75
青河	270.52	22.30	8.24
总计	572.75	183.07	31.96

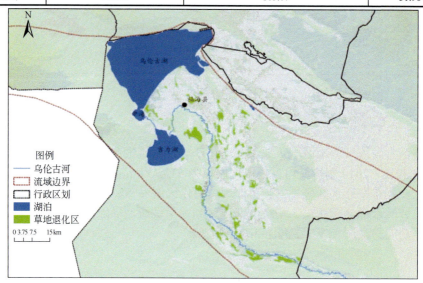

图 3-6   乌伦古湖流域福海段草地退化主要分布区

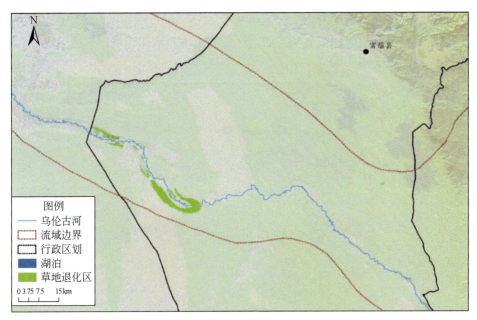

图 3-7　乌伦古湖流域富蕴段草地退化主要分布区

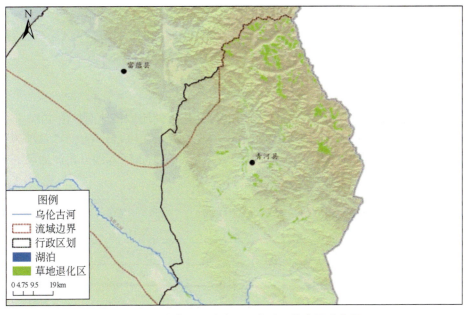

图 3-8　乌伦古湖流域青河段草地退化主要分布区

　　另外，乌伦古湖西南岸局部区域天然植被退化，局部水土流失加剧。乌伦古湖西南岸约有 12.08 km² 的区域，由于放牧、不合理开发利用及自然因素导致草地退化和局部沙化，植物丰富度下降，草丛变矮、变稀，且由于境内多大风，沙随风走，在一定程度上影响了湖泊及周边区域的土壤和水体环境，造成水土流失和湖底泥沙的淤积（图 3-9）。

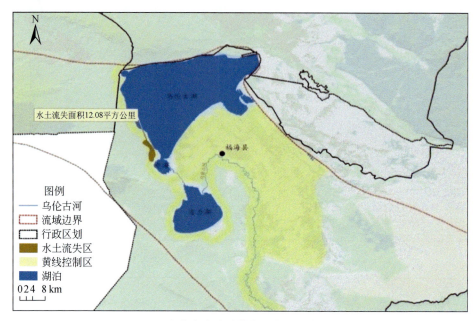

图 3-9　乌伦古湖流域黄线区水土流失区分布

4. 耕地变化情况

通过对流域内土地利用变化的对比分析，乌伦古湖流域耕地面积由 1986 年的 618.25 km²，增加到 2010 年的 1068.38 km²，增加了 450.13 km²（表 3-3）。其中，大量新垦殖耕地是沿着乌伦古河干支流河谷地区和乌伦古河入湖三角洲地区。

表 3-3　乌伦古湖流域耕地面积变化统计表

区域	1986 年面积/km²	2010 年面积/km²	面积变化/km²	比例/%
青河	170.06	192.37	22.31	13.12
富蕴	69.62	196.79	127.17	182.66
福海	378.57	679.22	300.65	79.42
合计	618.25	1068.38	450.13	72.79

流域耕地的增加，在较大程度上占用了水源条件较好的林草地，表 3-4 为乌伦古湖流域草地转化为耕地的面积。可以看出，福海县有 62.7%的退化草地转化成了耕地，富蕴县为 32.75%，青河县为 8.24%。表明流域中、下游将近一半的耕

地是由草地开荒而来。而在湖泊流域湿地保护的红线区内，目前有 21.27 km^2 湿地转化为了耕地。

表 3-4　乌伦古湖流域草地退化及其转化耕地面积统计表

区域	草地退化面积/km^2	退化草地转为耕地面积/km^2	比例/%
福海	206.06	129.27	62.73
富蕴	96.17	31.50	32.75
青河	270.52	22.30	8.24

耕地面积大幅增加，导致灌溉用水量增加，加剧了流域水资源利用和湖泊生态补水之间的矛盾。2000 年以来，流域下游的福海县在田间节水程度不断提高的同时，大幅度增加耕地面积，但因节水潜力有限，耕地的大量增加还是进一步加剧了水资源供需的矛盾。流域中、上游在田间节水灌溉程度不高的前提下，还在规划大量增加耕地面积，必将极大增加流域水资源供需的矛盾，加剧乌伦古河断流和乌伦古湖补水量不足的问题。

3.3.3　土地资源利用调控方案

1. 土地资源调控三线调控与保护区划分

根据《乌伦古湖生态环境保护总体实施方案》，按照乌伦古湖流域土地资源、土地适宜性和流域土地生态脆弱性状况，对乌伦古湖流域进行了土地资源的三线调控与保护区划分，具体如下：

1）红线区划分

红线保护区一般针对湖泊等敏感区及有特殊保护需求的区域，目的是构筑起流域生态安全的基本格局。红线保护区构建的基础是流域内严格禁止开发的"红线区域"，主要包括水源保护区、自然保护区、重要湿地、重要人文景观等重要生态区（图 3-10）。

根据乌伦古湖流域的生态环境形成背景、生态功能以及新疆主体功能区划和新疆生态功能区划，将乌伦古湖湖区（湖岸向外延伸 500 米）、湖周边的沼泽、湖滨湿地、乌伦古河（沿河两岸外延 100 米）等区域以及流域内的自然保护区（新疆阿尔泰山两河源头自然保护区和布尔根河狸自然保护区）确定为红线保护区，总面积共 5254.02 km^2（湖泊红线保护区边界基本与乌伦古湖湿地红线区重合），占整个流域面积 19.60%，构建起乌伦古湖流域生态环境保护核心区域。红线保护区要依据法律法规和相关规划实施强制性保护，严格控制人为因素对自然生态和文化自然遗产原真性、完整性的干扰，严禁不符合主体功能定位的各类开发活动，引导人口逐步有序转移，实现污染物"零排放"，提高环境质量。

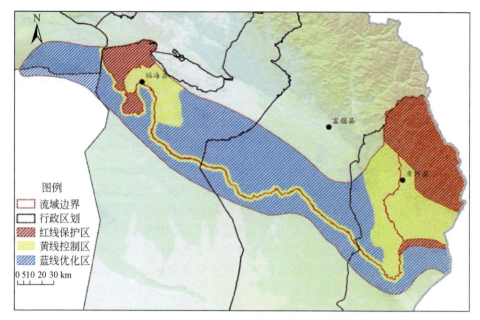

图3-10   乌伦古湖流域土地资源三线调控区

2）黄线缓冲区划分

流域内的"黄线区"主要指生态敏感区，具体包括：①未划入流域红线区而又对流域尤其是湖库生态安全起重要作用的湖滨带、河岸带等水体外围区域；②生物生存环境敏感区（生境敏感区）；③土地环境敏感区。

将乌伦古湖和吉力湖湖滨带（最高水位向陆地 2 km 范围）、乌伦古河河岸带（干流河道两侧各 1 km 范围），环乌伦古湖和吉力湖生境敏感区、水土流失区、土地环境敏感区以及流域生态重要性为极重要的区域确定为流域黄线缓冲区。黄线缓冲区总面积 6949.90 km²，占流域总面积的 25.93%，重点形成保护乌伦古湖生态安全格局基本骨架的生态缓冲区（图3-11）。黄线缓冲区对各类开发活动严格控制，尽可能减少对生态系统的干扰，不得损害生态系统的稳定和完整性。发展适宜产业和建设基础设施，都要控制在尽可能小的空间范围之内，做到天然草地、林地、水库水域、河流水面、湖泊水面等绿色生态空间面积不减少。严格控制国土开发强度，逐步减少农村居民点占用的空间，使更多的空间用于保障生态系统的良性循环。城镇建设与工业开发要依托现有资源环境承载能力相对较强的特定区域集中布局、据点式开发，禁止成片蔓延式扩张。

3）蓝线优化区划分

蓝线优化区重点是针对经济开发区域进行优化，目的是通过控制区内非农建设用地占用农用地，盘活存量用地；合理引导结构调整方向及合理引导产业集聚化等，来消减流域生态安全压力。

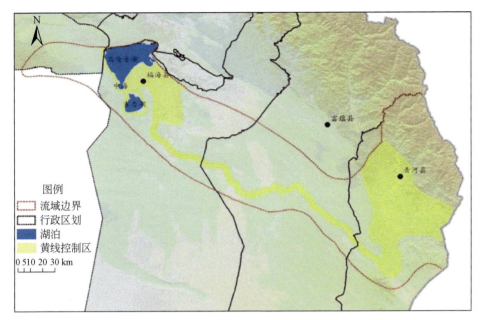

图 3-11　乌伦古湖流域黄线缓冲区

将乌伦古湖流域内远离湖泊和河道、生态重要性不太重要、可以进行一定规模开发建设活动、土地利用方式以未利用地方式为主的区域划分为蓝线优化区。通过优化调控，将社会经济发展与生态环境保护紧密结合，夯实区域复合系统的环境调控基础，保护流域生态安全。本次划定的蓝线优化区总面积 14597.08 km^2，主要以农业结构引导调整区和生态环境建设区为核心。①农业结构引导调整区：流域中游富蕴县杜热乡沿乌伦古河沿岸的区域、流域下游福海县喀拉玛盖乡及齐干吉迭乡沿乌伦古河沿岸的区域。②生态环境建设区：乌伦古河入湖（吉力湖）口土地沙化区域、吉力湖西岸区域以及富蕴县库尔特乡植被覆盖率低的低覆盖度草地区域（图 3-12）。

2. 流域土地资源红线保护区调控方案

调控思路：在红线保护区内实施最严格的土地利用政策，禁止任何具有不利环境影响的人类生产开发、建设活动，禁止排放任何水污染物；有序地退出各种不符合生态环境要求的活动，区内耕地全部实施退耕还林还草，恢复草地和河谷林地；严格遵守《中华人民共和国自然保护区条例》和地方自然保护区相关条例对湖泊流域内的自然保护区进行保护和管理，实现保护区草地和森林生态的休养生息，恢复并维持流域水源涵养功能；对区域内湿地资源实行生态抚育和生态系统功能恢复，并对局部区域进行环境综合整治，确保红线区域的生态安全。

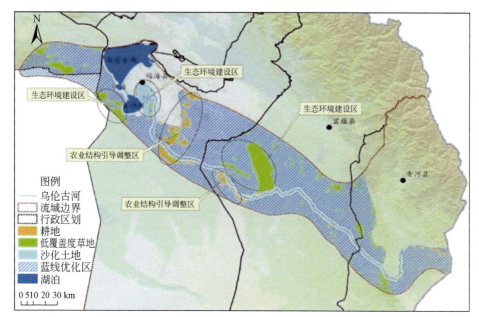

图例
- 乌伦古河
- 流域边界
- 行政区划
- 耕地
- 低覆盖度草地
- 沙化土地
- 蓝线优化区
- 湖泊

0 5 10 20 30 km

图 3-12　乌伦古湖流域蓝线旅游综合服务区和生态环境建设区分布

调控方案：

（1）对红线区域内现有天然有林地、河谷林地进行保护，维持和改善其重要的水源涵养功能。

（2）对区内湖泊周边红线区内的非基本农田实施有序退耕。

（3）对红线保护区内湖泊湿地、沼泽湿地（芦苇沼泽、低草灌丛沼泽）、河流湿地和河流等实行保护，对退化湿地系统（沙化、荒漠化、裸露和草地稀疏区域）进行恢复。

（4）在红线区内坚持渔业发展和水环境、湿地保护相协调的原则，严格控制捕捞强度和最小捕捞规格，在鱼类的主要繁殖季节开展强制性的全面禁渔活动，设立永久性禁渔区，保护鱼类产卵场所，维护湖泊水生生物多样性。

（5）规范自然保护区和湿地公园建设用地管理。

规范自然保护区用地和建设管理，不断加大对新疆阿尔泰山两河源头自然保护区和布尔根河狸自然保护区的保护力度，加强管理和监督，严格限制占用自然保护区和湿地公园内的土地进行其他开发建设活动，保护旅游资源和生态环境免受人为破坏。

3. 流域土地资源黄线保护区调控方案

调控思路：根据乌伦古湖流域黄线缓冲区的主要功能，在该区域内重点进行耕地调控，进行退化草地的植被恢复，开展重点水土流失区综合治理和天然林保护等工程，降低生态系统的脆弱性和敏感性，全面构筑流域生态安全屏障。

调控方案：

（1）对黄线区域耕地实施节约集约土地利用方案、控制新增耕地。对已有耕地提高其投入产出强度，实施土地整理，退"粗放"进"集约"，改善用地结构，控制新增耕地以减少未来农业发展对流域水资源的压力，减轻对乌伦古湖的水量水质影响。

（2）对区内乌伦古河上游阿尔泰山东段的天然林进行植被恢复，通过封山育林，促进森林资源恢复。

（3）逐步开展乌伦古湖两岸植被恢复、区内退化草地生态修复工程，在该区域开展休牧、轮牧与围栏保护工程，促进该区域草场的自然封育，增加植被覆盖率，改善草场质量，提高草场产量。

（4）增加乌伦古湖西南岸植被封育面积，保护湖滨地及其湖滩植被，减少水土流失。

4. 流域土地资源蓝线保护区调控方案

调控思路：突出流域土地利用的特点和重点，以流域生态重要性为基础，对流域蓝线区土地资源进行合理调控；规范各类建设活动，降低建设对区域生态环境产生的干扰或破坏；严禁垦荒，实行农业结构战略性调整，以水定制发展规模，以水定制结构布局，合理确定农业内部结构和种植比例；针对未来可能存在的环境问题和压力，对影响流域生态环境的重点区域进行生态环境建设，减轻流域生态环境压力。

蓝线优化方案：

1）以人为活动优化农业结构，引导农业结构调整区

农业需水是乌伦古湖流域用水结构的一个重要构成部分，农业结构的调整和农田水利设施的建设、改造和完善直接关系到乌伦古湖流域的水量和生态安全。将流域中游富蕴县杜热乡沿乌伦古河沿岸的区域和流域下游福海县喀拉玛盖乡及齐干吉迭乡沿乌伦古河沿岸的主要农田绿洲区纳入蓝线优化区，确定为农业结构引导调整区。加快建设以大面积集中连片的基本农田、牧草地等为主体的农业生态体系，发展林果业、饲草产业，引导农业结构调整，把农业节水作为流域治理的一项根本性措施。以水定制发展规模，以水定制结构布局，合理确定农业内部结构和种植比例，大力发展节水农业，推广种植低耗水作物，从优化水资源与土地资源两方面来达到优化区域生态安全格局的目的。

2）以自然生态优化区域环境安全，发展生态环境建设区

将乌伦古河入湖（吉力湖）口土地沙化区域、吉力湖西岸区域以及富蕴县库尔特乡这三块区域确定为生态环境建设区，重点对这些区域进行地表植被生态恢复，逐步增加植被覆盖率，形成乌伦古湖生态保护屏障，以自然生态优化流域环境安全。

3.4 湖泊流域生态系统演变过程

3.4.1 自然生态系统及演变过程

生态系统的变化,在地质时期和古代主要是自然气候变化影响所致,如干旱气候会导致森林、草原缩减,荒漠扩展。但在近代,人类经济活动迅速扩大已对不同的自然生态系统造成了显著影响。在新疆,随着人口的不断增加,经济不断发展,天然森林、草原和荒漠面积不断缩减。城市生态系统和人工绿洲生态系统及人工林生态系统面积不断增大,特别是 20 世纪 80 年代至今变化最大。

乌伦古湖流域位于新疆最北部的阿尔泰山南部,是准噶尔盆地北部最低洼的地带,最低乌伦古湖海拔 478.6 米,盆地中的平原区大部为海拔 480~600 米的干旱荒漠带,由于乌伦古河和乌伦古湖湿地的存在,其自然生态系统类型也较丰富,野生动植物种类也多,也有其独特的生态系统类型和野生动植物物种。

1. 森林生态系统

森林是人类生存的摇篮,森林有涵养水源、保持水土、调节气候、增加降水、调节径流、吸收 CO_2、释放氧气、防风固沙、防尘杀菌、美化环境、旅游健身、防病治病、保护生物多样性和开展科学教育的多种生态服务功能。乌伦古湖盆地的森林生态系统有 2 个类型 19 种群系以上,主要分布在河谷地带。河谷乔木林主要由密叶杨林、黑杨林、疣皮桦林、银白杨林和银灰杨林组成,这些乔木林常与沙棘灌丛、怪柳灌丛、铃铛刺灌丛、西伯利亚白刺灌丛等多种灌木林交错分布,各自占据自己适生的地盘。在新中国成立前,乌伦古湖盆地的森林基本处于原始状态,新中国成立后为了发展农业生产,部分河谷林被砍伐,面积减小,但总体上因有林业部门管理,保存了一定面积。

2. 草原生态系统

草原的生态服务功能仅次于森林,是最宝贵、最经济、可更新的自然资源。乌伦古湖盆地的草原生态系统有 5 种群系类型以上,面积较大的有羊茅真草原群系、冰草真草原群系、冰草荒漠草原群系等。由于盆地底部地势低洼,乌伦古湖和乌伦古河湿地的影响,与草原近似的草甸生态系统类型则很多,有 22 种草甸群系类型,其中芨芨草草甸、苔草草甸、芦苇草甸、拂子茅草甸、小糠草草甸和赖草草甸面积较大。乌伦古湖盆地除河谷林外,主要分布有这两种生态系统的植被,和山地草原一样,是阿尔泰山哈萨克牧民的命根子。

在新中国成立前,由于人口稀少,牲畜数量不大,几千年来在传统的科学的轮牧习惯利用下，乌伦古湖盆地的草原生态环境保持了基本原始的自然状态。新中国成立后，虽然人口和牲畜数量发展了，但草原生态环境变化不大。但由于盆地海拔较低，积温相对较高，自 1958 年以来，成为阿勒泰地区的主要农垦开发区，除以富海县为主各县的农业区外，新疆生产建设兵团农十师也在该盆地建立了多个农垦团场，农垦土地基本上都是在这两种生态系统的土壤上开垦而成。问题是在 1980 年改革开放以后，农业开垦的面积迅速扩大，已多次导致乌伦古河下游干枯，乌伦古湖水位下降。加之由于草原利用和牲畜私有化，而在政策上没有限制，放牧的牲畜数量剧增，导致草原过度放牧十分严重，有的草原超载一倍以上，使阿尔泰山和乌伦古湖盆地的草原生态系统严重退化，甚至"毒草化"，产草量降低，可食牧草比例减小，严重影响到牧业生产。

3. 荒漠生态系统

乌伦古湖盆地平原区离河湖较远分布的荒漠植被，多属灌木荒漠，以梭梭林群系荒漠植被为主，与琵琶柴半灌木荒漠、泡泡刺灌木荒漠、驼绒藜半灌木荒漠、小蓬小半灌木荒漠、假木贼小半灌木荒漠、麻黄灌木荒漠和木旋花灌木荒漠等，组成了当地的荒漠生态系统，属于较为典型的准噶尔盆地荒漠生态系统，其植被盖度较低，生物多样性、丰富度相对于山区也较低。在乌苏甘家湖一带的梭梭林是亚洲中部地区典型的荒漠林植被，沙生怪柳是塔里木盆地荒漠生态系统的特有种植物。乌恰县的矮沙冬青是中国特有的珍稀孑遗植物。

1949 年以来，克拉玛依、沙湾新城、库车新城、图木舒克市、昆玉市等，还有上百个团场、数十个乡镇、众多的石油基地和矿山，都是在原来的荒漠中建成的，总面积约在上千平方千米。也就是说，这些新建成的城市生态系统，占有并取代了荒漠生态系统的面积。

4. 湿地生态系统

湿地被誉为地球之肾，是地球上最重要的生态系统之一。国际上公认的湿地定义是：不论其为天然或人工、长久或暂时性的沼泽地、泥炭地或水域地带、静止或流动、淡水、半咸水、咸水体，包括低潮时水深不超过 6 米的水域。湿地包括多种类型，珊瑚礁、滩涂、红树林、湖泊、河流、河口、沼泽、水库、池塘、水稻田等都属于湿地。它们共同的特点是其表面常年或经常覆盖着水或充满了水，是介于陆地和水体之间的过渡带。湿地是自然环境的重要组成部分，并以其独特的生态功能对自然环境产生积极的影响。湿地蓄水能力强，能拦蓄洪水，有防洪抗灾作用。此外，湿地在调节气候、过滤污物净化水质、防止水土侵蚀、保持生态平衡等方面也有着不可估量的作用。

由于阿尔泰山区降水丰富，乌伦古湖盆地分布有大量湿地，以面积近 $1000~\mathrm{km}^2$ 的乌伦古湖（即福海、布伦托海）为代表，其湿地生态系统由多种沼泽生态系统和水生生态系统组成，主要有芦苇沼泽、香蒲沼泽、毛腊沼泽、荆三棱沼泽、水葱沼泽、水蓼沼泽等，水中有金鱼藻、茨藻、狐尾藻群落、眼子菜群落和轮叶狐尾藻、狸藻群落及浮萍、品藻群落，在山下低洼盐碱地有牛毛毡沼泽、盐角草沼泽。新中国成立以前，乌伦古湖盆地的湿地面积变化不大。新中国成立后，逐步扩大的农垦活动导致引水量逐年增大，湿地变化显著。一方面，由于农垦区下部土层存在不透水的底板层，过量灌溉影响下，普遍出现了盐积化和沼泽化现象，使小型湖沼面积扩大，还增加了不少小湖沼，该盆地也成为新疆少有的湿地面积不断扩大的区域。举一个明显的例子：在福海至阿勒泰的公路中途，因路边的一个湖泊涨水、面积扩大淹没了公路，不得不改建道路绕行。另一方面，开垦农田过度引水导致入尾闾乌伦古湖的水量减少。至 1972 年，湖水位下降了 1 m 多，湖面不断缩小。1980 年以后，乌伦古河下游河流甚至多次断流。以后采取从额尔齐斯河引水的方法补充，才保持了乌伦古河现在的水位和生态环境状况。

3.4.2 人工生态系统及演变过程

1. 城市生态系统

城市和乡镇镶嵌于绿洲之中，是新疆人民的集中生活居住地带，也是绿洲的组成部分。它有其生态系统的特殊性，如有制造、加工、建筑业等，有流通服务如财政、金融、保险、医疗卫生、商业、服务业、交通、通信、旅游业及行政管理等第三产业，还有信息生产，如科技、文化、艺术、教育、新闻、出版等。

在三千年前，天山北麓的准噶尔盆地还没有城镇，全部是游牧区；塔里木盆地则已有农业，出现了小型的乡镇。两千年前，丝绸之路的发展，使天山北麓出现了农业和城镇，有了巴里坤、奇台、吉木萨尔、仑台（现乌鲁木齐）等居民点，在塔里木盆地和天山北麓、伊犁河谷及西部出现了三十六国。随着历史的发展，这些地区的城镇居民点越来越多，但至新中国成立初期，在阿尔泰山南部虽已建有城镇，但农田面积很小，主要是哈萨克牧民的游牧区，直到 1954 年以后绿洲农业才开始发展。

新中国成立前，新疆只有乌鲁木齐、伊宁和喀什建有几栋最高二层的楼房，其他县城全部都是平房。新中国成立后至 1980 年，这三个城市和克拉玛依等才建起了少量 3~4 层的楼房，乌鲁木齐城区最高的楼房只有 1 栋，是在 1958 修建的 8 层昆仑宾馆，所以被称为八楼，其他县城最多有几栋 2 层楼。1980 年以后随着国民经济迅速发展，乌鲁木齐出现了十多层、二十多层的楼房，2015 年已有了三十六层的高大楼房！其他城市和县城也都先后出现了十多层以上的楼房。1980 年，布尔津县城还只有一条全是平房的泥巴街道；到 1995 年，若羌县城还是只有几栋 2 层楼房，只有一条丁字路两边全是平房的小城，现在也都变成了道路纵横交错，高楼林立，绿化、美化了的新型城市。

乌伦古湖盆地在新中国成立前都是纯牧业区，福海县城面积很小，没有工业，各城镇全是平房和土路。新中国成立后随着社会主义建设，经济发展，包括新疆生产建设兵团的许多团场，增加了许多新城镇，出现了工业化，各城镇面积也不断扩大，但至 1980 年，还没有高大的楼房。在改革开放以后，这里才和全疆其他城市一样，各城镇得到了突飞猛进的发展，楼房林立，道路纵横交错，建设了福海工业园区，引进了许多工厂。

2. 人工绿洲生态系统

绿洲是干旱荒漠区人类生存的摇篮。在 1/100 万的新疆土地利用图上，有大小天然、人工绿洲约 2000 片。

"绿洲"是荒漠地带中有水草的绿色植被带。绿洲有自然绿洲和人工绿洲之别。在新疆，90%以上的人都在人工绿洲中生存和生活。决定人们生活水平的绿洲生态系统，是以干旱区绿洲大农业生态系统为基础，是在原有的自然绿洲或荒漠戈壁上，经过人类开垦和长期的灌溉耕作形成的。

绿洲农业在中国已有三千年以上的历史，随着历史上经济的发展，已逐步建立了较完整的、自给自足的、较为封闭的绿洲农业生态系统。在历史上，这种生态系统对繁荣丝绸之路的经济、巩固边疆国防起到了不可估量的作用。在工业发达的现代，由于外界能量的加入，绿洲农业又得到了进一步发展。

大农业包括农、林、牧、副、渔五业，五业同时共存，但它们之间的关系及其在大农业中所占的比重和作用，则各不相同，有着各自的特点。干旱区绿洲大农业中，五业之间的生态关系，正好像一个五角星，人类则位居其中，人是绿洲大农业的主宰者。

在近半个世纪里，新疆的区域开发更以绿洲扩展为标志，成为历史上绿洲规模发展最快、增长面积最大的时期。绿洲的扩张一方面是以牺牲天然绿洲为代价，另一方面是通过开垦荒漠草场或在戈壁荒滩上建设起来的。近代人工绿洲的扩展十分迅速，以天山北麓为例，在 1980 年，从乌鲁木齐到石河子，公路沿线还有三分之二是荒漠地带，中间各县之间绿洲互不相连，至今，沿线已找不到一块荒漠土地。

乌伦古湖盆地也有同样的现象，且变化更大，在 1950 年以前，阿尔泰山山前的乌伦古湖盆地平原区全部为天然牧区，还没有人工绿洲，没有农业生产。直到 1958 年以后才出现农业生产，新疆生产建设兵团在该地建立了多个农垦团场，开始了大面积人工绿洲开发建设，各县也发展农业生产，直到今日的规模。

3. 旱地生态系统

旱地生态系统是无需人工灌溉靠自然降水的绿洲农业。在新疆的各山区，由于降水量大，气温较低，300 mm 以上降水量就能满足农作物生长需求，在新中国成立后，无需人工灌溉的旱地农田面积越来越大。旱地主要是在栗钙土上开垦的农田，少部分是在黑钙土、灰钙土和棕钙土上开垦的，地边大部没有护田林，只能种植小麦、青稞、马铃薯、豆类等耐寒作物。阿尔泰山各县海拔较高的前山坡地都已开垦有大面积的旱地，但乌伦古湖盆地只在上游局部地带分布有旱地，面积不大。

4. 人工林生态系统

人工林生态系统可分为经济林生态系统、生态林生态系统和防护林生态系统3个子系统，都起着重要的森林生态作用。人工林生态系统的特征是树种较单一，生长整齐，生物多样性丰富度较低。经济林生态系统主要是以取得经济价值为主要目的的人工林，在新疆主要是各种果林，有桃、杏、枣、梨、李、苹果、核桃、葡萄、沙枣等的果树纯林，有些也与生态林和防护林混种或混在一起。

生态林生态系统的林地，主要指为改善小气候、美化环境而种植的人工林，主要是"三北防护林"和各城镇周边的绿化林地，其树种主要为适于干旱气候条件的种，以新疆杨等多种杨树为主，其次是白榆、白蜡、沙枣、红柳等，城镇周边的绿化林地还有樟子松、红皮云杉和多种果树等。"三北防护林"的实施，与实施前相比，自治区"天保工程"区森林面积由 209 万 hm² 增加到 328 万 hm²，实际实施面积也由最初的 101 万 hm² 增加到 221 万 hm²，森林覆盖率由25.66%增加到28.94%，林木蓄积量由 2.34 亿 m³ 增加到 2.56 亿 m³。增加的面积主要属人工林生态系统。山地人工种植的针叶林也属该类型。

防护林生态系统主要指农田防护林和护路林，农田防护林分布在各绿洲周边和绿洲中田边，护路林分布在全疆各地的公路和铁路边，树种以新疆杨等多种杨树为主，其次是白榆、白蜡、沙枣、红柳等。

乌伦古湖盆地平原区的绿洲大部分也培植了防护林带，特别是生产建设兵团的农场较为完整。该地区的道路，部分路段培植有护路林。福海城镇和周边也已完善了生态绿化、美化林地。由于该盆地气候寒冷，基本没有人工果树林分布。

5. 水库生态系统

水库生态系统是指人工修筑水坝而建成的蓄水库，由于新疆的水库大多主要是为蓄水灌溉农田而建，每年因蓄水和用水导致水位变化很大，虽也属于湿地生态系统，但与水位较稳定的湖泊相比，动植物生存的环境条件相差很大，水边不能生长稳定的植物群落，水鸟不能筑巢繁殖，只是沉水植物能够生长，水禽只能季节性停留，也能发展渔业。

乌伦古湖盆地在新中国成立前没有水库，新中国成立后在山前河谷先后建有数座水库，有福海水库、东方红水库、团结水库等。

6. 湖泊湿地

20 世纪 50 年代布伦托海中海子、骆驼脖子及乌伦古湖三角洲地带有数十万亩的芦苇丛，1986 年乌伦古湖及吉力湖湖滨有湿地 5655 hm²（8.48 万亩）。截至 2010 年乌伦古湖及其周边区域共有湿地面积 109500 hm²（164.25 万亩），主要包括湖泊湿地、沼泽湿地与河流湿地 3 种类型，其中湖泊湿地是乌伦古湖湿地的主体，其面积为 105401 hm²（158.10 万亩），占湿地总面积的 96.26%；沼泽湿地主要分布于湖泊浅水区和湖滨区域，总面积 4074 hm²（6.11 万亩），占湿地总面积的 3.72%，河流沼泽在福海县境内有 25 hm²（375 亩）。

表 3-5　乌伦古湖周边湿地类型组成与分布

序号	湿地类型	分布	面积/hm²	所占比例/%
1	湖泊湿地	主要区域	105401	96.26
2	沼泽湿地	浅水区和湖滨	4074	3.72
	芦苇沼泽	浅水区和湖滨	3722	3.40
	低草灌丛沼泽	浅水区和湖滨	352	0.32
3	河流湿地	乌伦古河入湖口河段，吉力湖与布伦托海连接段（库依尔朵河）	25	0.02
	合计		109500	100

参 考 文 献

程艳, 李森, 孟古别克·俄布拉依汗, 等. 2016. 乌伦古湖水盐特征变化及其成因分析[J]. 新疆环境保护, 38(1): 1-7.

海拉提·阿力地阿尔汗, 彭小武, 刘晓伟, 等. 2021. 新疆乌伦古湖水生态环境保护对策研究[J]. 新疆环境保护, 43(2): 15-21.

蒋庆丰, 钱鹏, 周侗, 等. 2016. MIS-3 晚期以来乌伦古湖古湖相沉积记录的初步研究[J]. 湖泊科学, 28(2): 444-454.

任纪舜, 姜春发, 张正坤, 等. 1980. 中国大地构造及其演化[M]. 北京: 科学出版社.

田兵兵. 2022. 新疆乌伦古湖水质特征及养殖海带的技术研究[D]. 石河子市: 石河子大学. DOI:10.27332/d.cnki.gshzu.2022.000943.

杨发相. 2011. 新疆地貌及其环境效应[M]. 北京: 地质出版社.

张昌民, 王绪龙, 尹太举, 等. 2017. 新疆乌伦古湖冰滑痕特征及其形成机理[J]. 地质论评, 63(1): 35-49. DOI:10.16509/j.georeview.2017.01.004.

中国科学院新疆综合考察队. 1978. 新疆地貌[M]. 北京: 地质出版社.

第 4 章

乌伦古湖生态环境退化与治理发展历程

4.1 不同时期流域面临的主要生态环境问题

4.1.1 20 世纪 60 年代前自然因素主导水体盐度和矿化度升高

乌伦古湖是阿尔泰山绿洲的天然生态屏障,在乌伦古湖流域天然的水文补给方式作用下,大、小湖水盐特征完全不同,其中吉力湖因接受乌伦古河补给,且因水面高于布伦托海,成为水量有进有出的吞吐型淡水湖泊,而布伦托海水量主要为吉力湖水量经由库依尔朵河补给,且除了蒸发外,基本没有出口,成为流域最终的物质和能流归宿区,为典型的干旱内陆区微咸的封闭型湖泊。

由于布伦托海(乌伦古湖)为流域海拔最低点,封闭型湖泊特点导致其水体交换能力较差,多年的气候变化和水位变化引发湖泊矿化度、盐度逐年升高,1905年 B. A. 奥勃鲁契夫调查乌伦古湖时指出"乌伦古湖两岸湖里有芦苇,岸上有青草,但湖水有点咸,煮起茶来不好喝"(奥勃鲁契夫,1963),与蒋庆丰等(2007)研究结论相互印证。20 世纪 50 年代以前乌伦古湖水位经历了多次上升及下降过程,受自然影响因素为主,但水体盐度和矿化度较高的问题已持续百年。

4.1.2 1960~1988 年人为活动加剧导致湖体萎缩咸化

从 20 世纪 60 年代起,乌伦古湖水盐系统因多种因素持续失衡,主要表现为大、小湖持续萎缩、咸化,但大、小湖间的水位差和水力关系尚稳定。人为活动是乌伦古湖水位下降及矿化度持续升高的主要影响因素,气候变化影响占整个过程的 1/4~1/3。乌伦古河中下游大量开发耕地,同时兴建了福海水库等水利设施,导致乌伦古河水量大幅降低,1959~1969 年间,湖泊水位下降了将近 2.8 米。80年代中期福海县灌溉面积已达 60 多万亩,至 90 年代,在经济作物"打瓜籽"的经济利益驱动下,耕地开荒处于无序状态,灌溉面积最高峰时期达到 120 万~130

万亩左右，大量的水资源需求导致乌伦古河径流量逐年降低；同时乌伦古河流域天然草场面积约 40 万亩，流域草场以天然打草场为主，越冬度春牲畜 104.7 万头只，流域 1.54 万户牧民，人口 6 万多人。长期以来，由于过度超载放牧，草场植被破坏严重，加速了流域的天然草场退化、沙化程度。至 1986 年，湖泊水位降低到 478.60 m，湖泊面积萎缩到 765 km²，为了缓解布伦托海萎缩，扩大布伦托海来水量，分别于 1976 年及 1987 年新建并扩建了引额济布工程，引水量最大可达 6 亿 m³/a，至 1988 年乌伦古湖水位重新上升至 481 m，开辟了乌伦古湖的第二水源。

4.1.3　1988～2010 年乌伦古湖水盐关系紊乱，生态功能降低

由于"引额济海"工程缺乏科学的管理方案，大湖（布伦托海）水位迅速升高，并在很多时候超过小湖，导致两者间原有的大小湖水位差消失，在水文关系上，由原来吉力湖单向补给布伦托海，变为两者互为补给。大湖矿化度出现持续下降并稳定水体矿化度空间分布进一步均匀化。但小湖水体矿化度却依然持续增加，2008 年左右超过 1 g/L 的淡水限制，且小湖水盐关系丧失了干旱区湖泊的特定规律，即盐分变化与湖泊水位（水量）为正向相关关系，湖泊水盐关系无序化，吉力湖生态系统由淡水系统向咸水生态系统转化，水生态系统劣变，主要表现为以下五方面：

（1）湖泊浮游植物生物量大幅增加，生态系统劣变指示物种出现。根据调查，乌伦古湖 1986 年夏季浮游植物的生物量为 1.34 mg/L，而到了 2001～2002 年夏季，生物量升高到 6.47 mg/L，2006～2008 年夏季又有所提高，达到 6.77 mg/L。2000 年以来与 1986 年相比，湖泊浮游植物生物量提高了 4 倍，且指示水体咸化、有机污染、富营养等物种出现。

（2）浮游动物与浮游植物生物量比值（ZB/PB）显著降低，生态系统结构失衡。乌伦古湖 1986 年、2001 年、2006～2008 年夏季 ZB/PB 系数分别为 0.80、0.31 和 0.014，即 2006～2008 年夏季 ZB/PB 系数比 1986 年显著降低，表征了营养盐浓度有较大幅度地升高，以及食浮游动物鱼类的捕食强度增加。

（3）湖泊大型水生植物数量和种类显著下降，生物栖息环境萎缩、固持底质污染物的能力降低。从水生植物的历史发展趋势来看，无论是物种数、分布面积还是储量，都呈现下降趋势。此外，与 20 世纪 80 年代末相比，中海子、骆驼脖子及吉力湖北部浅水区原有的近十万亩眼子菜、金鱼藻等沉水植物消亡。

（4）底栖动物种及生物量急剧减少，指示水生生态系统质量大幅下降。近 20 多年来，乌伦古湖底栖动物在种类及数量上变化较大。从 1985 年的 69 种减少到 2008 年的 41 种，密度和生物量均有大幅下降，水生昆虫和软体动物的种类和现存量显著下降。

（5）湖泊鱼类资源结构发生重大变化，土著鱼类资源濒临灭绝。乌伦古湖原

有土著鱼类区系组成简单，仅有 7 种土著鱼类；从 1965 年起，经过约 40 年的时间，通过引种移植和通渠流入，至 2006 年乌伦古湖鱼类增加为 22 种，外来鱼类池沼公鱼成为乌伦古湖的主产鱼类；而曾作为乌伦古湖生产鱼类的土著种河鲈和贝加尔雅罗鱼已处于濒危状态，且鱼类资源产量并未随着大量外来鱼种的引进而有较大的增加。

另一方面，流域内水资源无序利用，导致乌伦古河存在长时间断流，2005 年断流 55 天，2006 年断流 72 天，2007 年断流 127 天，2008 年持续断流 182 天，引起吉力湖水位快速下降，使得乌伦古湖水倒流吉力湖，改变区域地下水位情势，引起了较大规模的区域环境恶化，土地沙化及碱化日益严重。主要表现为流域湖滨湿地系统严重退化，水质净化功能降低，生物栖息地减少。与 1986 年相比，2010 年湿地面积减少到 $40.74 \mathrm{~km}^2$（6.11 万亩），湿地面积净减少 $15.81 \mathrm{~km}^2$（2.37 万亩），占流域湿地面积（1986 年）的 28.19%。湖荡及湖滨芦苇湿地消失主要区域分布在吉力湖北、布伦托海中海子东西边缘，在东南骆驼脖子和大湖西部也有少量萎缩（图 3-3）。而连接大、小湖的库依尔尕河周边人类活动频繁，垃圾、污水随意排放，影响了湖泊河流及湖泊水质。大量湖荡及湖滨湿地的消失，使得其净化水质的功能也随之下降，并且湖泊生物种类、数量减少：植被覆盖率降低，原湖滨沼泽浅滩上生长的水生、湿生、中生、湿地植物因水位下降而枯萎死亡，逐渐被稀疏的陆生、旱生植物所替代。由于生境发生了变化，栖息于原植物群落中的水禽也减少，细粒径的湖相沉积物质裸露出地表，沼泽湿地对湖泊生态的保护作用也极大削弱。

4.1.4　2010～2020 年湖体水质呈现氮素营养盐污染和有机污染

乌伦古湖 2010～2020 年间水质均为劣 V 类，主要污染因子为化学需氧量（COD_{Cr}）和氟化物（F^-），其中 2010 年出现总磷（TP）超标，2012 年出现生化需氧量（BOD_5）和总氮（TN）超标，2014 年 7 月高锰酸盐指数为 IV 类。总体来看，乌伦古湖氟化物、矿化度、高锰酸盐指数同时受到外源迁入、蒸发浓缩、岩石风化的影响，生化需氧量、氨氮均由于外源迁入影响为主，同步变化，乌伦古湖水质存在特殊的变化趋势，高锰酸盐指数等还原性指标与矿化度、氟化物等来源与迁移转化具有同步性，生化需氧量、氨氮等有机污染指标具有同源性及变化同步性。根据《乌伦古湖流域水生态环境调查评估报告》结果，乌伦古湖 COD 和氟化物浓度与湖泊水位变化密切相关，二者浓度偏高皆与污染物长期累积效应有关，自生源对 COD 浓度贡献较大，外源污染排放亦有影响。综合水体 DOM 荧光强度、有机物分子结构特征分析，自生源对乌伦古湖有机物的相对贡献率在 47.9%～90.0%之间，平均值为 65.6%，陆源相对贡献率均值为 34.4%。通过陆域污染源来源统计及沉积物静态实验，估算内源 COD 污染负荷占乌伦古湖污染负荷总量的比例为 84%。

根据实测数据，乌伦古湖 2010～2020 年水体总体处于中营养状态，营养状态指数总体在 40～50 之间变动，更接近于中营养的上限值，个别点位超过 50 的初步富营养限值，已经处在中-富营养的过渡阶段；而新疆博斯腾湖近年来虽然也为中营养状态，但其营养状态指数介于 35～40 之间，位于中营养的中等偏低水平；乌伦古湖 2014 年的全湖平均营养状态指数为 41.09，为中营养状态，与 2011 年相比，营养状态指数有所升高。此外，根据中国科学院南京地理与湖泊研究所和上海海洋大学的调查研究，在湖泊浮游植物中小型藻类明显增多，并且硅藻门中-富营养和富营养指示种明显增加，指示了湖泊水体富营养化在加剧中。另一方面，从营养指示种的季节分布看，乌伦古湖夏季以中-富营养指示种和中营养指示种占优势，春季、秋季和冬季以中营养指示种占优势，表明湖泊水体已经开始由中营养水平向轻度富营养转变。湖体浮游植物中喜清水的金藻门种类个体（金藻）密度显著下降，而喜有机质丰富种类的生物量却在上升（卵形隐藻），表明乌伦古湖受到了氮素营养盐和有机污染的威胁。湖泊富营养化水平较高，富营养化程度加剧。

湖泊生态系统健康水平持续下降。根据上海海洋大学对乌伦古湖底栖动物完整性指数（B-IBI）和鱼类生物完整性指数（F-BIB）的评价，从底栖动物群落组成与结构看，总体上乌伦古湖生态质量由 20 世纪 60 年代的优良状态退化为现状的中等；从鱼类生物完整性指数上看，湖泊生态系统从 20 世纪 60 年代的"健康"退化为 2000 年后的"一般"，均表明乌伦古湖水生态系统健康状态发生了较大程度的退化。

4.2　不同时期流域生态环境保护与治理对策

4.2.1　20 世纪湖泊流域生态保护与治理对策

1. 跨流域补水入湖策略

鉴于 20 世纪六七十年代乌伦古河频繁发生断流，导致入湖水量锐减，湖泊水位快速下降，面积萎缩引发诸多生态环境问题，为保持乌伦古湖一定的水面面积，当地主要采取了跨流域补水入湖的策略，主要将距离乌伦古湖大湖较近的额尔齐斯河水通过人工渠向湖泊注入一定的水量，基本维持了大湖较大水面面积。但该措施并未解决乌伦古河-湖水力联系断裂，乌伦古河下游断流，吉力湖萎缩、水位下降的情况。

2. 防止大小湖倒灌措施

乌伦古湖大湖水位得到保持后，随着吉力湖水位的下降，出现了大湖水体向吉力湖倒灌的现象，并将盐分和大量矿物质带入小湖，引发吉力湖矿化度的快速上升,当地为了降低和防止大湖倒灌,在连接大小湖的库依尔尕特河上修建了人工控制措施(防倒灌闸门),在一定程度上缓解了大湖水对吉力湖的影响。但后该设施长久未得到维护,后基本失去功能。

4.2.2 21 世纪湖泊流域生态保护与治理对策

2010 年起,自治区和阿勒泰地区陆续启动了乌伦古湖流域生态保护修复项目,从改善和恢复乌伦古河-吉力湖水系连通、湖泊流域社会经济和生态环境综合调控方面着手,着力修复和改善乌伦古湖水质及生态系统功能。

1. 实施湖泊流域社会经济调控

重点是针对当前流域内人口结构与规模、消费模式,产业结构与规模、产业组织及布局的特点,确定经济、社会优化调控方案、途径与方法,全面协调流域经济增长、社会发展与资源环境支撑之间的相互关系,通过对经济增长方式和社会发展模式的调控来实现资源节约利用和污染物减排,控制社会经济增长所造成的能源消耗和环境污染。具体包括:统筹兼顾人口、资源和环境,促进流域人口、社会经济、资源与生态环境的协调发展;加快推动经济社会发展转型,减缓流域生态环境保护压力;优化农业和畜牧业发展结构,降低资源需求和生态影响;加大工业结构调整力度,引导污染企业园区集中;鼓励生态脆弱区牧民搬迁等措施。

2. 实施湖泊流域水土资源调控

在水资源调控方面,通过合理确定各湖泊的水资源调控基准(包括入湖水量、合理生态水位等),按照"以水定地"的原则,严格控制流域内各县市随意开荒和增加耕地面积;多措并举,促进流域水资源的高效合理利用;加强流域水资源调配,保证入湖水量,维持湖泊合理生态水位。乌伦古湖水资源调控以实现乌伦古河稳定足量补给吉力湖,遏制水体咸化为目标,科学确定湖泊的生态水量限值,针对吉力湖已向微咸转化的现状,以恢复其固有的淡水生态系统为根本目标,以 0.5 g/L 的矿化度水平作为吉力湖生态修复的基准,以 483.2 m 作为吉力湖最低控制水位,防止大湖水体倒灌小湖,科学调控流域水资源时空分布。全面开展流域水资源高效利用,制定和实施科学的流域水资源调控措施,保证入湖水量,恢复流域原有的河湖、湖湖水文联系。

在土地资源调控方面,按照对湖泊流域土地资源、土地适宜性和流域土地生态脆弱性情况,对整个流域进行了土地资源的三线调控与保护区划分,其中红线区严格保护构筑起流域生态安全的基本格局;黄线区严格控制国土开发强度,逐步减少农村居民点占用的空间,使更多的空间用于保障生态系统的良性循环;蓝线优化区重点是针对经济开发区域进行优化,目的是通过区内土地控制非农建设用地占用农用地，盘活存量用地；合理引导结构调整方向及合理引导产业集聚化等，来消减流域生态安全压力。

3. 强化湖泊流域污染防治

根据对乌伦古湖水质的评价，主要超标污染物为 COD、氟化物（TN 虽未超标，但接近III类水质上限），属于水质改善型湖泊，需要以环境容量为约束手段，以乌伦古湖 COD、TN 达到并维持III类水质标准为目标，核定入湖污染负荷总量需求，科学确定污染负荷削减量，结合乌伦古湖流域内污染负荷来源和类型特征，以及各类污染源控制水平，提出重点区域点、面污染源控制与削减对策，从工业污染防治、城镇生活污水防治、规模化畜禽养殖污染防治、湖周旅游污染防治、规模化坑塘水产养殖污染控制、村落污水和垃圾污染防治、农业面源污染防治、入湖河流污染防治等方面提出湖泊流域污染全面治理的对策。

4. 实施湖泊流域生态修复与保护

重点以乌伦古湖生态系统结构完整和生态系统健康为核心，考虑湖泊流域目前面临的主要环境问题和受人类活动干扰相对强烈的状况，采取生态自我修复为主，人工促进修复为辅的手段，对现有保持较好的生态区域加强保护；对于已经发生退化的生态区域，在采取一系列污染控制对策措施的基础上，着力科学调控和恢复湖泊水文条件和特性，去除或减轻人类活动或消极压力，优先依靠生态系统自我恢复能力，必要条件下以人工措施创造生境条件，给予人工辅助生态修复，其中注重因地制宜地优先选择本地物种。例如，针对乌伦古湖小湖（吉力湖）持续咸化、萎缩，生态进一步退化，以及大小湖区大型水生植物数量和种类显著下降，导致水生生物生境受损生物栖息环境萎缩、固持底质污染物的能力降低的现状，重点实施吉力湖水体保育和大型沉水植物生态修复、湖滨缓冲区修复与保护、流域水源涵养林生态入湖河流生态保育、湖泊土著鱼类种质资源保护等措施。

5. 实施湖泊流域环境监管能力建设

重点从乌伦古湖流域生态环境与保护、生态环境监测、环境监察、应急保障和环境信息化五大能力提升出发，为维护流域生态安全和环境质量提供能力支撑。

4.3　乌伦古湖流域生态环境保护重要工程

4.3.1　20 世纪重点保护项目

乌伦古湖由布伦托海和吉力湖两个水域组成，两者经由 7 km 长的库依尔尕河相连，天然状态下，乌伦古河河水流入吉力湖，再经库依尔孜河流入布伦托海，布伦托海没有出水口。乌伦古湖水位及湖面面积随进湖水量的大小而变化。1957年以前（近似天然状态），湖面高程 484 m（低于额尔齐斯河水面 15 m），水面面积 864 km²，福海水文站测得的乌伦古河平均年入湖水量为 8.03 亿 m³。自 20 世纪 60 年代以来，随着人类活动的增加，乌伦古河上游来水急剧减少，导致流域河、湖水力关系断裂，引发湖泊生态系统退化，两湖面积明显萎缩。1968 年入湖水量仅 2 亿 m³。1970 年湖水位降至 481.8 m，相应湖面面积为 838 km²。

为保障两湖面积不再继续萎缩退化，1969 年根据农十师的建议，决定在 73 km 处兴建将额尔齐斯河水引入布伦托海的"引河济海"工程（后改称"引额济海"工程），把额尔齐斯河水引入布伦托海，以补充布伦托海（亦称乌伦古湖）的水量。"引河济海"工程引水渠全长 3 km，一座桥梁，土石方 25 万 m³。于 1969 年秋破土动工，农十师 2300 余名职工突击施工，1970 年 6 月 19 日竣工，全线贯通放水。但引水量很小，每年约 0.4 亿 m³。

1972 年，修建库农尔孕河拦河控制闸，可人为控制布伦托海、吉利湖水力联系。

1974 年，经新疆维吾尔自治区计划委员会批准，阿勒泰地区富蕴县水电站立项建设。在农十师渔场煤矿，引河济海渠末拦渠建闸，旁通隧洞，建成了 73 km 水电站。该电站设计总装机容量为 2×800 kW，总投资控制在 220 万元以内。

1977 年，阿勒泰地区福海水库竣工。水库位于乌伦古河北岸顶山脚下，距县城 90 km，设计库容 1.4 亿 m³。输水总干渠 79 km，最大过水量 40 m³/s。

1987 年，阿勒泰地区再扩建"引额济海"补水工程，该项工程是由福海县和农十师共同承包，于 1986 年 11 月 12 日开工，在不到一年的时间内竣工。设计流量 150 m³/s，总投资 740 万元。这使得额尔齐斯河引水量代替吉力湖成为布伦托海主要的补给源，"引额济海"扩建工程全部竣工后，每年引水约 3 亿～4.5 亿 m³，乌伦古湖（主要是布伦托海）水位才开始逐渐回升并逐渐趋于稳定，水位曾回升至 1957 年以前的水平。

4.3.2　21 世纪重点保护项目

1. 规划及监管项目

近年来，围绕"打造两个可持续发展示范区、建设代表新疆重要会客厅"和"争做两个可持续发展模范、建成仙境般的地方"的要求，阿勒泰地区把保护生态环境作为安身立命之本，坚持环保优先、生态立区，加大生态建设和环境治理力度，取得良好成效，为实施山水林田湖草生态保护修复打下了良好的基础。

1）明确乌伦古河、乌伦古湖水质保护目标

完成了乌伦古河流域国控重点污染源的排污许可证核发工作，制定乌伦古湖水质达标方案，将治污任务逐一落实到汇水范围内的排污单位，明确防治措施及达标时限。

2）加强乌伦古湖保护修复

为切实保护乌伦古湖生态环境，改善湖泊水质，福海县于 2012 年成立了以县委书记为组长的乌伦古湖生态环境保护工作领导小组，编制完成了《乌伦古湖生态环境保护总体规划》、《乌伦古湖生态安全调查与评估报告》和《乌伦古湖生态环境保护试点项目总体实施方案》。2012～2016 年乌伦古湖被纳入自治区首批湖泊生态环境保护试点范围。

3）加大水土保持综合治理力度

开展小流域综合治理项目 11 个，累计完成水土流失治理面积 90 km^2。

4）开展饮用水源地水质监测

组织开展地区饮用水水源地保护区专项检查，集中式饮用水水源地水质达标率为 100%。完成地区 7 个集中式饮用水水源地和 21 个典型农村饮用水水源地的水源供水量、水质达标情况、日常环境管理制度完善情况、保护区建设情况、应急能力等评估，饮用水水源地现状水质均保持在Ⅲ类以内。

5）开展环境安全隐患的排查治理

对重点监控源和监控地区，储存、运输、使用危险化学品和废弃物工业企业、医院、学校等单位，以及饮用水水源地、污水处理厂等重点区域加强风险源排查，督促企事业单位完成每年不少于 1 次的突发性环境污染事故应急演练工作。

6）开展矿区修复和绿色矿山建设

2012 年，阿勒泰地区启动绿色矿山建设，制定出台了《阿勒泰地区绿色矿山建设实施意见》，健全了绿色矿山标准体系、管理制度和激励政策，促进矿产资源开发与生态环境协调可持续发展。2014 年喀拉通克铜镍矿、阿舍勒铜矿、可可托海一矿国家级绿色矿山试点企业。2015 年，完成阿勒泰地区绿色矿山建设规划。积极开展可可托海矿区环境治理，落实《可可托海工矿区转型发展总体规划》和《可可托海工矿区生态环境治理规划》（2013～2020 年），2013～2015 年已完成环境治理与生态修复项目共 13 项，各级财政投入资金约 55113 万元，完成欧骆探矿区、兵团甘梁子锡矿区矿坑恢复，2017 年可可托海成为新疆首个世界地质公园，为乌伦古湖流域矿区治理及生态环境改善奠定了良好基础。

7）实施额河中下游河谷水生态调度

为保护河谷林草生态系统，建立额尔齐斯河中下游河谷生态淹灌长效机制，阿勒泰地区 2013 年以来连续四年对额尔齐斯河中游的河谷林草湿地进行试验性淹灌，额尔齐斯河生态环境得到持续改善，生物多样性得到有效保护，110 万亩河谷林和科克苏湿地生态得到有效保护和恢复，河谷产草量成倍增长，受到区域内广大农牧民的拥护和支持。尤其是 2017 年开始采用符合自然节律的三次脉冲和"漓漫灌溉"技术，水生动物生境得到显著恢复。

8）保护修复林草生态

大力实施天然林保护工程，建设森林资源管理数字化网络监控系统。编制完成《地区 2013—2020 年河谷林封育工程建设规划》。实施百万亩生态林建设工程，全民动员开展人工植树造林活动。

阿勒泰地区紧紧围绕"加大饲草料地开发、加快游牧民定居"这一目标，深入开展草原保护工作，全面建立草原生态保护补助奖励机制，编制天然草原修复（包括河谷草场和荒漠草原修复）项目库，以使可利用天然草原基本达到草畜平衡。

9）开展生物多样性保护

阿勒泰地区被列入《新疆维吾尔自治区生物多样性保护战略与行动计划（2010—2030）》优先保护区域，乌伦古湖湿地公园评选为国家级湿地公园，阿勒泰地区积极开展生物多样性保护工作，成立了地区湿地资源管理委员会，制定了"洁净林地、洁净湿地"工作实施方案。2017 年自然水域全面实施禁渔期制度，额尔齐斯河、乌伦古河、乌伦古湖的部分重点区域和阿尔泰山山区全面划入禁渔区，严重衰退的渔业资源出现了喜人的快速增长。

10）改善城乡人居环境

积极推进城市污染防治。全面提升全地区城市污水集中处理率、生活垃圾无害化处理率、饮用水源优良水质断面达标率，阿勒泰市城市生活污水实现"零排放"。严把环评审批关，坚决不予审批不符合国家产业政策的小型造纸、制革、炼焦、印染、燃料等严重污染水环境的生产项目。积极推动地区工业园区污水集中处理设施建设及在线监控系统安装任务。加大执法力度和宣传教育。强化环境监管、国土空间开发执法力度。

大力推进农村环境综合整治。2011 年阿勒泰地区被自治区列为农村环境连片综合整治示范区。全地区大力开展农村环境连片综合整治，包括污水处理设施提标改造及管网建设、畜禽粪便处理设施建设等。编制了《阿勒泰地区农业面源污染综合防治方案》，组织完成农业面源污染现状调查与监测评价。

11）推进生态文明示范建设

阿勒泰地区紧紧围绕"打造两个可持续发展示范区、建设代表新疆重要会客厅"和"争做两个可持续发展模范、建成仙境般的地方"的要求，坚持环保优先、生态立区，将生态文明建设示范区目标层层分解落实，将完成情况纳入对各县（市）综合考核重要内容。自 2004 年开展生态文明示范区建设工作以来，制定了《阿勒泰地区生态乡镇申报及管理规定》和《阿勒泰地区生态村申报及管理规定》。在全疆各地州中率先制定了《阿勒泰地区生态环境保护条例》，并于 2013 年 7 月 1 日通过自治区人大正式颁布实施，生态环境保护工作纳入法制化轨道。成立了地区保护和改善生态环境委员会，建立了"5+1"工作机制，制定保护和改善生态环境建设指标体系及考核办法，树立鲜明的工作导向。2014 年，地区六县一市全部纳入国家主体功能区建设试点示范。加强生态环境空间管控和准入管理，开展了阿勒泰地区生态环境功能区划编制，划定生态保护红线，从源头预防环境污染和生态破坏。建立环境执法联动机制，联合制定下发了《阿勒泰地区关于建立实施环境执法联动工作机制的若干意见（试行）》，制定了执法联动联席会议制度、部门信息共享制度、部门执法联动制度、重大案件挂牌督办制度等配套制度。制定了《关于加强环境保护与公安部门执法衔接工作的意见》初稿，探索建立阿勒泰地区环境行政执法与刑事司法衔接机制。

2. 重点工程项目

1）国家重点生态功能区建设工程（2010～2013 年）

乌伦古湖流域内的福海县 2010 年被列为了国家重点生态功能区，到 2014 年，国家共拨付福海县国家重点生态功能区转移支付资金 2.824 亿元，开展了 10 余项生态环境保护工程。同时，福海县还积极协调自治区和本级专项环保资金 2.59 亿元，用于县域生态环境保护工作。近年来，当地针对乌伦古湖生态环境保护实施了一系列的保护措施，具体包括：

A. 生态调水工程

福海县在自治区和地区的大力支持下，修建了"引额济海"大渠，渠道最大流水量可达 30 m³/s，年入湖水量 2 亿～6 亿 m³，对乌伦古河的水量的补给和生态环境的保护起到了积极的作用。

B. 乌伦古河下游生态置换工程

对河谷 11 万亩草场植被进行围栏封育，打自流井搞灌溉保证植被所需要的水资源，农牧民按现代畜牧业发展的要求定居下来，保护河谷两岸的草场植被，使天然草场植被能够发挥自我修复能力，恢复与重建退化草地，达到保护水源涵养地的功效，促进发挥"新疆草地"的重要生态功能，使草地生态环境走向良性循环。

C. 乌伦古河生态治理工程

主要针对 199.6 km 乌伦古河流程内的 56 km 河床及河谷植被湿地受到严重破坏的区域进行治理、封育、植被恢复和保护，防止乌伦古河流域水土流失，流沙进入吉力湖，保护净化入湖水源。

D. 农业节水灌溉工程

推广滴灌等高效节水农业 80 万亩，一方面降低了面源污染，另一方面节约了灌溉用水，缓解了生态用水压力。

E. 农村环境连片整治工程

三年来，投入 760 万元实施福海县农村集中连片整治工作，完成了福海县喀拉玛盖乡农村环境集中连片整治示范区项目和福海县阔克阿尕什乡农村环境集中连片整治示范区项目。

F. 工业废水治理工程

福海县三和食品有限责任公司在 2013 年自筹资金 1600 万元，开展实施了"福海县三和食品有限责任公司废水处理站及配套管网工程"，实现了削减入湖污染物 COD 1461 吨、氨氮 18 吨，对促进乌伦古湖生态环境保护取得了一定的成效。

G. 湿地公园建设工程

福海县于 2010 年委托国家林业局林产工业规划设计院承担了《新疆福海乌伦古湖国家湿地公园总体规划》的任务，有步骤地开展福海县乌伦古湖湿地保护和恢复工作。

2）湖泊生态环境保护试点项目（2014～2016 年）

乌伦古湖是自治区首批湖泊生态环境保护试点地区。为切实保护乌伦古湖生态环境，改善湖泊水质，福海县于 2012 年成立了以县委书记为组长的乌伦古湖生态环境保护工作领导小组。按照《乌伦古湖生态环境保护规划》，于 2012～2016 年实施保护工程 30 项，总投资约 5 亿元。项目内容包括生态安全调查与评估、生态修复与保护、污染源治理以及环境监管能力建设等。

2012 年度乌伦古湖生态环境工作实施 5 项工程，总投资 1150 万元。通过 2012 年项目的实施，乌伦古湖生态环境保护取得了一定的成效。完成了《乌伦古湖生态环境保护规划》的编制工作，指导和引领乌伦古湖生态环境保护工作有序推进，优化水资源配置，保障湖体水源供给充足，正确处理好乌伦古湖开发与保护的关系。污染源防治工程全面启动，福海县乌伦古湖赫勒渔村垃圾处理项目，实现该区域垃圾定点清运率达到 100%，垃圾无害化处理率达到 70%，改善区域周边的环境卫生状况，防止水体污染，切实保护乌伦古湖水体环境；福海县乌伦古湖海滨污水处理和垃圾处理工程的实施，完善景区内的污水处理系统，污水集中处理率达到 100%，实现污水对乌伦古湖的零排放；依托城镇垃圾处理厂，实现景区内垃圾的无害化管理，垃圾定点清运率达到 100%，彻底改善景区周边的环境卫生状况，打造良好的景区旅游环境。同时环境监管能力建设项目购置了必要环境监测设备，有效提高湖区环境监管能力及环境监测水平。

2013 年共实施 3 项工程，总投资 2300 万元。安排实施两项污染源治理项目，其中福海县阿尔达入湖污水截流工程的实施每年可截流污水 7.2 万吨，解决周边污水排放问题。福海县截污提升改造工程的实施可以实现近期每天 8000 m³ 的收集规模，远期每天 15000 m³ 的收集规模，每年防止 6 万吨污水流入乌伦古河。生态保护项目福海县干河子污染综合治理与生态修复工程（一期）的实施将大大提高植被覆盖度，为野生动物提供栖息场所，减少污水中 70% 的 COD 和 60% 的总氮进入湖体，从而降低乌伦古湖的污染物负荷。

2014 年共实施 3 项工程，总投资 1900 万元。实施 1 项污染源治理项目，为福海县广大渔业养殖户探索科学、环保的渔业发展道路，减少渔业养殖带来的水质污染。实施 1 项生态修复与保育工程，通过乌伦古河下游断流河道生态修复工程，增加乌伦古湖入湖水量，恢复乌伦古河下游河段与吉力湖的水力联系，可恢复吉力湖中土著鱼类的原有洄游通道，保护生物多样性，可降低布伦托海咸水倒灌吉力湖的风险，有效防止吉力湖水体的水进一步咸化和水质退化，从根本上解决乌伦古湖不断萎缩的问题。同时，安排实施环境监管能力建设项目 1 项，进一步提高了福海县环境监测部门的环境监测能力与水平，为湖泊水质监测提供必要技术支持。

2015 年共计实施 3 类湖泊生态环境保护试点项目，包括 1 个饮用水源地保护项目、3 个污染源治理项目和 1 个生态修复与保育项目，项目总投资 2004 万元。

2016 年共实施 16 项工程，包括 2 项污水处理厂提标改造工程，分别为福海县城镇污水处理厂建设及提标改造工程、青河县生活污水处理厂建设工程。实施福海县老八队旅游度假景区污水及垃圾处理工程、福海县沿湖污水及垃圾处理工程、福海县乌伦古湖骆驼脖子区域垃圾处理工程、福海县农村生活垃圾治理（一期）工程。实施福海县农村废弃物大型沼气项目。设置乌伦古河流域 2 个国控断面和湖泊 5 个点位水质自动监测系统，福海县环境监测站增补监测车 1 辆，小型采样艇 2 艘，建设配套船坞 1 座。增补大气在线监测设备 2 套，监测沙尘入湖量并建设湖泊水环境监测实验室。

3）水污染防治专项行动项目（2017～2019 年）

基于乌伦古湖流域水污染防治目标，计划于 2017～2019 年间分期实施 4 大类项目，72 项工程。其中饮用水水源地保护项目 4 项，污染源治理类项目共计 34 项，生态修复与保护类工程共计 28 项，生态环境监管能力建设项目 6 项。2017～2019 年阿勒泰地区乌伦古湖流域水体达标方案计划总投资 120360.7 万元，其中中央资金 55306.76 万元，占项目总投资 46%；地方财政及社会拟投入资金 65053.97 万元，占项目总投资 54%。

2017 年实施 4 类湖泊生态环境保护试点项目，启动实施工程 33 项，投资规模 61584.03 万元，其中中央资金 22636.06 万元，地方及社会拟投入资金 38947.97 万元。饮用水水源地保护项目共 1 项，投资规模为 5500 万元，污染源治理类工程共 17 项，投资规模 25408.43 万元；生态修复和保护类项目共 10 项，投资规模为 29045.6 万元；环境监管能力建设共 5 项，投资规模 1630 万元。

2018 年实施 3 类湖泊生态环境保护试点项目，启动实施工程 20 项，投资规模 29589.7 万元，其中中央资金 17573.7 万元，地方及社会拟投入资金 12016 万元。饮用水水源地保护项目共 2 项，投资规模为 1238 万元，污染源治理类工程共 10 项，投资规模 12151.7 万元；生态修复和保护类项目共 8 项，投资规模为 16200 万元。

2019 年实施 4 类湖泊生态环境保护试点项目，启动实施工程 19 项，投资规模 29187 万元，其中中央资金 15097 万元，地方及社会拟投入资金 14090 万元。饮用水水源地保护项目共 1 项，投资规模为 512 万元，污染源治理类工程共 7 项，投资规模 13261 万元；生态修复和保护类项目共 10 项，投资规模 15362 万元；环境监管能力建设共 1 项，投资规模 1630 万元（表 4-1）。

表 4-1　乌伦古湖总体实施方案重点项目（2015~2020 年）

类别	项目类型	序号	项目名称	实施年度
一	湖泊生态安全调查与评估项目	1	乌伦古湖生态环境绩效评估项目	2020
二	饮用水水源地保护项目	1	福海县团结水库水源地规范化建设和环境整治工程	2015
		2	福海县团结水库环境风险防范工程	2016
		3	福海水库规范化建设和环境综合治理工程	2017
		4	福海县哈拉霍英水库规范建设工程	2018
		5	恰库尔图镇集中式饮用水水源地规范化建设项目	2019
三	污染治理项目	1	小湖区—吉力湖后泡子鱼苗繁殖坑塘入湖污水生态处理工程	2015
		2	福海县土著鱼类繁育基地养殖污水处理工程	2015
		3	吉力湖环境污染综合整治与生活垃圾收集处置工程	2015
		4	福海县工业园区污水处理厂工程	2016
		5	福海县三和食品有限责任公司污水处理厂提标改造工程	2016
		6	福海县码头渔民生活区污水以及水产品深加工污水深度处理工程	2016
		7	福海县城镇污水处理厂建设及提标改造工程	2016
		8	福海县老八队污水及垃圾处理工程	2016
		9	福海县沿湖污水及垃圾处理工程	2016
		10	乌伦古湖骆驼脖子土著鱼类苗种养殖基地养殖污水入湖生态处理工程	2016
		11	福海县解特阿热勒镇生活污水收集工程	2016
		12	福海县农村废弃物大型沼气项目	2016
		13	农田面源污染控制工程	2016
		14	福海县一农场鱼苗繁殖坑塘入湖污水处理工程	2016
		15	福海县农村生活垃圾治理（一期）工程	2016
		16	福海县乌伦古湖骆驼脖子区域垃圾处理工程	2016
		17	青河县安康热力有限责任公司污水工程	2016
		18	青河县生活污水处理厂建设工程	2016
		19	青河县阿热勒托别镇生活污水处理工程	2016
		20	福海县福海镇赫勒社区污水及垃圾处理工程	2017
		21	吉力湖准噶尔生态旅游景区垃圾处理工程	2017
		22	福海县阿尔达乡生活污水收集工程	2017

续表

类别	项目类型	序号	项目名称	实施年度
三	污染治理项目	23	福海地方渔场生活污水处理工程	2017
		24	福海县农村生活垃圾治理（二期）工程	2017
		25	天鹅湖口区域垃圾处理工程	2017
		26	富蕴县杜热乡生活污水处理工程	2017
		27	青河县阿热勒乡生活污水收集工程	2017
		28	青河县萨尔托海乡生活污水处理工程	2017
		29	富蕴县杜热乡生活垃圾填埋场工程	2017
		30	青河县农村生活垃圾治理工程	2017
		31	福海县第二垃圾填埋场工程	2018
		32	福海县工业园区垃圾填埋场工程	2018
		33	一农场鱼种繁育坑塘入湖尾水生态处理工程	2018
		34	福海县阔克阿尕什乡生活污水处理工程	2018
		35	福海县喀拉玛盖镇镇直及巴赫特社区污水工程处理	2018
		36	富蕴县恰库尔图镇生活污水处理工程	2018
		37	青河县查干郭勒乡生活污水处理工程	2018
		38	青河县阿尕什敖包乡生活污水处理工程	2018
		39	一农场土著鱼类繁育基地养殖污水处理工程	2019
		40	福海县二农场生活污水处理工程	2019
		41	青河县阿格达拉镇生活污水处理工程	2019
		42	青河县塔克什肯镇生活污水处理工程	2019
		43	富蕴县农村生活垃圾治理（一期）工程	2020
四	生态修复项目	1	吉力湖水体保育工程	2015
		2	吉力湖至布伦托海之间的生态闸重建工程	2016
		3	乌伦古湖大型底栖水生植物修复工程（一期）	2016
		4	乌伦古湖湿地恢复工程	2016
		5	乌伦古湖（吉力湖）生态应急补水工程（39+330-49+990）	2016
		6	福海县大坡干河子污染综合治理与生态修复工程	2016
		7	吉力湖东南岸植被退化区沟道生态治理工程	2016
		8	乌伦古湖鸟类救护站建设工程	2016
		9	乌伦古湖贝加尔雅罗鱼繁育基地建设工程	2016
		10	新疆福海乌伦古湖国家湿地公园湿地保护与恢复工程	2016

续表

类别	项目类型	序号	项目名称	实施年度
四	生态修复项目	11	湖泊红线保护区退耕工程	2017
		12	湖泊红线保护区退牧工程	2017
		13	湖滨缓冲带（红线区）保育工程	2017
		14	布伦托海中海子西北部浅水湿地修复工程	2017
		15	乌伦古湖大型底栖水生植物修复工程（二期）	2017
		16	福海县红盐池区域排碱渠污染治理与生态修复工程	2017
		17	福海县骆驼脖子排碱渠污染治理与生态修复工程	2017
		18	福海县老杨鱼塘区域排碱渠污染治理与生态修复工程	2017
		19	湖泊红线保护区退化草地缓冲带修复工程	2018
		20	吉力湖河口自然湿地保护工程	2018
		21	吉力湖近河口区域强化生态系统建设	2018
		22	布伦托海骆驼脖子浅水湿地修复工程	2018
		23	乌伦古湖大型底栖水生植物修复工程（三期）	2018
		24	乌伦古河中游河岸缓冲带保护工程（一期）	2018
		25	福海县南大坑排碱渠污染治理与生态修复工程	2018
		26	福海县南大坑2号排碱渠污染治理与生态修复工程	2018
		27	乌伦古湖土著鱼类增殖站	2018
		28	乌伦古河中游河岸缓冲带保护工程（二期）	2019
		29	福海县北大坑排碱渠污染治理与生态修复工程	2019
		30	流域河狸栖息地保护建设工程	2020
五	生态环境监管能力建设项目	1	阿勒泰环境应急能力建设	2016
		2	福海县湖泊水环境监测能力建设	2016
		3	乌伦古湖生态观测与保护能力工程	2016
		4	福海县环境应急能力建设工程	2016
		5	阿勒泰地区环境信息能力建设	2017
		6	富蕴县环境监测能力建设工程	2017
		7	青河县环境监测能力建设工程	2017
		8	阿勒泰地区监察能力建设	2018
		9	富蕴县环境应急能力建设	2018
		10	青河县环境应急能力建设	2018
		11	福海县监察能力建设	2019
		12	富蕴县监察能力建设	2019
		13	青河监察能力建设	2019

3. 山水林田湖草沙一体化保护修复项目

党的十八大以来，习近平总书记从生态文明建设的整体视野提出"山水林田湖草是生命共同体"的论断，强调"统筹山水林田湖草系统治理""全方位、全地域、全过程开展生态文明建设"。2020 年，国家发展改革委、自然资源部联合印发了《全国重要生态系统保护和修复重大工程总体规划（2021～2035 年）》（以下简称国家"双重"规划），2021 年 2 月，财政部、自然资源部、生态环境部印发《关于组织申报中央财政支持山水林田湖草沙一体化保护和修复工程项目的通知》，开启了新时期生态保护修复重大工程，并为各地加大生态保护修复力度提供了难得机遇。

2020 年 9 月，习近平总书记在第三次中央新疆工作座谈会上指出，要坚持"绿水青山就是金山银山"的理念，坚决守住生态保护红线，统筹开展治沙治水和森林草原保护工作。兵团是新疆的重要组成部分，兵地融合是兵团发挥特殊作用的重要途径。习近平总书记指出，屯垦兴，则西域兴；屯垦废，则西域乱，要把兵团工作放到新疆长治久安的大局中。阿勒泰地区始终牢记习近平总书记的指示和陈全国书记在阿勒泰调研视察精神，牢固树立绿水青山就是金山银山、冰天雪地也是金山银山的理念，统筹推进生态保护修复、环境综合治理和经济社会高质量发展，全力建设全疆生态环境保护的示范区。阿勒泰地区依据《关于组织申报中央财政支持山水林田湖草沙一体化保护和修复工程项目的通知》要求，联合新疆生产建设兵团，打破行政区划和部门职能界限，按照《山水林田湖草生态保护修复工程指南（试行）》的要求，组织编制《乌伦古河流域山水林田湖草沙一体化保护和修复工程实施方案》。

方案以乌伦古河湖共治为核心，以流域生态保护修复单元的重点问题为目标导向，结合山地-绿洲-荒漠交错的生态缓冲区独特特征，坚持林草封育、防沙治沙、水资源优化配置、水环境治理、河道整治、人居环境治理等并重，统筹部署、系统推进山水林田湖草沙一体化保护与修复，筑牢阻止沙漠北侵、维护阿尔泰山地生态安全的天然生态屏障，为构建丝绸之路经济带核心区绿色屏障、保障新疆北疆生态安全奠定基础，为绿水青山向金山银山转化提供重要保障。方案实施范围为阿勒泰地区乌伦古河流域，实施年限为 2021～2023 年。方案将区域分为山地水源涵养功能保护区、荒漠绿洲生态安全维护区、尾闾湖泊生态功能修复区三个片区，在充分考虑项目的合理性、可行性、重要性、效益性基础上，提出山地生态涵养功能保护修复工程、水资源配置与生态水量保障工程、乌伦古河水生态保护修复工程、乌伦古湖生态环境改善工程、绿洲人居环境综合治理工程、流域生态治理能力提升工程共 6 大类 23 个工程项目。方案总投资约 66.74 亿元，其中拟申请中央财政资金 21.33 亿元。通过实施乌伦古河流域山水林田湖草沙一体化保护和修复项目，努力实现重点区域生态环境明显改善、区域生态安全水平显著提升、资源环境承载能力显著提高，以及区域生态产品供给和保障能力大幅增强，构建起比较完善的生态系统保护、修复和管理的体制机制，形成一套西北干旱地区可复制、可推广的生命共同体生态保护修复技术模式，筑牢祖国西北边疆生态安全格局体系，确保北疆水塔生态安全，打造丝绸之路经济带生态文明示范区，提升各族人民生态福祉，为谱写美丽中国新疆篇章、实现新疆社会稳定和长治久安提供生态支撑和示范引领。

1）山地生态涵养功能保护修复工程

A. 建设范围

主要分布在山地生态涵养功能保护区。具体地点为青河两河源头自然保护区、乌伦古河流域内青河县、富蕴县、福海县等山区废弃采矿点，重要水源地，沿河乡镇等。

B. 建设内容

山地生态涵养功能保护修复工程治理重点是实施矿山修复与地质环境治理工程，林草地封禁封育、天然草地草畜平衡、小流域及山洪沟治理工程。主要建设内容包括福海县乌伦古河左岸阿克乌提克勒段滥采滥挖区地质环境治理项目、富蕴县扎河坝煤矿以东滥采区地质环境恢复治理及生态修复、富蕴县 G216 国道江喀拉村段两侧滥采区地质环境恢复治理及生态修复项目、富蕴县-青河县地质灾害更新调查（乌伦古河流域）、青河县矿山地质环境恢复治理和生态修复项目；青河县、福海县乌伦古河流域农牧民补助奖励项目；青河县塔克什肯镇大萨尔布拉克沟、查干郭勒乡也根布拉克沟、阿热勒托别镇库伦莫特沟等 8 条重要的山洪沟及小流域进行治理。矿山修复与地质环境治理工程主要建设内容是查明该区域地质灾害及隐患发育特征、分布情况，对其危险性及危害性进行评价，圈定地质灾害易发区和危害区，建立地质灾害信息系统，建立健全群测群防的监测网络，对采坑周边陡坎进行放坡，采取区内土方平衡的方式进行治理，可恢复治理面积 1155亩；林草地封禁封育、天然草地草畜平衡建设项目主要在林草地设置围栏，封禁封育治理和推进退化天然草地的自我修复，使其自然修复达到最佳状态的畜草平衡，封山育林，人工促进天然更新，补植补播，改造提升面积 2.0 万亩，退牧还湿 1.0 万亩，实现草原禁牧、草畜平衡面积 261.52 万亩；山洪沟和小流域治理工程建设内容主要是利用天然冲沟，建设泄洪渠，设置谷坊、纳洪口、涵洞等过洪设施，使水流安全泄洪。同时，采取封禁管育、种草、经济林、水土保持林等水土保持治理，涵养水源，减少水土流失。工程共 107108 建设泄洪渠 64.2 km，治理山洪沟长度 15 km，建筑物 39 座。水土保持治理面积 47980 hm^2。封禁管育面积 28282.4 hm^2，种草 184.71 hm^2，水土保持林 366 hm^2，围栏 33.5 km。

2）水资源配置与生态水量保障工程

A. 建设范围

主要分布在荒漠绿洲生态安全维护区，工程主要地点为青河县、富蕴县、福海县等重要灌区、河谷林草区。

B. 建设内容

包括水资源优化配置、骨干渠系节水改造工程、田间高效节水（高标准农田）建设项目；以生态恢复、修复河道基本功能、改善水环境质量和水环境生态健康的河河（河湖）水系连通等工程。具体建设内容包括：青河县江布塔斯水资源保障项目、乌伦古河中下游水生态供水工程一期项目；骨干渠系节水改造项目（青河县查干郭勒东干渠、青河县阿苇灌区总干渠、青河县阿苇灌区南干渠、富蕴县恰库尔图南北干渠、富蕴县温都哈拉南北干渠、富蕴县黄泥滩干渠、峡口南干渠、富蕴县喀拉布勒根南北干渠、富蕴县杜热南北干渠）；顶山南干渠灌区、福海县顶山北干渠改造项目、福海水库灌区现代化建设工程一期；高效节水（高标准农田）建设项目主要是青河县、富蕴县和福海县的 11 个高效节水（高标准农田）建设项目；河河（河湖）水系连通工程主要是青河县水系连通及农村水系综合整治实施方案和阿苇灌区排渠-盆克特湖-乌河连通工程。骨干渠系节水改造工程主要是灌区骨干渠道的水资源高效利用项目，配套建筑物，提高渠道输水效率，节约用水，工程实施后改造干渠 348.75 km，改造支渠长度 241.35 km，配套建筑物 655 座。引水渠安全防护工程和巡渠道路的建设，完成信息化总投资 20%的规划内容；高效节水灌溉工程主要是调整作物种植结构，实施土地平整、土壤改良、渠道防渗、滴灌工程、田间道路及防护林的建设内容，降低灌溉定额，节约用水，提高用水效率，工程建设田间高效节水（高标准农田）34.45 万亩；乌伦古河中下游水生态供水一期工程，主要是新建取水口，引水隧洞等水利设施，将水系连通，以解决乌伦古河中下游河谷林草生态基流断流造成的草地退化、水土流失、土地沙化，河流生态生境遭到胁迫，河流水生态环境遭到破坏的问题，同时解决干旱年中下游河道缺水对农牧业生产造成影响。工程共治理河道长度 50.6 km。

3）乌伦古河水生态保护修复工程

A. 建设范围

工程建设范围主要分布在荒漠绿洲生态安全维护区，主要在乌伦古河及其干流的河谷区域，主要分布在青河县、富蕴县和福海县沿河重要乡镇及村。

B. 建设内容

包括河道生态治理项目、防沙治沙工程和河谷林草保护生态淹灌等工程。主要项目有青河县、富蕴县和福海县 19 个河道生态治理项目，乌伦古河生态修复防沙治沙项目；富蕴县恰库尔图河谷林生态修复项目、曲库尔特河谷林生态修复项目、白鹭湾河谷林生态修复项目、克孜勒加尔河谷林生态修复项目、克孜希力克河谷林生态修复项目和福海县萨尔胡木河谷林生态修复项目、顶山生河谷林生态修复项目、喀乡五队河谷林生态修复项目、齐干吉迭乡河谷林生态修复项目和人民渠首河谷林生态修复项目，10 个河谷林生态修复项目建设。河道生态治理项目是在河道冲刷严重段新建格宾生态护岸工程对河道进行整治，使河道顺畅，防止洪水淘刷塌岸，减少水土流失。确保河岸防洪安全，使河道能安全、顺利地通过设计洪水，保护人民生命财产安全，为两岸社会经济发展提供有力的保障，工程新建护岸（堤防）119.81 km；防沙治沙工程主要建设补植补造苗木、平整林床、回填土方、挖树坑、打埂子等内容，防治土地沙化及迁移，工程新建电力设施配套、铺设供水管网 120 km、新建泵房 4 座、维修泵房 2 座、围栏 200 km、补植补造苗木 3500 亩及平整林床；河谷林生态修复项目主要是在河道上建设生态堰，建设生态沟渠，雍高河道水位，增加淹灌面积及耗水量、延长水资源滞留时间的目的，为河谷生态林草健康生长创造条件。

4）乌伦古湖生态环境改善工程

A. 建设范围

工程建设地点为主要分布在尾闾湖泊生态功能修复区。主要在乌伦古湖、乌伦古湖周边灌区、入湖三角洲及其尾闾。

B. 建设内容

包括乌伦古湖湿地保护与修复工程、乌伦古湖防风固沙及水土保持和乌伦古湖水生态治理与修复工程，具体项目包括乌伦古河湿地生态修复工程、环乌伦古湖防沙治沙生态保护与修复、新疆福海乌伦古湖国家湿地公园湿地保护与恢复工程、福海县乌伦古湖生态修复基础设施建设项目、福海县乌伦古湖国家湿地公园湿地保护与恢复项目和福海县乌伦古湖国家湿地公园生物多样性科普宣教工程。工程采取封禁、轮封、轮牧，水源地保护自然修复措施，减少面源污染；对乌伦古湖岸线、湖周边的沼泽、湖滨湿地区域实施围栏封禁和人工管护绿化，促进湖滨缓冲区域的自我休养生息，保护现有天然湖荡及湖滨湿地，优化乌伦古河流域内的河谷林草带生态环境。从维护湿地生态系统的完整性、保护生物多样性、湿地科普宣教和方便游览出发，通过在乌伦古河入户三角洲地带建设湿地保护工程、湿地恢复工程建设、科普教育工程、防御灾害设施和管理能力建设，打造湿地生态建设的标志性工程、湿地保护与恢复示范工程及湿地科普、宣传和教育的示范基地。

5）绿洲人居环境综合治理工程

A. 建设范围

工程建设分布在山地水源涵养功能保护区-荒漠绿洲生态安全维护区，具体包括乌伦古河沿河村镇、绿洲农牧业区，青河县、富蕴县、福海县各县均有分布。

B. 建设内容

建设内容包括城乡固体废物收集处理工程、人居环境综合整治工程、生活污水处理工程、农业面源污染处理工程、畜禽粪污治理与资源化利用工程、饮用水水源地保护工程和土地盐渍化综合治理等工程。其中，固体废物收集处理工程 13 项、人居环境综合整治工程 17 项，农业面源污染处理工程 3 项、畜禽粪污治理与资源化利用工程 3 项、饮用水水源地保护工程 3 项；土地盐渍化综合治理工程 4

项。具体实施内容是对重要湖（库）划定水源保护区，采取隔离防护与水污染防治措施，加强水源地用水保护，保证下游居民用水安全；加强取水水源流域范围内重要村镇农药、化肥、生活污水、畜牧业及牧民生活的管理；对中下游灌区加强城乡水污染防治与基础设施、生活垃圾处理设施建设，城镇集中式饮用水水源地规范化建设及其各类农业、养殖业、工业污染源的治理控制，极大提升绿洲城乡生活、污染治理能力，对各县受损农用土地整理治理，改善城乡人居环境；工程共 12 个乡镇，71 个村庄人居环境得到综合治理，255.2 万亩地膜面积得到回收；饮用水水源地主要对水源地一级保护区范围进行封闭，封闭面积 0.65 km^2，设置围栏 58 km，水源地视频监控，一级保护区范围设立标识牌和界标，架设光纤传输线路，架设输电线路 6.5 km，配备水源地应急设备、设施等内容；土地盐渍化治理、排碱渠、容泄区建设项目主要是利用沟渠自然地形，在沟渠内部构建 3～5 km 逐级递减的简单表面流构造湿地系统，和已建的排水渠贯通，对各排碱渠水进行净化处理，利用入湖口附近区域湖滨植被系统，将各排渠来水先行灌溉植被系统后，使得排渠来水经过自然土地系统处理后间接进入湖泊，减少乌伦古湖周边面源污染入湖量，恢复河湖生态功能、改善河湖水生态环境、维护生物多样性。

6）流域生态治理能力提升工程

A. 建设范围

主要分布在山地水源涵养功能保护区-荒漠绿洲生态安全维护区，具体建设地点包括乌伦古河干流、乌伦古湖、流域内福海县。

B. 建设内容

建设内容主要包括生态产业和流域生态监测治理工程 2 类 6 个项目。生态产业项目具体为福海县白斑狗鱼等 7 种土著鱼类国家级原种场建设项目、乌伦古湖国家湿地公园基础设施建设、福海县乌伦古湖水生生物多样性保护项目、福海县土著鱼类繁育能力提升基础设施建设项目；流域生态监测治理工程包括福海县乌伦古湖信息化建设项目及流域水生态、水环境监测体系建设工程。具体措施是对土著鱼种繁育车间改造升级，池塘标准化建设，湖区增殖放流土著鱼苗，增加湖内鱼类的繁衍生息，建设湿地公园科普宣教、监测平台等提升改造。结合乌伦古河流域自然资源条件、社会经济发展情况、生态环境主要问题和工程措施布局，根据生态保护与修复的目标和标准，在流域内开展监测评估工作，本次监测主要包括三个部分：生物多样性监测、水环境监测和水土保持监测。

参 考 文 献

奥勃鲁契夫. 1963. 中亚细亚的荒漠［D］. 吕尚君，等译. 北京：商务印书馆.

程艳，李森，孟古别克·俄布拉依汗，等. 2016. 乌伦古湖水盐特征变化及其成因分析[J]. 新疆环境保护，38(1): 1-7.

海拉提·阿力地阿尔汗, 彭小武, 刘晓伟, 等. 2021. 新疆乌伦古湖水生态环境保护对策研究[J]. 新疆环境保护, 43(2): 15-21.

蒋庆丰, 沈吉, 刘兴起, 等. 2007. 乌伦古湖介形组合及其壳体同位素记录的全新世气候环境变化［J］. 第四纪研究, (3): 382-391.

刘长勇. 2021. 乌伦古湖生态治理措施研究[J]. 陕西水利, (9): 117-119. DOI:10.16747/j.cnki. cn61-1109/tv.2021.09.044.

罗江呼. 1989. 乌伦古湖生态环境变异及保护利用途径探讨[J]. 新疆环境保护, (3): 2-9.

仝利红, 刘英俊, 张硕, 等. 2022. 乌伦古湖水体矿化度和氟化物浓度的年际变化及模拟[J]. 湖泊科学, 34(1): 134-141.

张钟凯, 高晗, 高尊. 2021. 新疆第二大湖泊的生态蝶变[N]. 新疆日报(汉), 2021-08-04.(3). DOI: 10.28887/n.cnki.nxjrb. 2021.004070.

赵冲, 李国强, 诸葛亦斯, 等. 2019. 乌伦古湖咸水倒灌原因及缓解条件分析[J]. 中国农村水利水电,(12): 65-68+74.

第5章 乌伦古湖流域水生态环境安全调查与评估

5.1 流域生物多样性特征

5.1.1 流域植物物种组成

乌伦古湖流域处于新疆"三屏两环"生态空间格局中阿勒泰山地和准噶尔盆地之间，其以乌伦古河和乌伦古湖为主体，流域内的乌伦古河发源于阿尔泰山，最后注入乌伦古湖，河流全长 821 km，国内流域面积为 2.537 万 km²。流域位于欧亚大陆中心，属典型的温带大陆性气候，气候特点是春旱多风，夏季炎热，秋季凉爽，冬季严寒漫长，降水较少，蒸发量大，光照充足，温差较大，植物资源丰富，区系成分较为复杂。

通过野外调查、标本鉴定，参考《新疆植物志》《中国沙漠植物志》等相关参考文献，编制乌伦古河流域植物物种名录，蕨类植物统计按照秦仁昌系统，裸子植物统计按照郑万钧系统，被子植物统计按照恩格勒系统。据初步统计，乌伦古河流域共有维管束植物 336 种，隶属 54 科 173 属（详见《乌伦古河流域植物名录》），约占全疆总种数（3971）的 9.2%。其中蕨类植物 7 种，隶属 3 科 3 属，约占全疆蕨类植物总种数（55）的 12.7%；裸子植物 1 种，隶属 1 科 1 属，约占全疆裸子植物总种数（51）的 2.0%；被子植物 358 种，隶属 50 科 169 属。

1. 科统计分析

含有 20 个种以上的科有 3 个，依次为：菊科 67 种、禾本科 44 种、莎草科 27 种。含有 20 个以上种的科有 3 个，其中菊科 30 属、禾本科 20 属、莎草科 8 属，即 3 科 58 属 138 种，分别占流域总科数的 5.6%，总属数的 33.5% 和总种数 37.7%，由此可见，含 20 种以上的科是乌伦古河流域植物的主要组成部分，在流域维管植物区系组成中占主导地位。含 10～20 种的科有 6 个，包括豆科 17 种、杨柳科 14 种、唇形科 14 种、玄参科 14 种、毛茛科 13 种、蓼科 11 种。含 10～20 种的科，其中豆科 12 属、杨柳科 2 属、唇形科 12 属、玄参科 4 属、毛茛科 4 属、蓼科 2 属，即 6 科 36 属 83 种，占流域总科数的 11.1%，总属数的 20.8% 和总种数 22.7%。含 2～9 种的科有 33 个，包含种数 133 个，占流域总科数的 61.1%，总种数 36.3%；单属单种的科有 12 个，占总科数的 22.2%，总属数的 6.9% 和总种数的 3.3%。

含有 10 属以上的科有 4 科，依次排列是：菊科 30 属、禾本科 20 属、豆科 12 属、唇形科 12 属，此 4 科按种数排列分别是菊科 67 种、禾本科 44 种、豆科 17 种、唇形科 14 种，含 10 属以上的科只有 4 科，但包含了 74 属，142 个种，占流域总科数的 7.4%，总属数的 42.8%，总种数的 38.8%，仅 4 科，却包含流域近五分之二的种数，因而这些是乌伦古河流域植物的优势科，在植物区系组成中占有重要地位。含有 2～9 的科有 20 个，包含 69 个属，占流域总科数的 37.0%，总属数的 18.9%。仅有 1 属的科有 30 个，包含种数 69 种，占流域总科数的 55.6%，总属数的 17.3%，总种数的 18.9%，占流域一半以上的科，均为单属的科，种数仅有总种数的五分之一不到，表明流域植物区系的多样性。

2. 属统计分析

含 10 个及以上种的属仅有 1 个，为蒿属；含 6～9 个种的属有 10 个，包括柳属 9 种、眼子菜属 8 种、苔草属 8 种、灯心草属 8 种、婆婆纳属 7 种、蓼属 6 种、毛茛属 6 种、早熟禾属 6 种、藨草属 6 种、香蒲属 6 种，10 属 70 种，占流域总属数的 5.8%，总种数的 19.1%；含 2～5 个种的属有 67 个，包括杨属 5 个、车前属 5 个、蓟属 5 个、风毛菊属 5 个、绢蒿属 5 个、酸模属 5 个、泽泻属 5 个、披碱草属 5 个、碱茅属 5 个、木贼属 4 个、黄耆属 4 个、旋覆花属 4 个、矢车菊属 4 个等，67 属包含 191 种，占流域总属数的 38.7%，总种数的 52.2%；仅含有 1 种的属有 95 个，95 属 95 种，占流域总属数的 54.9%，总种数的 26.0%，由此显示，流域一半的属，均为单种属，多三分之一为小种属，在充分显示流域物种多样性的同时也表明其流域生态系统较为脆弱。

3. 种统计分析

按照生活型来划分，在 366 种维管植物，乔木仅有 18 种，包括黑杨、苦杨、银白杨、银灰杨、吐兰柳、线叶柳、灰毛柳等，占总种数的 4.9%，主要集中在杨柳科、桦木科等。草本植物和灌木占绝对优势，共有 348 种，占总种数的 95.1%。

淡水湿地内分布的植物按照生活型可进一步划分为沉水植物、漂浮植物、浮叶植物、挺水植物等。经野外调查，常见种类包括：

沉水植物：狸藻、浮叶眼子菜、篦齿眼子菜、大茨藻、小茨藻等；漂浮植物：浮萍、紫萍等；挺水植物：芦苇、花蔺草、小果黑三棱、小黑三棱、黑三棱、宽叶香蒲、小香蒲、短序香蒲、长苞香蒲；地势较为低洼的区域多为湿生植物：矮酸模、糙叶酸膜、盐生酸模、水生酸模、珠芽蓼、酸模叶蓼、棱叶灯心草、大花灯心草、丝状灯心草、沼地毛茛、长叶毛茛、水葫芦苗、薦草、海韭菜、水麦冬等。

5.1.2　区系分析

植物区系的形成是植物界在一定的自然历史环境中演化和时空分布的综合反映。乌伦古湖流域湿地类型多样，气候时空变化明显，孕育了丰富的野生植物资源，区系成分复杂。根据秦仁昌《中国蕨类植物科属志》，乌伦古湖流域蕨类植物3 属，7 种，共有北温带分布、世界分布 2 个分布类型，其中：苹属、槐叶苹属为世界分布类型；木贼属为北温带分布类型。

根据吴征镒（1991）、潘晓玲等的中国、新疆种子植物属分布类型的划分系统，将乌伦古湖流域种子植物 170 属划分为以下的分布区类型。详见表 5-1。

表 5-1　乌伦古湖流域种子植物分布区类型

分布类型	属数	占总属数比例/%
1.世界分布	45	26.5
2.泛热带分布	4	2.4
6.北温带分布	1	0.6
8.旧世界温带分布	59	34.7
9.温带亚洲分布	3	1.8
10.地中海区、西亚至中亚分布	36	21.2
11.中亚分布	4	2.4
12.东亚分布	14	8.2
13.中亚分布及其变型	4	2.4
合计	170	100.0

1.流域蕨类植物区系特点

从流域蕨类属的区系组成看，其群系分布与乌伦古河流域所处的地理位置及气候条件是相一致的，以世界成分类型、北温带成分类型为主。这是由于新疆属温带荒漠地区，准噶尔盆地虽有蕨类这一古老植物类群栖息，却并不具备它们生存的气候条件。山地具有它们生长的条件，但新疆的山系多发生较晚，一般都在第三纪中后期才显著隆升，因此，流域蕨类植物种的区系成分为世界成分、北温带成分，因此，可以说，乌伦古河流域蕨类植物区系特点为种类稀少，区系组成简单，分布有世界分布类型、北温带分布类型，缺乏特有属。

2.流域种子植物区系特点

（1）流域种子植物区系中单种属、少种属占比例大，世界广布种分布较多。流域干旱的气候，降雨较少，缺水的干旱环境限制了植物的生长和分布。世界广布属较多，达45属，流域内分布的湿地植物，包括大多数的挺水植物、漂浮植物、沉水植物都属于世界分布型，如芦苇属、香蒲属、蔍草属、眼子菜属、狐尾藻属等。

（2）中国的种子植物属共有15个分布区类型，本次调查统计流域种子植物有9个分布类型，缺热带亚洲和热带美洲间断分布、旧世界热带分布及其变型、热带亚洲和热带大洋洲分布、热带亚洲分布及其变型、东亚分布及其变型和中国特有属的分布。各种成分中，以温带成分占优势，其次为古地中海成分，这充分表明流域所处的地理位置和气候特点，具明显地带性特征。

（3）流域种子植物旧世界温带成分占优势，占总属数的34.7%，地中海、西亚至中亚分布成分屈居第二，占总属21.2%，这充分说明流域种子植物区系的来源是多方面的，各种成分在这里汇合交融，并在独特的干旱环境中演化，形成现代如此复杂的区系特征。

（4）流域种子植物中，含有20个种以上的科有3个，包含138种，分别占流域总科数的5.6%，总属数的33.5%和总种数37.7%，这表明，流域种子植物区系中科的优势现象十分显著，这3个科是流域种子植物区系的优势科，按所含种数多少排列依次是：菊科67种、禾本科44种、莎草科27种，同时，可以发现，菊科、禾本科、莎草科均为世界广布科，这充分反映出流域气候方面的严酷性。干旱的气候使温带的许多成分在本区有分布但却难以形成优势，唯有广布性的大科能以其庞大的种系和适应能力在生态环境较为恶劣的地域取得优势。

（5）流域种子植物区地理成分以旧世界温带成分为主，尽管它们所含种数相对那些优势科而言不很多，但在流域种子植物区系起着十分重要的表征作用，即为流域种子植物区系的表征科。它们对流域植物区系和植被方面的贡献和作用是非凡的。如麻黄科、眼子菜科、杨柳科、蓼科、桦木科、毛茛科等，它们是流域植被的建群种或优势种。

5.1.3 流域重点保护野生植物

据调查统计，流域重点保护野生植物见表5-2。

表5-2 流域重点保护野生植物表

序号	物种	保护情况
1	漂浮慈姑（*Sagittaria natans* Pall.）	国家Ⅱ级
2	蛇麻黄（*Ephedra distachya* L.）	新疆Ⅰ级

序号	物种	保护情况
3	梭梭（*Haloxylon ammodendron* (C. A. Mey.) Bge.）	新疆Ⅰ级
4	黄耆（*Astragalus membranaceus* (Fisch.) Bge.）	新疆Ⅰ级
5	甘草（*Glycyrrhiza uralensis* Fisch.）	新疆Ⅱ级
6	新疆霸王（*Zygophyllum sinkiangense* Liou f.）	新疆Ⅱ级
7	多伞阿魏（*Ferula feurlaeoides* (Steud.) Korov.）	新疆Ⅱ级
8	柱筒枸杞（*Lycium cylindricum* Kuang et A. M. Lu）	新疆Ⅱ级
9	肉苁蓉（*Cistanche deserticola* Ma）	新疆Ⅱ级
10	花蔺草（*Butomus umbellatus* L.）	新疆Ⅱ级
11	大赖草（*Leymus racemosus* (Lam.) Tzvel.）	新疆Ⅱ级

5.1.4　流域植被分布特点

（1）流域植物种类较多，但植被类型较为简单。流域地处中亚、蒙古国、西伯利亚、中国-喜马拉雅等植物区系的交汇，植物区系性质复杂且带有浓厚的过渡性，因此植物种类较多，据初步统计有 366 个植物种，但流域植被群落层片结构繁简不一，层片结构较复杂的群落乌伦古河流域上段，即阿勒泰山区，但乌伦古河、乌伦古湖及周边植物层片结构比较简单，灌木或草本类型的分层现象不明显，很多区域仅有一层结构。

（2）湿地植被受水分影响较大，多表现出隐域性特点。湿地植被生长好坏受水系分布的直接影响，近河地段植被生长较好，远离河道处生长稀疏，景象衰退，沿水域呈带状分布，表现出隐域性特点。

（3）流域湿地植被中盐生植被、沙生植被充分发育，乌伦古河是典型的内流区域，最后注入乌伦古湖，河流的水化学性质表现出明显的地带性，径流形成区以下和愈向下游，矿化度迅速增加，进而通过地下水和土壤的盐渍化而直接影响着盐生植被充分发育。同时，干旱的生态环境，使湿地植物形态及植被类型中均受不同程度地具有沙漠化痕迹，湿地植物群落中沙生、旱生种类在群落中占据优势，构成干旱区典型的荒漠植被景观。

（4）流域植物群落由水生性向中生旱生性群落直接过渡。通常来说，湿地植物群落的建群种和优势种是水生植物、湿生植物、盐生植物或耐盐植物，群落属于水生（包括挺水、浮叶、沉水）或湿生植物群落类型。但是由于流域气候干旱，蒸发和植物蒸腾作用强烈，水生环境和陆地旱生环境之间缺乏一个由湿生到中生的交接过渡地带，因此，流域植物群落水生植物群落往往直接与中生植物或旱生植物相邻分布。例如湿地植被型中，建群种除芦苇、香蒲、蔍草等水生植物外，在过湿地土壤上主要生长杨树、桦树、珠芽蓼等中生植物，其他均为中旱生植物或旱生植物，如梭梭、大果白刺、短果霸王等，中生-旱生植物充分发育是流域湿地植被的最显著特点。

流域植物名录见表 5-3。

表 5-3　流域植物名录

植物门类	植物名称	拉丁名	科名	属名
蕨类植物	节节草	*Equisetum ramosissimun*	木贼科	木贼属
蕨类植物	犬问荆	*Equisetum palustre*	木贼科	木贼属
蕨类植物	水木贼	*Equisetum fluviatile*	木贼科	木贼属
蕨类植物	问荆	*Equisetum arvense*	木贼科	木贼属
蕨类植物	埃及苹	*Marsilea aegyptica*	苹科	苹属
蕨类植物	苹	*Marsilea quadrifolia*	苹科	苹属
蕨类植物	槐叶苹	*Salvinia natans*	槐叶苹科	槐叶苹属
裸子植物	蛇麻黄	*Ephedra distachya*	麻黄科	麻黄属
被子植物	黑杨	*populus nigra*	杨柳科	杨属
被子植物	苦杨	*populus laurifolia*	杨柳科	杨属
被子植物	银白杨	*populus alba*	杨柳科	杨属
被子植物	银灰杨	*populus cancecens*	杨柳科	杨属
被子植物	欧洲山杨	*Populus tremula*	杨柳科	杨属
被子植物	吐兰柳	*Salix turanica*	杨柳科	柳属
被子植物	线叶柳	*Salix wilhelmsiana*	杨柳科	柳属
被子植物	灰毛柳	*Salix cinerea*	杨柳科	柳属
被子植物	戟柳	*Salix hastata*	杨柳科	柳属
被子植物	白柳	*salix alba*	杨柳科	柳属
被子植物	齿叶柳	*Salix serrulatifolia*	杨柳科	柳属
被子植物	二色柳	*Salix albertii*	杨柳科	柳属
被子植物	谷柳	*Salix taraibensis*	杨柳科	柳属
被子植物	蓝叶柳	*Salix capusii*	杨柳科	柳属
被子植物	小叶桦	*Betula microphylla*	桦树科	桦木属
被子植物	疣枝桦	*Betula pendula*	桦树科	桦木属
被子植物	圆叶桦	*Betula rotundifolia*	桦树科	桦木属
被子植物	沼泽桦	*Betula humilis*	桦树科	桦木属
被子植物	苦豆子	*Sophora alopecuroides*	豆科	槐属

植物门类	植物名称	拉丁名	科名	属名
被子植物	铃铛刺	*Halimodendron halodendron*	豆科	铃铛刺属
被子植物	白花草木樨	*Meliotus albus*	豆科	草木樨属
被子植物	黄花草木樨	*Meliotus officinalis*	豆科	草木樨属
被子植物	斑果黄耆	*Astragalus beketovii*	豆科	黄耆属
被子植物	黄耆	*Astragalus membranaceus*	豆科	黄耆属
被子植物	大翼黄耆	*Astragalus macropterus*	豆科	黄耆属
被子植物	密花黄耆	*Astragalus densiflorus*	豆科	黄耆属
被子植物	红花车轴草	*Trifolium pratense*	豆科	车轴草属
被子植物	大花车轴草	*Trifolium eximium*	豆科	车轴草属
被子植物	多刺锦鸡儿	*Caragana spinosa*	豆科	锦鸡儿属
被子植物	甘草	*Glycyrrhiza uralensis*	豆科	甘草属
被子植物	广布野豌豆	*Vicia cracca*	豆科	野豌豆属
被子植物	苦马豆	*Sphaerophysa salsula*	豆科	苦马豆属
被子植物	小花棘豆	*Oxytropis glabra*	豆科	棘豆属
被子植物	沼生香豌豆	*Lathyrus palustris*	豆科	香豌豆属
被子植物	紫花苜蓿	*Medicago sativa*	豆科	苜蓿属
被子植物	短柄野芝麻	*Lamium album*	唇形科	野芝麻属
被子植物	山地糙苏	*Phlomis oreophila*	唇形科	糙苏属
被子植物	益母草	*Leonurus astemisia*	唇形科	益母草属
被子植物	鬃尾草	*Chaiturus marrubiastrum*	唇形科	鬃尾草属
被子植物	薄荷	*Mentha haplocalyx*	唇形科	薄荷属
被子植物	欧洲地笋	*Lycopus europaeus*	唇形科	地笋属
被子植物	高株地笋	*Lycopus exaltatus*	唇形科	地笋属
被子植物	荆芥	*Nepeta cataria*	唇形科	荆芥属
被子植物	盔状黄芩	*Scutellaria galericulata*	唇形科	黄芩属
被子植物	平原黄芩	*Scutellaria sieversii*	唇形科	黄芩属
被子植物	水棘针	*Amethystea coerulea*	唇形科	水棘针属
被子植物	夏枯草	*Prunella vulgaris*	唇形科	夏枯草属
被子植物	夏至草	*Lagopsis supina*	唇形科	夏至草属
被子植物	沼泽香科科	*Teucrium scordioides*	唇形科	香科科属
被子植物	柯尔车前	*Plantago cornuti*	车前科	车前属

续表

植物门类	植物名称	拉丁名	科名	属名
被子植物	披针叶车前	*Plantago lanceolata*	车前科	车前属
被子植物	半车前	*Plantago depressa*	车前科	车前属
被子植物	盐生车前	*Plantago mariima*	车前科	车前属
被子植物	中车前	*Plantago media*	车前科	车前属
被子植物	翼蓟	*Cirsium vulgare*	菊科	蓟属
被子植物	阿尔泰蓟	*Cirsium incanum*	菊科	蓟属
被子植物	刺儿菜	*Cirsium setosum*	菊科	蓟属
被子植物	莲座蓟	*Cirsium esculentum*	菊科	蓟属
被子植物	丝路蓟	*Cirsium arvense*	菊科	蓟属
被子植物	欧亚旋覆花	*Inula britanica*	菊科	旋覆花属
被子植物	里海旋覆花	*Inula caspica*	菊科	旋覆花属
被子植物	蓼子朴	*Inula salsoloides*	菊科	旋覆花属
被子植物	总状土木香	*Inula racemosa*	菊科	旋覆花属
被子植物	山野火绒草	*Leontopodium campestre*	菊科	火绒草属
被子植物	蓍	*Achillea millefolium*	菊科	蓍属
被子植物	亚洲蓍	*Achillea asiatica*	菊科	蓍属
被子植物	柳叶蓍	*Achillea salicifolia*	菊科	蓍属
被子植物	天山鼠麹草	*Gnaphalium kasachstanicum*	菊科	鼠麹草属
被子植物	阿尔泰菊蒿	*Tanacetum barclayanum*	菊科	菊蒿属
被子植物	白叶凤毛菊	*Saussurea leucophylla*	菊科	凤毛菊属
被子植物	达乌里凤毛菊	*Saussurea davurica*	菊科	凤毛菊属
被子植物	展序凤毛菊	*Saussurea prostrata*	菊科	凤毛菊属
被子植物	小花凤毛菊	*Saussurea parviflora*	菊科	凤毛菊属
被子植物	太加凤毛菊	*Saussurea turgaiensis*	菊科	凤毛菊属
被子植物	大花蒿	*Artemisia macrocephala*	菊科	蒿属
被子植物	白叶蒿	*Artemisia leucophylla*	菊科	蒿属
被子植物	大籽蒿	*Artemisia sieversiana*	菊科	蒿属
被子植物	纤梗蒿	*Artemisia pewzowii*	菊科	蒿属
被子植物	绢毛蒿	*Artemisia sericea*	菊科	蒿属
被子植物	岩蒿	*Artemisia rupestris*	菊科	蒿属
被子植物	银叶蒿	*Artemisia argyrophylla*	菊科	蒿属

续表

植物门类	植物名称	拉丁名	科名	属名
被子植物	直茎蒿	*Artemisia edgeworthii*	菊科	蒿属
被子植物	猪毛蒿	*Artemisia scoparia*	菊科	蒿属
被子植物	掌裂蒿	*Artemisia kuschakewiczii*	菊科	蒿属
被子植物	苍绿绢蒿	*Seriphidium fedtschenkoanum*	菊科	绢蒿属
被子植物	高山绢蒿	*Seriphidium rhodanthum*	菊科	绢蒿属
被子植物	纤细绢蒿	*Seriphidium gracilesens*	菊科	绢蒿属
被子植物	针裂叶绢蒿	*Seriphidium sublessingianum*	菊科	绢蒿属
被子植物	费尔干绢蒿	*Seriphidium ferganense*	菊科	绢蒿属
被子植物	糙叶矢车菊	*Centaurea adpressa*	菊科	矢车菊属
被子植物	针刺矢车菊	*Centaurea iberica*	菊科	矢车菊属
被子植物	小花矢车菊	*Centaurea squarrosa*	菊科	矢车菊属
被子植物	欧亚矢车菊	*Centaurea ruthenica*	菊科	矢车菊属
被子植物	刺苞菊	*Carlina biebersteinii*	菊科	刺苞菊属
被子植物	大叶橐吾	*Ligularia macrophylla*	菊科	橐吾属
被子植物	短星菊	*Brachyactis ciliata*	菊科	短星菊属
被子植物	飞廉	*Carduus nutans*	菊科	飞廉属
被子植物	分枝麻花头	*Serratula cardunculus*	菊科	麻花头属
被子植物	褐苞三肋果	*Tripleurospermum anbiguum*	菊科	三肋果属
被子植物	新疆三肋果	*Tripleurospermum inodorum*	菊科	三肋果属
被子植物	红果蒲公英	*Taraxacum erythrospermun*	菊科	蒲公英属
被子植物	小果蒲公英	*Taraxacum lipskyi*	菊科	蒲公英属
被子植物	紫果蒲公英	*Taraxacum sumneviczii*	菊科	蒲公英属
被子植物	黄头小甘菊	*Cancrinia chrysocephala*	菊科	亚菊属
被子植物	假泽山风蓬	*Erigeron pseudoseravschanicus*	菊科	飞蓬属
被子植物	长茎风蓬	*Erigeron elongatus*	菊科	飞蓬属
被子植物	碱菀	*Tripolium vulgare*	菊科	碱菀属
被子植物	宽苞刺头菊	*Cousinia platylepis*	菊科	刺头菊属
被子植物	硬叶蓝刺头	*Echinops ritro*	菊科	蓝刺头属
被子植物	蓝刺头	*Echinops sphaerocephalus*	菊科	蓝刺头属
被子植物	宽叶毛蕊菊	*Pilostemon karateginii*	菊科	毛蕊菊属
被子植物	林荫千里光	*Senecio nemorensis*	菊科	千里光属

续表

植物门类	植物名称	拉丁名	科名	属名
被子植物	疏齿千里光	*Senecio subdentatus*	菊科	千里光属
被子植物	天山乳菀	*Galatella tianschanica*	菊科	乳菀属
被子植物	紫缨乳菀	*Galatella chromopappa*	菊科	乳菀属
被子植物	鳞苞乳菀	*Galatella hauptii*	菊科	乳菀属
被子植物	柳叶鬼针草	*Bidens cernua*	菊科	鬼针草属
被子植物	毛头牛蒡	*Arctium tomentosum*	菊科	牛蒡属
被子植物	乳苣	*Mulgeium tataricum*	菊科	乳苣属
被子植物	小蓬草	*Conyza canadensis*	菊科	白酒草属
被子植物	岩菀	*Krylovia limoniiflia*	菊科	岩菀属
被子植物	白榆	*Ulmus pumila*	榆科	榆属
被子植物	矮酸模	*Rumex halacsyi*	蓼科	酸模属
被子植物	糙叶酸模	*Rumex confertus*	蓼科	酸模属
被子植物	盐生酸模	*Rumex marschallianus*	蓼科	酸模属
被子植物	长根酸模	*Rumex thyrsiflorus*	蓼科	酸模属
被子植物	水生酸模	*Rumex aquaticus*	蓼科	酸模属
被子植物	两栖蓼	*Polygonum amphibium*	蓼科	蓼属
被子植物	水蓼	*Polygonum hydropiper*	蓼科	蓼属
被子植物	酸模叶蓼	*Polygonum lapathifolium*	蓼科	蓼属
被子植物	桃叶蓼	*Polygonum persicaria*	蓼科	蓼属
被子植物	新疆蓼	*Polygonum patulum*	蓼科	蓼属
被子植物	珠芽蓼	*Polygonum viviparum*	蓼科	蓼属
被子植物	钩刺雾冰藜	*Bassia hyssopifopia*	藜科	雾滨藜属
被子植物	雾冰藜	*Bassia dasyphylla*	藜科	雾滨藜属
被子植物	灰绿藜	*Chenopodium glaucum*	藜科	藜属
被子植物	藜	*Chenopodium album*	藜科	藜属
被子植物	梭梭	*Haloxylon ammodendron*	藜科	梭梭属
被子植物	伏尔加蝇子草	*Silene wolgensis*	石竹科	蝇子草属
被子植物	厚叶繁缕	*Stellaria crassifolia*	石竹科	繁缕属
被子植物	湿地繁缕	*Stellaria uda*	石竹科	繁缕属
被子植物	膜苞石头花	*Gypsophila cephalotes*	石竹科	石头花属
被子植物	漆姑草	*Sagina saginoides*	石竹科	漆姑草属

植物门类	植物名称	拉丁名	科名	属名
被子植物	田野卷耳	*Cerastium arvense*	石竹科	卷耳属
被子植物	王不留行	*Vaccaria hispanica*	石竹科	王不留行属
被子植物	治疝草	*Herniaria glabra*	裸果木科	治疝草属
被子植物	东方铁线莲	*Clematis orientalis*	毛茛科	铁线莲属
被子植物	准噶尔铁线莲	*Clematis songarica*	毛茛科	铁线莲属
被子植物	粉绿铁线莲	*Clematis glauca*	毛茛科	铁线莲属
被子植物	茴茴蒜	*Ranunculus chinghoensis*	毛茛科	毛茛属
被子植物	石龙芮	*Ranunculus scelaratus*	毛茛科	毛茛属
被子植物	松叶毛茛	*Ranunculus reptans*	毛茛科	毛茛属
被子植物	掌裂毛茛	*Ranunculus rigescens*	毛茛科	毛茛属
被子植物	沼地毛茛	*Ranunculus radicans*	毛茛科	毛茛属
被子植物	长叶毛茛	*Ranunculus lingua*	毛茛科	毛茛属
被子植物	水葫芦苗	*Halerpestes sarmentosa*	毛茛科	碱毛茛属
被子植物	长叶碱毛茛	*Halerpestes ruthenica*	毛茛科	碱毛茛属
被子植物	硬叶水毛茛	*Batrachium foeniculaceum*	毛茛科	水毛茛属
被子植物	长叶水毛茛	*Batrachium kauffmannii*	毛茛科	水毛茛属
被子植物	黑果小檗	*Berberis heteropodf*	小檗科	小檗属
被子植物	新牡丹草	*Gymnopermium altaicum*	小檗科	牡丹草属
被子植物	毛果群心菜	*Cardaria pubescens*	十字花科	群心菜属
被子植物	球果群心菜	*Cardaria chalepensis*	十字花科	群心菜属
被子植物	四棱芥	*Goldbachia laevigata*	十字花科	四棱芥属
被子植物	小花碎米荠	*Cardamine parviflora*	十字花科	碎米荠属
被子植物	沼生蔊菜	*Rorippa islandica*	十字花科	蔊菜属
被子植物	大叶绣线菊	*Spiraea chamaedryfolia*	蔷薇科	绣线菊属
被子植物	合叶子	*Filipendula vulgaris*	蔷薇科	合叶子属
被子植物	榆叶合叶子	*Filipendula ulmaria*	蔷薇科	合叶子属
被子植物	红果山楂	*Crataegus sanguinea*	蔷薇科	山楂属
被子植物	石生悬钩子	*Rubus saxatilis*	蔷薇科	悬钩子属
被子植物	水杨梅	*Geum aleppicum*	蔷薇科	水杨梅属
被子植物	紫萼水杨梅	*Geum rivale*	蔷薇科	水杨梅属
被子植物	牻牛儿苗	*Erodium stephanianum*	牻牛儿苗科	牻牛儿苗属

续表

植物门类	植物名称	拉丁名	科名	属名
被子植物	圆叶老鹳草	*Geranium rotundifolium*	牻牛儿苗科	老鹳草属
被子植物	白刺	*Nitraria schoberi*	白刺科	白刺属
被子植物	唐古特白刺	*Nitraria tangutorum*	白刺科	白刺属
被子植物	大果白刺	*Nitraria roborowskii*	白刺科	白刺属
被子植物	药蜀葵	*Althaea officinalis*	锦葵科	蜀葵属
被子植物	鳞序水柏枝	*Myricaria squamosa*	柽柳科	水柏枝属
被子植物	美丽堇菜	*Viola mirabilis*	堇菜科	堇菜属
被子植物	双花堇菜	*Viola biflora*	堇菜科	堇菜属
被子植物	长蔓堇菜	*Viola disjuncta*	堇菜科	堇菜属
被子植物	沙棘	*Hippophae rhamnoides*	胡颓子科	沙棘属
被子植物	新疆菱角	*Trapa saiissanica*	菱科	菱属
被子植物	沼生柳叶菜	*Epilobium palustre*	柳叶菜科	柳叶菜属
被子植物	狐尾藻	*Myriophylum spicatum*	小二仙草科	狐尾藻属
被子植物	轮叶狐尾藻	*Myriophylum verticillatum*	小二仙草科	狐尾藻属
被子植物	柴胡状斑膜芹	*Hyalolaena bupleuroides*	伞形科	斑膜芹属
被子植物	刺果峨参	*Anthriscus nemorosa*	伞形科	峨参属
被子植物	空棱芹	*Cenolophium denudatum*	伞形科	空棱芹属
被子植物	中亚泽芹	*Sium medium*	伞形科	泽芹属
被子植物	欧泽芹	*Sium latifolium*	伞形科	泽芹属
被子植物	新疆绒果芹	*Eriocycla Peliotii*	伞形科	绒果芹属
被子植物	多伞阿魏	*Ferula feurlaeoide*	伞形科	阿魏属
被子植物	点地梅	*Androsace audro*	报春花科	点地梅属
被子植物	海乳草	*Glaucux maritima*	报春花科	海乳草属
被子植物	大叶补血草	*Limonium gmelinii*	白花丹科	补血草属
被子植物	耳叶补血草	*Limonium otolepis*	白花丹科	补血草属
被子植物	珊瑚补血草	*Limonium coralloides*	白花丹科	补血草属
被子植物	蓝色龙胆	*Gentiana pneumonanthe*	龙胆科	龙胆属
被子植物	睡菜	*Menyanthes trifoliata*	龙胆科	睡菜属
被子植物	荇菜	*Nymphoides peltatum*	龙胆科	荇菜属
被子植物	大叶白麻	*Poacynum hendersonii*	夹竹桃科	白麻属
被子植物	罗布麻	*Apocynum venetum*	夹竹桃科	罗布麻属

续表

植物门类	植物名称	拉丁名	科名	属名
被子植物	糙草	*Asperugo procumbens*	紫草科	糙草属
被子植物	短刺鹤虱	*Lappula brachycentra*	紫草科	鹤虱属
被子植物	短萼鹤虱	*Lappula sinaica*	紫草科	鹤虱属
被子植物	多枝鹤虱	*Lappula ramulosa*	紫草科	鹤虱属
被子植物	细尖滇紫草	*Onosma apiculatum*	紫草科	滇紫草属
被子植物	药用琉璃草	*Cynoglossum officinale*	紫草科	琉璃草属
被子植物	长柱琉璃草	*Lindelofia stylosa*	紫草科	长柱琉璃草属
被子植物	黑果枸杞	*Lycium ruthenicum*	茄科	枸杞属
被子植物	宁夏枸杞	*Lycium barbarum*	茄科	枸杞属
被子植物	柱筒枸杞	*Lycium cylindricum*	茄科	枸杞属
被子植物	红果龙葵	*Solanum alatum*	茄科	茄属
被子植物	天仙子	*Hyoscyamus niger*	茄科	天仙子属
被子植物	北水苦荬	*Veronica anagallis-aquatica*	玄参科	婆婆纳属
被子植物	尖果水苦荬	*Veronica oxycarpa*	玄参科	婆婆纳属
被子植物	婆婆纳	*Veronica didyma*	玄参科	婆婆纳属
被子植物	长果水苦荬	*Veronica anagalloides*	玄参科	婆婆纳属
被子植物	水苦荬	*Veronica undulata*	玄参科	婆婆纳属
被子植物	兔尾儿苗	*Veronica longifolia*	玄参科	婆婆纳属
被子植物	细茎婆婆纳	*Veronica tenuissima*	玄参科	婆婆纳属
被子植物	羽裂玄参	*Scrophularia kiriloviana*	玄参科	玄参属
被子植物	翅茎玄参	*Scrophularia umbrosa*	玄参科	玄参属
被子植物	砾玄参	*Scrophularia incisa*	玄参科	玄参属
被子植物	长根马先蒿	*Pedicularis dolichorrhiza*	玄参科	马先蒿属
被子植物	高升马先蒿	*Pedicularis elata*	玄参科	马先蒿属
被子植物	毛瓣毛蕊花	*Verbascum blattaria*	玄参科	毛蕊花属
被子植物	准噶尔毛蕊花	*Verbascum songoricum*	玄参科	毛蕊花属
被子植物	狸藻	*Otricvla riarvlgaris*	狸藻科	狸藻属
被子植物	北方拉拉藤	*Galium boreale*	茜草科	拉拉藤属
被子植物	粗沼拉拉藤	*Galium karakulense*	茜草科	拉拉藤属
被子植物	显脉拉拉藤	*Galium kinuta*	茜草科	拉拉藤属
被子植物	肉苁蓉	*Cistanche deserticola*	列当科	肉苁蓉属

续表

植物门类	植物名称	拉丁名	科名	属名
被子植物	黑三棱	*Sparganium stoloiferum*	黑三棱科	黑三棱属
被子植物	小果黑三棱	*Sparganium microcarpum*	黑三棱科	黑三棱属
被子植物	小黑三棱	*Sparganium simplex*	黑三棱科	黑三棱属
被子植物	篦齿眼子菜	*potamogeton pectinatus*	眼子菜科	眼子菜属
被子植物	穿叶眼子菜	*Potamogeton perfoliatus*	眼子菜科	眼子菜属
被子植物	浮叶眼子菜	*Potamogeton natans*	眼子菜科	眼子菜属
被子植物	光叶眼子菜	*Potamogeton lucens*	眼子菜科	眼子菜属
被子植物	柳叶眼子菜	*Potamogeton compressus*	眼子菜科	眼子菜属
被子植物	鞘叶眼子菜	*Potamogeton vaginatus*	眼子菜科	眼子菜属
被子植物	小眼子菜	*potamogeton pusillus*	眼子菜科	眼子菜属
被子植物	异叶眼子菜	*Potamogeton heterophyllus*	眼子菜科	眼子菜属
被子植物	长柄角果藻	*Zannichellia palustris* var.*pedicellata*	眼子菜科	角果藻属
被子植物	大茨藻	*Najas marina*	茨藻科	茨藻属
被子植物	小茨藻	*Najas minor*	茨藻科	茨藻属
被子植物	草泽泻	*Alisma gramineum*	泽泻科	泽泻属
被子植物	泽泻	*Alisma plantago-aquqtica*	泽泻科	泽泻属
被子植物	小泽泻	*Alisma nanum*	泽泻科	泽泻属
被子植物	东方泽泻	*Alisma orientale*	泽泻科	泽泻属
被子植物	膜果泽泻	*Alisma lanceolatum*	泽泻科	泽泻属
被子植物	欧洲慈姑	*Sagittaria sagittifilia*	泽泻科	慈姑属
被子植物	漂浮慈姑	*Sagittaria natans*	泽泻科	慈姑属
被子植物	野慈姑	*Sagittaria trifolia*	泽泻科	慈姑属
被子植物	花兰草	*Butomus umbellatus*	花兰科	花兰属
被子植物	稗	*Echinochloa crusgalli*	禾本科	稗属
被子植物	无芒稗	*Echinochloa crusgalli* var.*mitis*	禾本科	稗属
被子植物	布顿大麦草	*hordeum bogdanii*	禾本科	大麦草属
被子植物	草甸羊茅	*Festucinae pratensis*	禾本科	羊茅属
被子植物	苇状羊茅	*Fesuca arundinacea*	禾本科	羊茅属
被子植物	垂穗披碱草	*Elymus nutans*	禾本科	披碱草属
被子植物	多花偃麦草	*Elytrigia elongatiformis*	禾本科	披碱草属
被子植物	肥披碱草	*Elymus excelsus*	禾本科	披碱草属

续表

植物门类	植物名称	拉丁名	科名	属名
被子植物	披碱草	*Elymus dahuricus*	禾本科	披碱草属
被子植物	曲芒鹅观草	*Elymus tschimganicus*	禾本科	披碱草属
被子植物	拂子茅	*Calamagrostis epigeios*	禾本科	拂子茅属
被子植物	假苇拂子茅	*Calamagrostis pseudophragmires*	禾本科	拂子茅属
被子植物	戈壁画眉草	*Eragrostis collina*	禾本科	画眉草属
被子植物	香画眉草	*Eragrostis suaveolens*	禾本科	画眉草属
被子植物	小画眉草	*Eragrostis minor*	禾本科	画眉草属
被子植物	虎尾草	*Chloris virgata*	禾本科	虎尾草属
被子植物	碱茅	*Puccinellia distans*	禾本科	碱茅属
被子植物	喜马拉雅碱茅	*Puccinellia nimalaca*	禾本科	碱茅属
被子植物	斯碱茅	*Puccinellia schischkinii*	禾本科	碱茅属
被子植物	小林碱茅	*Puccinellia hauptiana*	禾本科	碱茅属
被子植物	星星草	*Puccinellia tenuiflora*	禾本科	碱茅属
被子植物	荩草	*Arthraxon hispidus*	禾本科	荩草属
被子植物	巨序剪股颖	*Agrostis gigantea*	禾本科	剪股颖属
被子植物	看麦娘	*Alopecurus aequalis*	禾本科	看麦娘属
被子植物	宽穗赖草	*Leuymus ovatus*	禾本科	赖草属
被子植物	赖草	*Leuymus secalinus*	禾本科	赖草属
被子植物	大赖草	*Leymus racemosus*	禾本科	赖草属
被子植物	毛穗赖草	*Leuymus paboans*	禾本科	赖草属
被子植物	兰状隐花草	*Crypsis schoenoides*	禾本科	隐花草属
被子植物	隐花草	*Crypsis aculeata*	禾本科	隐花草属
被子植物	林地早熟禾	*Poa nemoralis*	禾本科	早熟禾属
被子植物	密穗早熟禾	*Poa spiciformis*	禾本科	早熟禾属
被子植物	新疆早熟禾	*Poa versicolor*	禾本科	早熟禾属
被子植物	细叶早熟禾	*Poa angustifolia*	禾本科	早熟禾属
被子植物	早熟禾	*Poa annua*	禾本科	早熟禾属
被子植物	沼生早熟禾	*Poa palustris*	禾本科	早熟禾属
被子植物	雀麦	*Bromus japonicus*	禾本科	偃麦草属
被子植物	偃麦草	*Elytrigia repens*	禾本科	偃麦草属
被子植物	无芒雀麦	*Bromus inermis*	禾本科	雀麦属

续表

植物门类	植物名称	拉丁名	科名	属名
被子植物	虉草	*Phalaris arundinacea*	禾本科	虉草属
被子植物	芨芨草	*Achnatherum splendens*	禾本科	芨芨草属
被子植物	芦苇	*Phragmites australis*	禾本科	芦苇属
被子植物	水甜茅	*Glyceria maxima*	禾本科	甜茅属
被子植物	折甜茅	*Glyceria plicata*	禾本科	甜茅属
被子植物	海韭菜	*Triglochin maritimum*	水麦冬科	水冬麦属
被子植物	水麦冬	*Triglochin paluster*	水麦冬科	水冬麦属
被子植物	扁秆藨草	*Scirpus planiculmis*	莎草科	藨草属
被子植物	球穗藨草	*Scirpus strobilinus*	莎草科	藨草属
被子植物	藨草	*Scirpus triqueter*	莎草科	藨草属
被子植物	滨海藨草	*Scirpus maritimus*	莎草科	藨草属
被子植物	水葱	*Scirpus tabernaemontani*	莎草科	藨草属
被子植物	细秆藨草	*Scirpus setaceus*	莎草科	藨草属
被子植物	扁穗草	*Blysmus compressus*	莎草科	扁穗草属
被子植物	华扁穗草	*Blysmus sinocompressus*	莎草科	扁穗草属
被子植物	膜囊薹草	*Carex vesicaria*	莎草科	薹草属
被子植物	莎薹草	*Carex bohemica*	莎草科	薹草属
被子植物	箭叶薹草	*Carex bigelowii*	莎草科	薹草属
被子植物	针叶薹草	*Carex stenophylloides*	莎草科	薹草属
被子植物	圆囊薹草	*Carex orbicularis*	莎草科	薹草属
被子植物	柄囊薹草	*Carex stenophylla*	莎草科	薹草属
被子植物	虎尾薹草	*Carex vulpina*	莎草科	薹草属
被子植物	准噶尔薹草	*Carex songorica*	莎草科	薹草属
被子植物	花穗水莎草	*Juncellus pannonicus*	莎草科	水莎草属
被子植物	两歧飘拂草	*Fimbristylis dichotoma*	莎草科	飘拂草属
被子植物	头穗莎草	*Crperus glomeratus*	莎草科	莎草属
被子植物	密穗莎草	*Crperus difformis*	莎草科	莎草属
被子植物	褐穗莎草	*Crperus fuscus*	莎草科	莎草属
被子植物	木贼荸荠	*Elaocharis mitracarpa*	莎草科	荸荠属
被子植物	牛毛毡	*Elaocharis acicularis*	莎草科	荸荠属
被子植物	沼泽荸荠	*Elaocharis palustris*	莎草科	荸荠属

续表

植物门类	植物名称	拉丁名	科名	属名
被子植物	中间型荸荠	*Elaocharis intersita*	莎草科	荸荠属
被子植物	细杆羊胡子草	*Eriophrum gracile*	莎草科	羊胡子草属
被子植物	羊胡子草	*Eriophrum scheuchzeri*	莎草科	羊胡子草属
被子植物	菖蒲	*Acorus calamus*	天南星科	菖蒲属
被子植物	石菖蒲	*Acorus giraminevs*	天南星科	菖蒲属
被子植物	扁灯心草	*Juncus compressus*	灯心草科	灯心草属
被子植物	大花灯心草	*Juncus bufonius*	灯心草科	灯心草属
被子植物	棱叶灯心草	*Juncus articulatus*	灯心草科	灯心草属
被子植物	泡果灯心草	*Juncus sphaerocarpus*	灯心草科	灯心草属
被子植物	丝状灯心草	*Juncus filiformis*	灯心草科	灯心草属
被子植物	土厥灯心草	*Juncus turkestanicus*	灯心草科	灯心草属
被子植物	团花灯心草	*Juncus gerardii*	灯心草科	灯心草属
被子植物	圆果灯心草	*Juncus subglobosus*	灯心草科	灯心草属
被子植物	钝瓣顶冰花	*Gagea emarginata*	百合科	顶冰花属
被子植物	粒鳞顶冰花	*Gagea granulosa*	百合科	顶冰花属
被子植物	黑果茶藨	*Ribes nigrum*	虎耳草科	茶藨子属
被子植物	美丽茶藨	*Ribes pulchellum*	虎耳草科	茶藨子属
被子植物	短果霸王	*Zygophyllum brachypterum*	蒺藜科	霸王属
被子植物	长梗霸王	*Zygophyllum obliquum*	蒺藜科	霸王属
被子植物	新疆霸王	*Zygophyllum sinkiangense*	蒺藜科	霸王属
被子植物	短序香蒲	*Typha gracilis*	香蒲科	香蒲属
被子植物	长苞香蒲	*Typha angustata*	香蒲科	香蒲属
被子植物	宽叶香蒲	*Typha latifolia*	香蒲科	香蒲属
被子植物	水烛	*Typha angustifolia*	香蒲科	香蒲属
被子植物	无苞香蒲	*Typha laxmannii*	香蒲科	香蒲属
被子植物	小香蒲	*Typha minima*	香蒲科	香蒲属
被子植物	浮萍	*Lemna minor*	浮萍科	浮萍属
被子植物	品萍	*Lemna trisulca*	浮萍科	浮萍属
被子植物	紫萍	*Spirodela polyrrhiza*	浮萍科	紫萍属

5.1.5 流域动物多样性分布

乌伦古河、乌伦古湖水温适中，光照条件好，水生生物资源丰富，为鱼类提供丰富的饵料，因此鱼类种类多，乌伦古河流域由于纬度靠北，以鲑科、茴鱼科、江鳕科等耐寒性较强的鱼类为主。

两栖动物是脊椎动物中从水到陆的过渡类型，它们除成体结构尚不完全适应陆地生活，需要经常返回水中保持体表湿润外，繁殖时期必须将卵产在水中，孵出的幼体还必须在水内生活，有的种类甚至终生生活在水里，所以两栖动物全部归入湿地动物。乌伦古河流域两栖类的种类相对较少，分别为绿蟾蜍、大蟾蜍、中国林蛙、阿尔泰林蛙、中亚林蛙，除中国林蛙外，其余均为新疆特有种。

爬行类种类较少，有 2 种，包括游蛇、棋斑游蛇，均为营水生和近水生生活的种类。

兽类的广布种成分较多，生活在水中或经常活动在河湖湿地岸边，大多为珍贵的毛皮动物，经济价值极高。

流域鸟类资源丰富，每年 4～5 月有众多水禽在流域栖息繁殖，如大天鹅、小天鹅、疣鼻天鹅、红脚鹬等。

5.1.6 流域野生动物分布特点

（1）水鸟、湿地鱼类、两栖爬行和哺乳类种类丰富。

乌伦古河流域不仅为鱼类和两栖类生存提供了必需的水环境，更为鸟类提供了很好的栖息环境，成为迁徙中鸟类必要的补给站点。同时，有国家Ⅰ级保护鸟类 1 种，为黑鹳。国家Ⅱ级保护鸟类 7 种，分别是大天鹅、小天鹅、疣鼻天鹅、白琵鹭、白鹈鹕、小苇鳽、蓑羽鹤、灰鹤等（表 5-4）。湿地鱼类、两栖类、爬行类和哺乳类中，国家Ⅰ级保护哺乳类 1 种，中鼩鼱；国家Ⅱ级保护哺乳类 1 种，水獭；新疆Ⅰ级保护两栖类 1 种，中亚北鲵；新疆Ⅱ级保护两栖类 1 种，阿勒泰林蛙；新疆Ⅱ级保护爬行类 2 种，游蛇、棋斑游蛇（表 5-5）。

表 5-4 流域鸟类名录

序号	种名	种拉丁名	保护等级	居留型
1	灰雁	*Anser anser*		夏候鸟
2	鸿雁	*Anser cygnoides*		旅鸟
3	大天鹅	*Cygnus cygnus*	国家Ⅱ级	夏候鸟
4	小天鹅	*Cygnus columbianus*	国家Ⅱ级	旅鸟
5	疣鼻天鹅	*Cygnus olor*	国家Ⅱ级	夏候鸟
6	赤麻鸭	*Tadorna ferruginea*		夏候鸟

序号	种名	种拉丁名	保护等级	居留型
7	绿头鸭	*Anas platyrhynchos*		夏候鸟
8	赤嘴潜鸭	*Netta rufina*		夏候鸟
9	斑脸海番鸭	*Melanitta fusca*		冬候鸟
10	白头硬尾鸭	*Oxyura leucocephala*	省级	旅鸟
11	斑头秋沙鸭	*Mergus albellus*		夏候鸟
12	白鹈鹕	*Pelecanus onocrotalus*	国家Ⅰ级	夏候鸟
13	鸬鹚	*Phalacrocorax carbo*		夏候鸟
14	苍鹭	*Ardea cinerea*	省级	旅鸟
15	大白鹭	*Egretta alba*	省级	夏候鸟
16	小苇鳽	*Ixobrychus minutus*	国家Ⅱ级	夏候鸟
17	灰鹤	*Grus grus*	国家Ⅱ级	夏候鸟
18	黑鹳	*Ciconia nigra*	国家Ⅰ级	夏候鸟
19	蓑羽鹤	*Anthropoides virgo*	国家Ⅱ级	夏候鸟
20	黑水鸡	*Gallinula chloropus*		夏候鸟
21	白骨顶	*Fulica atra*		夏候鸟
22	金眶鸻	*Charadrius dubius*		夏候鸟
23	环颈鸻	*Charadrius alexandrinus*		夏候鸟
24	红胸鸻	*Charadrius asiaticus*		夏候鸟
25	小嘴鸻	*Eudromias morinellus*		夏候鸟
26	蛎鹬	*Haematopus ostralegus*		旅鸟
27	凤头麦鸡	*Vanellus vanellus*		旅鸟
28	红脚鹬	*Tringa totanus*		夏候鸟
29	白腰草鹬	*Tringa ochropus*		夏候鸟
30	矶鹬	*Tringa hypoleucos*		夏候鸟
31	翘嘴鹬	*Xenus cinereus*		旅鸟
32	孤沙锥	*Gallinago solitaria*		夏候鸟
33	大沙锥	*Gallinago megala*		旅鸟
34	乌脚滨鹬	*Calidris temminckii*		旅鸟
35	三趾滨鹬	*Crocethia alba*		旅鸟
36	黑翅长脚鹬	*Himantopus himantopus*		夏候鸟
37	红颈瓣蹼鹬	*Phalaropus lobatus*		旅鸟

序号	种名	种拉丁名	保护等级	居留型
38	银鸥	*Larus argentatus*		夏候鸟
39	红嘴鸥	*Larus ridibundus*		夏候鸟
40	普通燕鸥	*Sterea hiruudo*		夏候鸟
41	白额燕鸥	*Sterea albifrons*		夏候鸟

表 5-5 流域两栖、爬行和兽类名录

序号	名称	拉丁名	保护等级
1	鲫	*Carassivs auratus*	
2	鲤	*Cyprinus carpio*	
3	鲢	*Hypophthalmichthys molitrix*	
4	泥鳅	*Misgurnus anguillicaudat*	
5	北方条鳅	*Barbatula barbatula*	
6	穗唇条鳅	*Barbatula labiata*	
7	北方花鳅	*Cobitis granoei*	
8	草鱼	*Ctenopharyngodon idellus*	
9	细鳞鲑	*Brachymystax lenok*	
10	哲罗鲑	*Hucho taimen*	
11	白斑狗鱼	*Esox lucius*	
12	河鲈	*Perca fluviatilis*	
13	高体雅罗鱼	*Leuciscus idus*	省级
14	贝加尔雅罗鱼	*Leuciscus baicalensis*	
15	江鳕	*Lota lota*	
16	湖拟鲤	*Rutilus rutilus*	
17	北极茴鱼	*Thymallus arcticus*	
18	东方欧鳊	*Abrams brama orientalis*	
19	花丁鮈	*Gobio gobio cynocephalus*	
20	须鱼岁	*Tinca tinca*	
21	阿勒泰鱼岁	*Phoxinus phoxinus*	
22	粘鲈	*Lucioperea cernua*	
23	西伯利亚杜父鱼	*Cottus sibiricus altaicus*	
24	阿尔泰林蛙	*Rana altaica*	省级
25	中国林蛙	*Rana chensinensis*	

序号	名称	拉丁名	保护等级
26	中亚林蛙	*Rana asiatica*	
27	大蟾蜍	*Bufo bufo*	
28	绿蟾蜍	*Bufo viridis*	
29	游蛇	*Natrix natrix*	省级
30	棋斑游蛇	*Natrix tessellata*	省级
31	中鼩鼱	*Sorex caecutieus*	国家Ⅰ级
32	水麝鼩	*Neomys fodiens*	
33	麝鼠	*Ondarra zibethica*	
34	水䶄	*Arvicola terrestris*	
35	水獭	*Lutra lutra*	国家Ⅱ级
36	欧水貂	*Mustela lutreola*	

（2）经济种类多。

鱼类是湿地中经济动物种类最多、经济价值最高的湿地动物。乌伦古河流域分布的哲罗鲑、白斑狗鱼、湖拟鲤、贝加尔雅罗鱼等是其特有鱼类。现白斑狗鱼、湖拟鲤、贝加尔雅罗鱼等能够形成生产量，是流域渔业的主要种类和经济支柱产业。

湿地两栖类中，绿蟾蜍、中国林蛙和阿勒泰林蛙在农田害虫生物防治方面发挥着重要作用，其中中国林蛙还具有重要的药用价值。湿地哺乳类中，麝鼠、水獭等为珍贵的毛皮兽，具有很高的经济价值。麝鼠香，具有浓烈的芳香味，是制作高级香水的原料，麝鼠分泌的麝鼠香中含有降麝香酮、十七环烷酮等成分，除具有与天然麝香相同的作用外，还能延长血液凝固的时间，可防治血栓性病症。

5.2　流域生物多样性功能格局及物种丰度时空变化

5.2.1　流域生态系统生物多样性分布总体情况

乌伦古湖流域处于新疆阿尔泰干旱区湿岛垂直气候带区域，以乌伦古湖、乌伦古河以及阿尔泰山脉南麓森林构成的"山水林田湖草沙"复合系统孕育了从山地、干旱半干旱区及暖温带独特而多样性化的自然景观带和生态系统，具有新疆地区大多数的野生动植物物种，分布着丰富的物种多样性和各类生物资源。

流域内的植物多样性以根据地形和水资源划分的区域分布。乌伦古湖流域西北部和中段乌伦古河南北两侧以根系发达的旱生和超旱生的荒漠植被为主，主要植物群落分布有如琵琶柴群落、怪柳群落、假木贼群落、梭梭群落、小蓬群落、麻黄群落等，这一类植物具有典型耐寒旱、抗强辐照（辐射）的功能性状，如叶片浅色、叶形缩小或呈针状防止水分散失，具有肉质茎贮藏水分，低矮丛生，具有强大而深远根系，利于从深度土壤中吸水，群落之间分布距离远，整体形成了十分低的植被覆盖度。流域东西两端分布有大面积草原植被，是流域草牧业的基础，低山带以蒿属植物为主的半荒漠草原，分布有重要的春秋季节草场，即蒿属草原在春季给牲畜补给较高水平营养，秋季释放的生化物质可以为牲畜群发挥驱虫祛病作用，是具有供给、支持和调节的重要生物资源。流域东北靠近阿尔泰山南麓，随着海拔和降水量增加，禾本科草原草类增加，分布着以针矛、羊毛为主的草原以及旱区荒漠化草原。在海拔较低和水热条件较好的森林带周边形成蔷薇、绣线菊等灌木及杂类草为主的草甸草原，海拔高处为亚高山五花草甸草原及以薹草和蒿草为主的高山草甸草原。五花草甸草原是流域草原带多样性较为丰富的植被景观，分布着众多茂盛的显域植被群落，平均株高可达 40～80 cm，主要有金莲花、银莲花、锦鸡儿、赤芍、地榆、勿忘我、党参、马先蒿、独活等，与森林景观交错，形成林草过渡带，具有多样和独特的林草生态景观。流域东北部毗邻阿尔泰山南麓，那里分布着物种丰富的山地森林，主要有西伯利亚云杉、落叶松、红松及冷杉等作为建群种，与之混生的常见伴生种包括疣皮桦、山杨、山楂等 20 余种其他木本植物。山地森林是流域平原绿洲赖以繁荣与可持续的水源涵养林，因此保护该地的生物多样性更为迫切重要。流域中的乌伦古河河谷地带，分布着珍稀的银白杨、银灰杨和密叶杨以及盐桦，是我国重要杨树种质资源多样性基因库。流域中乌伦古湖的大面积水域及周边的草甸沼泽分布着大面积的水生植被，芦苇是其植被主要群落建成种，其他常见挺水植物还有水烛、菖蒲、水葱、灯芯草、水蓼、水麦冬等。此外，还有常见的浮水植物如睡莲、眼子菜、品藻和浮萍等，常见的沉水植物如金鱼藻、狐尾藻、狸藻等，这些为净化水质、提升水氧量和营建良好健康的湖泊生态系统提供了初级生产力和基础生物环境构架。

2020 年开展的福海县乌伦古湖国家湿地公园陆生植物本地调查显示，在调查区域内共调查 45 科 149 属 222 种高等维管束植物，远超总共记载的 115 种，但与历史考察报告记载 667 种尚有差距。湿地公园共记录 45 科 149 属 222 种高等维管束植物，本地调查种数分别占全疆被子植物总科数（137 科）、总属数（858）和总种数（3344 种）的 32.8%、17.4%和 6.6%。以藜科（Chenopodiaceae）所含种数最多，为 45 种，占总种数 20.72%，余下科按照大小顺序依次为菊科（Compositae）28 种，占 12.61%，禾本科（Poaceae）26 种，占 11.71%，豆科（Fabaceae）和十字花科（Cruciferae）为 14 种，占 6.31%，蓼科（Polygonaceae）为 9 种，占 6.31%，和紫草科（Boraginaceae）为 6 种，占 2.70%，余下各科所含种数均不足 5 种（表5-6 和图 5-1）。

表 5-6 新疆乌伦古湖国家湿地公园植物区系组成及其与全疆对比情况

调查主要植物科信息	属数	占全疆总属数比例/%	种数	占全疆总种数比例/%
藜科（Chenopodiaceae）	18	2.10	46	1.37
菊科（Compositae）	21	2.45	28	0.81
禾本科（Graminae）	21	2.45	26	0.78
十字花科（Cruciferae）	12	1.40	15	0.45
豆科（Leguminosae）	10	1.17	14	0.42
蓼科（Polygonaceae）	5	0.58	9	0.27
紫草科（Boraginaceae）	4	0.66	6	0.18

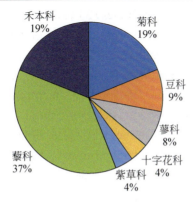

图 5-1 新疆乌伦古湖国家湿地公园植物主要大科组成

流域内的动物多样性也十分丰富，依赖生境所属的生态系统类型分布。在流域山区，特别是阿尔泰南麓山地，分布着特有的貂熊、驼鹿、雪兔、紫貂等，属于南西伯利亚区系物种。在流域内的荒漠区，最具代表性的是新疆野马和野骆驼，并且还有珍稀兽类如中亚野驴、高鼻羚羊、鹅喉羚、猞猁、兔狲等。流域草原上的啮齿动物很多，如鼠兔、沙鼠、黄鼠等。狼是新疆广布的大型犬科动物，但曾因危害牧业一度遭到捕杀绝迹，其作为草原食物网顶级捕食者对生态系统能量流金字塔的垂直多样性具有自上至下的调控和稳定化作用，随着生态系统保护观念和管理方式的转变，近年来种群数量有所回升。在乌伦古湖、乌伦古河及其周边的水域地带，分布有如麝鼠、水鼩、河狸、水獭等常见兽类。调查显示，乌伦古湖及附近水域共有鱼类约21种，隶属于3目5科19属。按物种分类科等级统计，鲤科（Cyprinidae）鱼类物种数达 15 种，占总调查鱼类物种数的 71.4%；鲈科（Percichthyidae）鱼类物种数次之，为 3 种，占总调查鱼类物种数的 14.3%；狗鱼科（Esocidae）、胡瓜鱼科（Osmeridae）、虾虎鱼科（Gobiidae）各调查得到 1 种鱼类。乌伦古湖本地特有种相对稀少，主要为河鲈、贝加尔雅罗鱼、银鲫、丁鱥、尖鳍鮈、北方花鳅、北方须鳅等一些物种。尖鳍鮈作为一种小型底栖性鱼类，物种种群数量相对较高，而对于经济价值相对较高的河鲈、银鲫、丁𫚔等鱼类受到捕捞等人为干扰因素的影响，这一类鱼类的种群数量偏低。流域内山地森林分布有众多草原食物链高级营养级的猛禽，如兀鹫、秃鹫、胡兀鹫、苍鹰、金雕、游隼及多种鸮类等，流域林草交错带和草原地区，还分布着山鸦、椋鸟、百灵、佛法僧等鸟类，农田和人居地有很多常见的近人鸟类，如家燕、楼燕、斑鸠、麻雀、喜鹊等。乌伦古湖流域大面积的湖泊、河道及其周边的沼泽湿地，给水禽和涉禽提供了良好的栖息地和繁殖地，如鸥类、雁鸭类、鹬类、鹭类等典型中大型水鸟。

2020 年在福海县乌伦古湖国家湿地公园开展的水鸟调查显示，研究区域内共记录鸟类 21 目 50 科 271 种，占全疆鸟类总数（477 种）比例约 56.81%。以雀形目（Passeriformes）最多，122 种，占 45.02%；其次为鸻形目（Charadriiformes）33 种，占 12.18%，隼形目（Falconiformes）25 种，占 9.23%；雁形目（Anseriformes）为 23 种，占 8.49%，鸥形目（Lariformes）12 种，占 4.43%；䴕形目（Piciformes）8 种，占 2.95%；鸽形目（Columbiformes）7 种，占 2.58%；鹳形目（Ciconiiformes）6 种，占 2.21%；鹤形目（Gruiformes）和鸡形目（Galliformes）均为 5 种，各占 1.85%，䴙䴘目（Podicipediformes）、佛法僧目（Coraciiformes）、鸮形目（Strigiformes）均为 4 种，各占 1.48%，鹈形目（Pelecaniformes）3 种，占 1.11%；雨燕目（Apodiformes）、鹃形目（Cuculiformes）、沙鸡目（Pterocliformes）均为 2 种，各占 0.74%；红鹳目、夜鹰目（Caprimulgiformes）、潜鸟目（Gaviiformes）、鸨形目（Otidiformes）均为 1 种，各占 0.36%（图 5-2）。

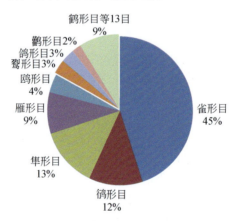

图 5-2　新疆乌伦古湖国家湿地公园鸟类主要组成

湿地公园共有保护鸟类 75 种，其中国家Ⅰ级保护物种为 15 种，国家Ⅱ级保护物种为 40 种，新疆Ⅰ级保护物种为 13 种，新疆Ⅱ级保护物种为 9 种，列入《濒危野生动植物种国际贸易公约》目录Ⅱ1 种，余下均为"三有"鸟类。后续有待长期监测和调查研究补充数据。

表 5-7　福海乌伦古湖国家湿地公园鸟类保护等级

编号	目	科	种	拉丁文学名	保护级别		
					CN	XJ	CITES
1	潜鸟目	潜鸟科	黑喉潜鸟	*Gavia arctica*		I	
2	䴙䴘目	䴙䴘科	黑颈䴙䴘	*Podiceps nigricollis*	II	I	II
3			角䴙䴘	*Podiceps auritus*	II		
4	鸡形目	雉科	雉鸡	*Phasianus colchicus*		II	
5			灰山鹑	*Perdix perdix*		I	
6	鹳形目	鹭科	苍鹭	*Ardea cinerea*		I	
7			大白鹭	*Ardea alba*		I	
8			小苇鳽	*Ixobrychus minutus*	II		
9	雁形目	鸭科	白头硬尾鸭	*Oxyura leucocephala*	I	I	
10			鸿雁	*Anser cygnoides*	II	I	
11			大天鹅	*Cygnus cygnus*	II		
12			疣鼻天鹅	*Cygnus olor*	II		
13			针尾鸭	*Anas acuta*		II	
14			翘鼻麻鸭	*Tadorna tadorna*		II	
15			白眼潜鸭	*Aythya nyroca*		II	
16			白头硬尾鸭	*Oxyura leucocephala*	I		
17			青头潜鸭	*Aythya baeri*	I		
18			赤膀鸭	*Mareca strepera*		II	
19			斑脸海番鸭	*Melanitta fusca*		I	
20	鹈形目	鹮科	白琵鹭	*Platalea leucorodia*	II		II
21		鹭科	苍鹭	*Ardea cinerea*		I	
22			大白鹭	*Ardea alba*		I	
23			大麻鳽	*Botaurus stellaris*		I	
24			小苇鳽	*Ixobrychus minutus*	II		
25		鹈鹕科	白鹈鹕	*Pelecanus onocrotalus*	I		
26			卷羽鹈鹕	*Pelecanus crispus*	I		
27	隼形目	鹰科	胡兀鹫	*Gypaetus barbatus*	I		II
28			秃鹫	*Aegypius monachus*	I		II
29			黑鸢	*Milvus migrans*	II		II

续表

编号	目	科	种	拉丁文学名	保护级别		
					CN	XJ	CITES
30	隼形目	鹰科	白头鹞	*Circus aeruginosus*	II		II
31			白尾鹞	*Circus cyaneus*	II		II
32			草原鹞	*Circus macrourus*	II		II
33			乌灰鹞	*Circus pygargus*	II		II
34			雀鹰	*Accipiter nisus*	II		II
35			苍鹰	*Accipiter gentilis*	II		II
36			毛脚鵟	*Buteo lagopus*	II		II
37			大鵟	*Buteo hemilasius*	II		II
38			棕尾鵟	*Buteo rufinus*	II		II
39			乌雕	*Clanga clanga*	I		II
40			靴隼雕	*Hieraaetus pennatus*	II		II
41			草原雕	*Aquila nipalensis*	I		II
42			金雕	*Aquila chrysaetos*	I		II
43			玉带海雕	*Haliaeetus leucoryphus*	I		II
44			白尾海雕	*Haliaeetus albicilla*	I		II
45		隼科	红隼	*Falco tinnunculus*	II		II
46			黄爪隼	*Falco naumanni*	II		II
47			灰背隼	*Falco columbarius*	II		II
48			燕隼	*Falco subbuteo*	II		II
49			猎隼	*Falco cherrug*	I		II
50			游隼	*Falco peregrinus*	II		I
51	鹤形目	鹤科	蓑羽鹤	*Grus virgo*	II		II
52			灰鹤	*Grus grus*	II		II
53		鸨科	大鸨	*Otis tarda*	I		II
54	鸻形目	鹬科	白腰杓鹬	*Numenius arquata*	II		
55		燕鸻科	领燕鸻	*Glareola pratincola*		I	
56		鸥科	黑浮鸥	*Chlidonias niger*	II		
57	鸽形目	鸠鸽科	欧鸽	*Columba oenas*		I	
58			中亚鸽	*Columba eversmanni*		II	

续表

编号	目	科	种	拉丁文学名	保护级别		
					CN	XJ	CITES
59	鸮形目	鸱鸮科	雕鸮	*Bubo bubo*	II		II
60			雪鸮	*Bubo scandiacus*	II		II
61			纵纹腹小鸮	*Athene noctua*	II		II
62			长耳鸮	*Asio otus*	II		II
63	佛法僧目	佛法僧科	蓝胸佛法僧	*Coracias garrulus*		II	
64		蜂虎科	黄喉蜂虎	*Merops apiaster*		II	
65	䴕形目	啄木鸟科	白翅啄木鸟	*Dendrocopos leucopterus*	II		
66			三趾啄木鸟	*Picoides tridactylus*	II		
67			黑翅啄木鸟	*Dryocopus martius*	II		
68	雀形目	百灵科	黑百灵	*Melanocorypha yeltoniensis*		II	
69			云雀	*Alauda arvensis*	II		
70		鸦科	黑尾地鸦	*Podoces hendersoni*	II		
71		鹟科	新疆歌鸲	*Luscinia megarhynchos*	II		
72			蓝喉歌鸲	*Luscinia svecica*	II		
73			红喉歌鸲	*Luscinia calliope*	II		
74		鹀科	黄胸鹀	*Emberiza aureola*	I		
75	红鹳目	红鹳科	大红鹳（火烈鸟）	*Phoenicopterus roseus*			II

注：CN 指国家保护级别，I 级或 II 级；XJ 指新疆保护级别，I 级或 II 级；CITES 指《濒危野生动植物种国际贸易公约》附录 I、附录 II 和附录 III

在 2012 年对新疆全区开展的生物多样性分布与评价调查中，乌伦古湖流域所含县域的野生动植物丰富度统计均位列前茅。以县域为单元的调查结果统计数据显示，动物物种丰富度排序依次为（括号内数字分别是动物物种数，在新疆全区的排名，下同）：富蕴县（483，2）＞福海县（481，3）＞青河县（474，4）＞阿勒泰市（415，27）＞和布克赛尔县（367，54）＞吉木乃县（278，80）。维管束植物物种丰富度排序依次为：阿勒泰市（1828，3）＞福海县（1794，4）＞富蕴县（1766，5）＞青河县（1762，6）＞和布克赛尔县（1627，17）＞吉木乃县（1624，18）。根据生物多样性指数（biodiversity index，BI）计算方法，以调查确定每个区域的野生高等动物丰富度、野生维管束植物丰富度、生态系统类型多样性、植被垂直层的谱完整性、物种特有性、外来物种入侵度和物种受威胁程度，综合构造得到的计算公式：BI=（野生高等动物丰富度归一化值×0.2）＋（野生维管束植物丰富度归一化值×0.2）＋（生态系统类型多样性×0.15）＋（植被垂直层谱完整性归一化值×0.05）＋（物种特有性归一化值×0.2）＋（100-外来物种入侵度归一化值）×0.2＋（100-物种受威胁程度归一化值）×0.1。

调查与计算得到的评价结果显示，乌伦古湖流域内 BI 排序依次为：福海县＞富蕴县青河县＞阿勒泰市＞和布克赛尔县＞吉木乃县。其中福海县、富蕴县、青河县和阿勒泰市属于新疆全区内 BI 评价由高到低排序的第 1、3、5、7 名。流域内这些县位于阿尔泰山南坡，具有山区和平原区，包含永久冰雪带到平原荒漠带，涵盖完整多样的垂直自然带谱，是全区生物多样性资源最丰富的地区。

5.2.2　流域生态系统生物多样性服务功能格局

生态系统服务是指通过生态系统的结构、过程和功能直接或间接得到的生命支持产品和服务。乌伦古湖生态系统服务中生物多样性功能是生态环境保护监测、功能区划与经济核算的重要标志要素和科学依据。谢高地等（2015）在全球生态资产评估的基础上，制定出我国生态系统生态服务价值当量因子表，通过生物量参数进行订正以反映出生态系统服务价值的区域差异，被广泛运用在宏观流域尺度生态系统功能格局的评价与分析中。以全国陆地生态系统类型遥感分类数据为基础，参考谢高地等生态服务价值当量因子法，估算乌伦古湖流域在福海县内 2020 年生物多样性服务空间格局，反映流域生态系统生物多样性水平的相对高低。

生物多样性功能的空间格局分布受到气候和海拔的影响出现不同的水平格局和垂直格局。所以生物多样性的空间分布格局可以总结为以下四种：第一种，纬度梯度上，从低纬度到高纬度地区，即从南到北，物种多样性呈递减趋势。第二种，在经向梯度上，从东到西，生物多样性呈递减格局。第三种，在海拔梯度上，从低海拔到高海拔，物种多样性呈递减格局或呈单峰分布格局。第四种，在水体中，随着水深的加大，生物多样性呈递减格局。生物多样性的时间格局，温度和降水对环境的影响取决于季节性，不同的环境，季节性不同。所以生物多样的时间格局随着时间所表现出来的格局也是有所不同。在生物多样性的时间格局上，也表现出某些成分累积与人为干扰的综合效应。

从图 5-3 中可以看出研究区域主要分布着水体、荒漠、草地、农田和森林自然景观类型，其中主要以草地、农田、荒漠和水体为主。森林主要分布在乌伦古河上游地区和中下游河流附近，所在区域的森林生态系统生物多样性较高。生态系统生物多样性最高区域主要分布在乌伦古湖流域上游区域和下游和乌伦古湖东边较高。主要以草地生态系统和森林生态系统为主，还有是吉木乃县西南边区域生物多样性指数较高。乌伦古湖流域生物多样性较低的区域是中游南北两边，主要分布沙漠所以生物多样性很低，接近 0。生物多样性高的区域主要是因为河流较多，水分充足，可以大面积生长植物，分布着很好的草地生态系统，下游区域是因为国家近几年对于湖泊河流保护的政策下对于下游地区农田草地景观类型较多，能够很好地提高生物多样性。由于中游地区分布着沙漠，也不适合植物生长导致生物多样性降低，也就河流岸带附近分布着植物也不能提供好的环境来适应植被生长也就不能拥有较高的生物多样性。

图 5-3　乌伦古湖流域生物多样性服务功能格局

乌伦古湖所在的福海县因为地形地貌复杂和海拔的不同所呈现出不同的生态系统类型和生物多样性分布格局。乌伦古湖流域分布着草地生态系统、森林生态系统、湖泊生态系统、河流生态系统、农田生态系统、湿地生态系统和城市生态系统等。乌伦古湖流域中生物多样性不丰富的区域主要是分布在乌伦古湖以西和西南部，乌伦古河中下游地区以南，西干渠以东、乌伦古河以北，额尔齐斯河以南地区。由于地形地貌的影响以上地区分布着沙漠，高山盆地所以不适合植物生长导致生物多样性下降，并且人口密度增加，城镇发展，人类活动频繁，旅游业的发展，新的道路铁路的建设过程中植被覆盖降低，也影响动物的栖息地。而流域内生物多样性最为丰富的区域主要分布在乌伦古湖以东到西干渠、沿着乌伦古河流域这一线向河岸两边扩展一定的距离、喀拉尔齐斯河流域。由于水资源丰富可以支撑植物的生长，并且使得该区域的栖息环境质量大大提高，随着建设国家公园、湿地公园，保护力度的增加使得本有一定生物多样性的区域就更加改善环境从而增加生物多样性。

5.2.3　流域生物丰度分布时空变化

乌伦古湖流域拥有多样化的生态系统类型，因湖泊湿地众多和丰沛的水资源，孕育了不同的生境类型。不同生境类型及其组合一定程度上决定了区域的物种丰度。《生态环境状况评价技术规范》（HJ 192—2015）中定义了生物丰度指数（biological richness index），用于评价区域内生物的丰贫程度，利用生物栖息地质量和生物多样性综合表示。对于流域生物多样性景观水平多样性的空间分布，在郭春霞等（2017）年制作的数据集基础上，针对流域内生物丰度空间栅格数据进行获取和分析。数据集基于中国 1：25 万土地覆被数据，根据以下生物丰度指数计算模型：

生物丰度指数=A_{bio}×（0.35×林地＋0.21×草地＋0.28×水域湿地＋0.11×耕地＋0.04×建设用地+0.01×未利用地)/区域面积

$$A_{bio}=100/A_{max}$$

式中，A_{bio} 表示生物丰度的归一化指数，A_{max} 表示生物丰度指数归一化处理前的最大值。其中各个土地覆被类型的权重分配如表 5-8 所示。

表 5-8　生物丰度计算中的土地覆被类型及权重

土地覆被分类系统及在生物丰度指数计算中的权重				土地覆被数据分类系统（代码）
土地覆被一级类	权重	土地覆被二级类	权重	土地覆被二级类（代码）
林地	0.35	有林地	0.6	有林地（21）
		灌木林地	0.25	灌木林（22）
		疏林地和其他林地	0.15	疏林地（23）
				其他林地（24）
草地	0.21	高覆盖度草地	0.6	高覆盖度草地（31）
		中覆盖度草地	0.3	中覆盖度草地（32）
		低覆盖度草地	0.1	低覆盖度草地（33）
水域湿地	0.28	河流	0.1	河渠（41）
		湖泊（库）	0.3	湖泊（42）
				水库坑塘（43）
		滩涂湿地	0.6	滩涂（45）
				滩地（46）
				沼泽地（64）
耕地	0.11	水田	0.6	水田（11）
		旱地	0.4	旱地（12）
建筑用地	0.04	城镇建设用地	0.3	城镇建设用地（51）
		农村居民点	0.4	农村居民点（52）
		其他建设用地	0.3	其他建设用地（53）
未利用地	0.01	沙地	0.2	沙地（61）
		盐碱地	0.3	盐碱地（63）
		裸土地	0.3	裸土地（65）
		裸岩石砾	0.2	裸岩石砾地（66）

　　流域内的生物丰度计算结果显示（图 5-4）：从整体上来看，流域东西两端、乌伦古湖东岸、乌伦古河河道沿岸分布的生物丰度相对值较高。20 世纪 80 年代在乌伦古河青河县内分岔支流查干郭勒河、布尔根河交汇的子流域，生物丰度较高，其上北部靠近阿尔泰山余脉的山地森林，也具有较高生物丰度，福海县城及其西部靠乌伦古湖东岸的土地具有相对较高的丰度。2005 年之后，在东部的多条支流交汇处的生物丰度分布格局有明显变化，在青河县以南、阿格达拉镇以东、萨尔托海乡北部地区，经过多年土地开垦，生物丰度有明显增加。在富蕴县河段中部的一段河北岸于 2005 年后出现一个近似长条状的生物丰度增量重点区域，这一个区域内的地名多以"阔拉"命名，如加吾尔阔拉、木斯尔阔拉、喀力阔拉、阿克尔汗阔拉等等，据当地哈萨克族语言中对"阔拉"的解释是指放牧活动中搭建的牛羊棚、草棚之类地方，可以推测这一区域环境曾经应当以适合草牧业为主，通过高分辨率卫星遥感影像观察还发现这一区域有一些灌丛化的迹象，是否因此获得更高生物丰度还有待进一步调查和研究，以判断这个区域生态恢复的走势和生物多样性发展的潜力。在上述区域东部，有分散的荒漠草地生物丰度水平在提高。在 20 世纪 80 年代至 2005 年左右的近 20 年间，流域内生物丰度增量最为明显的是福海县阿尔达乡哈什蕴水库周边地区，这里经过大面积农垦、绿化，并且有充沛水资源供给支持，形成快速成长的林草田交错景观，生物丰度显著提高，福海水库以西的土地也发生了类似的变化，是生物多样性保护与生态系统修复投入产出比较高、有更大潜力的区域。流域西北部的生物丰度格局相对比较稳定，几乎没有太大变化。目前的研究结果尚有待进一步结合广泛和长期的物种多样性、生态系统类型多样性信息进行校正和更新，以获知更准确、更多维度的流域多样性空间格局特征。

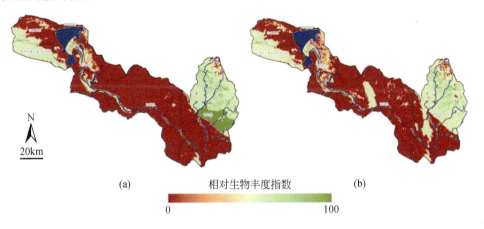

相对生物丰度指数

0　　　　　　　　　　　　　　　100

(a)　　　　　　　　　　　　　　　(b)

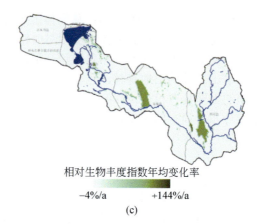

相对生物丰度指数年均变化率

−4%/a   +144%/a

(c)

图 5-4   20 世纪 80 年代、2005 年生物丰度估算空间分布（a、b）及其时空格局变化（c）

5.3   流域生物多样性保护措施及建议

生物多样性的保护措施有就地保护和迁地保护两种，就地保护是主要措施，迁地保护是补充措施，生境的就地保护是对生物多样性最有效的保护方法，首先生境中的个体、种群、群落受到保护，其次还能维持所在生境的物质和能量的循环，保证物种的正常发育和进化过程以及物种与其环境之间的生态学过程，保护物种在原有生态环境下的生存能力和种内遗传变异度。因此，就地保护生态环境是保护生物多样性最根本的途径。

5.3.1   完善乌伦古河流域荒漠、草地、湿地、森林调查监测与评估体系

乌伦古河流域荒漠、草地、湿地和森林生态系统变化、人类活动对区域生物多样性影响等都需要监测与评估，乌伦古河流域各类资源监测与评估是掌握区域资源状况及生物多样性最直接的方法与依据。加强乌伦古河流域资源监测与评估，全面了解并掌握其生态的动态演变，提出针对性强的管理措施，为合理保护、管理区域生物多样性提供数据支持与技术支撑。

1. 建立调查监测体系，完善监测信息共享制度

全方位地保护、管理乌伦古河流域生物多样性，就要定期监测、深入调查区域内荒漠、草地、湿地、森林的生态景观，掌握其资源及生态的动态演变，并建立乌伦古河流域生态景观监测成果数据库，要综合调查监测乌伦古河流域荒漠、草地、湿地、森林的生态要素，决不能将各个生态要素分离。强化部门间配合协

作与共管，并定期向所在地人民政府（或林草局）报告监测结果，提出意见建议，实现信息共享。

2. 开展资源调查监测与评估

乌伦古河流域资源监测、评估主要包括自然状况、荒漠、草地、湿地、森林资源类型与分布、生态环境、动植物、利用、保护和管理现状及威胁因子等内容，每个部分可单独实施，各部分综合起来形成一个完整的监测体系。自然状况主要包括区域人口、经济、社会状况、自然降雨量、温度、湿度等气象资料监测等；荒漠、草地、湿地和森林资源主要包括其面积、类型、范围与分布等；植物主要包括植物群落、物种组成、面积与分布、多度、密度、生物量等，外来物种监测；动物主要包括鸟类、两栖类、爬行类、哺乳类、鱼类、底栖动物等各类生物种类、数量、分布、栖息地监测等，外来物种监测；生态环境主要包括区域水文、水质、土壤监测等；利用、保护和管理状况主要包括利用形式、利用程度、保护措施、保护成效等；威胁因子主要包括受威胁状况、类型、程度等；在此基础上总体评估乌伦古河流域各景观现状及保有量等。

3. 布设监测点

根据流域内荒漠、草地、湿地、森林土壤类型和植被类型，在原有监测点的基础上合理、适量增加监测点位，每年开展定期与应急监测，实时掌握物种多样性动态变化，并及时将监测结果报送至调查监测管理中心。对重点区域建设自动监控系统，及时掌握生态环境动态变化。

5.3.2　继续执行退牧还草、还林、还湿

以福海县为例，2019 年，补播改良草地面积 3.0 万亩，实际投入资金 174.6 万元；毒害草治理 1.0 万亩，实际投入资金 135.8 万元；人工种草 2.94 万亩，实际投入资金 540.96 万元。2020 年，福海县围栏封育面积 25 万亩，实际投入 402.92 万元；补播改良 4.0 万亩，实际投入资金 190.21 万元，毒害草治理 2.0 万亩，实际投入资金 220.48 万元；人工种草 0.9 万亩，143.28 万元。2021 年，人工种草 0.8 万亩，实际投入资金为 232.80 万元；补播改良 2.0 万亩，实际投入资金 174.6 万元；毒害草治理 1.0 万亩，实际投入资金 135.8 万元。

位于乌伦古湖东侧、环湖道路以西湿地范围内及乌伦古河入湖口周边湿地片区。将牧民草场从乌伦古湖湿地区域全部腾退，禁止在湿地区域放牧，以保护及恢复湿地地貌。规模 5.4 万亩，投入资金 1000 元/亩，合计 0.5 亿元。

5.3.3　合理利用与实施生态修复工程

（1）对于生态极度脆弱区，实施中期禁牧 3～5 年，后期实施隔年利用、季节轮牧等计划。

（2）对于生态脆弱区，实施短期禁牧 2～3 年，后期实施隔年利用、季节轮牧等计划。

（3）在冬季降雪量大于 15 cm 的区域，利用冬季积雪，适时利用乡土草种补充人工土壤种子库，维持物种多样性；在补充土壤种子库后，每年需要定期防治鼠虫害，并实施禁牧 2～3 年，后期可逐年增加载畜量，控制总量不能超过理论载畜量。

（4）不挤占生态用水，根据每年生态用水补给量，逐年有计划地实施生态修复工程。

（5）继续实施草畜平衡，严格执行禁牧、休牧、轮牧计划。

5.3.4　加强流域重点区域科普宣教

在乌伦古湖湿地自然保护区内，建立多元化湿地保护解说系统，包括乌伦古湖湿地保护的意义、乌伦古湖湿地文化以及特定乌伦古湖湿地保护区的相关内容。解说标志主要在出入口、功能区、重要湿地植物、栖息地等区域设立，以示界限，并对相关内容进行科学阐释，为公众提供简洁易懂的科学信息，并对不规范的行为提示警告。

5.3.5　加大乌伦古湖湿地建设与保护资金投入

乌伦古湖湿地保护资金应建立公共财政投入机制，并确保政府投入稳步增加。乌伦古湖湿地是福海县发展的重要基础性生态空间，政府应发挥核心作用，将湿地保护和修复、监管能力建设等作为投资重点，纳入各级财政预算，建立专项资金和稳定的财政投入机制，逐步加大投资力度，提高乌伦古湖湿地保护投入占公共支出的比例，促进乌伦古湖湿地资源获得有效保护。

5.4　生态安全评价指标体系构建与评估

5.4.1　评估方法框架

依据新疆湖泊流域自然地理、社会经济、生态环境等的历史演变特征，新疆湖泊普遍的生态系统特征生态功能作用，生态环境现状及主要问题和主要引发原因等，考虑既能够对生态退化湖泊问题的合理诊断，又能够对生态系统尚好的湖泊给出合理的防止退化的建议，同时结合国内外关于湖泊生态评估技术及方法的发展现状，构建了以"湖泊水生态健康评估""湖泊生态系统服务功能评估""流域社会经济影响评估"为分系统，以"湖泊生态安全综合评估"为落脚点的"3＋1"模式的湖泊生态安全评估体系框架，提出综合了主成分分析法、熵权法、灰色关联度法原理的多级灰关联评价方法，将处理系统广义不确定性问题的多级灰关联理论引入各系统各级综合评价之中。逐级确定各指标评价等级结果和单个指标权重，然后结合采用加权几何平均值法等，来计算各评价系统的综合生态安全评分。

5.4.2　评估指标体系及评估方法

1. 湖泊水生态系统健康状态评估指标及方法

湖泊水生态系统健康状态评估主要建立由物理化学指标体系、生态指标体系两个二级指标组成的水生态系统健康评估指标体系。其中，物理化学指标体系反映了乌伦古湖水环境质量状况，生态指标体系反映了乌伦古湖水生态健康水平。通过多级灰关联评价方法算得各指标权重，依据地表水环境质量标准（GB 3838—2002）和综合营养状态指数法，并参考评估年的浮游植物数量、浮游动物数量、底栖动物生物量、细菌总数、浮游植物多样性指数等指标结果，计算湖泊水化学特征及水生态系统健康评价得分，然后计算湖泊水生态健康综合指数（ecosystem health comprehensive index，EHCI），评价湖泊的水生态健康状况。

1）评估指标及评估标准

乌伦古湖水生态系统健康综合评价指标体系见表 5-9。其中，乌伦古湖水环境子系统（物理化学指标）的评价标准采用地表水环境质量标准（表 5-10）。由于近 6 年乌伦古湖长序列系统的水生态监测资料的缺乏，乌伦古湖生态指标的评价采用《地表水环境质量评价办法（试行）》规定的评价办法即综合营养状态指数法（分级标准见表 5-11），并参考近 6 年的代表年浮游植物数量、浮游动物数量、底栖动物生物量、细菌总数、浮游植物多样性指数对其进行水生态健康评估。

表 5-9　乌伦古湖水生态系统健康综合评估指标体系

指标类别	物理化学指标	生态指标
评估指标	溶解氧（DO）	透明度（SD）
	化学需氧量（COD_{Mn}）	浮游植物叶绿素 a、浮游植物数量、浮游植物多样性指数
	生化需氧量（BOD_5）	浮游动物数量
	氨氮（NH_3-N）、总磷（TP）、总氮（TN）	底栖动物生物量
	矿化度（TSD）	细菌总数

表 5-10   湖泊水生态系统健康理化评估指标分类标准（mg/L）

项目	Ⅰ类 （100~80）	Ⅱ类 （80~60）	Ⅲ类 （60~40）	Ⅳ类 （40~20）	Ⅴ类 （20~0）
溶解氧≥	7.5	6	5	3	2
高锰酸盐指数≤	2	4	6	10	15
五日生化需氧量（BOD$_5$）≤	3	3	4	6	10
氨氮（NH$_3$-N）≤	0.15	0.5	1.0	1.5	2.0
总磷（以 P 计）≤	0.01	0.025	0.05	0.1	0.2
总氮（湖、库，以 N 计）≤	0.2	0.5	1.0	1.5	2.0
矿化度（TSD）	250	250	1000	1500	2000

注：矿化度分类标准依据集中式生活饮用水地表水源地补充项目标准限值、咸淡水湖泊分类标准及乌伦古湖历史矿化度状况确定

表 5-11   湖泊营养状态进行分级

营养状态分级	评分值 TLI（∑）	定性评价
贫营养	TLI（∑）≤30	优
中营养	30＜TLI（∑）≤50	良好
（轻度）富营养	50＜TLI（∑）≤60	轻度污染
（中度）富营养	60＜TLI（∑）≤70	中度污染
（重度）富营养	70＜TLI（∑）≤100	重度污染

2）水环境子系统（理化指标）评价方法

将处理系统广义不确定性问题的多级灰关联理论引入系统综合评价之中，灰因子间的关联度分析是多级灰关联评价方法的理论基础。它用灰色系统理论中的关联测度来反映样本序列与参考（或标准）序列的接近程度，以此确定待评价系统的优劣。

A. 单因子评价方法

由于各个评价因子的量纲、量级和计量方法各异，为了消除量纲、量级和计量方法差异带来的影响，首先需要分别对样本矩阵 $S_{n×m}$ 和标准矩阵 $CR_{c×m}$ 进行归一，得到归一化后的样本矩阵 $A_{n×m}=(a_{ij})_{n×m}$ 和标准矩阵 $B_{c×m}=(b_{ti})_{c×m}$。归一化方法可采用分段线性变化进行，对于数值愈大表明状况愈严重的指标采用下式进行变换：

$$a_{ij}=\begin{cases}1 & S_{ij}\leqslant CR_{i1}\\ \dfrac{CR_{ic}-S_{ij}}{CR_{ic}-CR_{i1}} & CR_{i1}<S_{ij}<CR_{ic}\\ 0 & S_{ij}\geqslant CR_{ic}\end{cases}$$

$$b_{ti} = \frac{CR_{ic} - CR_{it}}{CR_{ic} - CR_{i1}}$$

对于数值愈小表明状况愈严重的指标采用下式进行变换：

$$a_{ij} = \begin{cases} 1 & S_{ij} \geqslant CR_{i1} \\ \dfrac{S_{ij} - CR_{ic}}{CR_{i1} - CR_{ic}} & CR_{i1} > S_{ij} > CR_{ic} \\ 0 & S_{ij} \leqslant CR_{ic} \end{cases}$$

$$b_{ti} = \frac{CR_{it} - CR_{ic}}{CR_{i1} - CR_{ic}}$$

对于数值处于某一区间（x_1，x_2）内表明状况愈严重的指标采用下式进行变换：

$$a_{ij} = \begin{cases} 1 & S_{ij} \geqslant x_1, S_{ij} \leqslant x_2 \\ 0 & x_1 < S_{ij} < x_2 \end{cases}$$

其中，n 为监测样本点的个数；m 为监测指标的个数；c 为标准的级别数。

进一步可以将单因子水质级别 S_{ij} 与归一化后的样本矩阵 $A_{n \times m}$ 中单因子测值建立函数关系，从而可获得水质因子与评价级别的映射关系。

$$S_{ij} = c - (c-1) \times a_{ij}, \quad a_{ij} \in [0, \ 1.0], \quad S_{ij} \in [1, \ c]$$

B. 系统综合评价的主成分分析赋权

单因子评价方法简单，但是对于复杂的环境系统，无法给出一个综合全面的评价结果。这给管理者的决策和公众间的交流以及综合管理带来不便，故考虑对整个系统进行综合评价。然而对于由多因子构成的复杂系统，各因子在综合评价中的重要性又不尽相同，在此引入权重的概念，以体现不同因子在综合评价结果中的地位。

科学确定多指标因子综合评价的指标权重对于综合评价结果的合理性与正确性举足轻重，为避免权重确定的随意性，本文对于有大量环境监测信息的系统，采用主成分分析法（principal component analysis，PCA）客观赋权，其基本思想是从待评估系统的实际监测信息中获取定权信息，通过了解系统中各指标因子关联特征及其对整个系统状态变化的贡献量，最后依据贡献量的大小进行权重赋值，使得各指标因子的赋权尽量客观和合理，可以克服在专家选择上的困难，并避免了主观因素带来的偏差，具体方法如下：

a）计算关联信息矩阵 $\Gamma_{m \times m}$

首先根据实际监测样本这一赋权的基本信息源，求取反映系统内部各因子间关联性的关联信息矩阵 $\Gamma_{m \times m}$：

$$\boldsymbol{\Gamma}_{m\times m} = \boldsymbol{G}_{m\times n}^{\mathrm{T}} \times \boldsymbol{G}_{n\times m} + \boldsymbol{I}_{m\times m} = \begin{bmatrix} \gamma_{11} & \gamma_{12} & \cdots & \gamma_{1m} \\ \gamma_{21} & \gamma_{22} & \cdots & \gamma_{2m} \\ \vdots & \vdots & & \vdots \\ \gamma_{m1} & \gamma_{m2} & \cdots & \gamma_{mm} \end{bmatrix}$$

其中，$\boldsymbol{I}_{m\times m}$ 为单位矩阵；$\boldsymbol{G}_{n\times m}$ 是 1.0 与 $\boldsymbol{A}_{n\times m}$ 之差的样本信息矩阵，即：

$$\boldsymbol{G}_{n\times m} = \begin{bmatrix} 1-a_{11} & 1-a_{12} & \cdots & 1-a_{1m} \\ 1-a_{21} & 1-a_{22} & \cdots & 1-a_{2m} \\ \vdots & \vdots & & \vdots \\ 1-a_{n1} & 1-a_{n2} & \cdots & 1-a_{nm} \end{bmatrix}$$

b）进行主成分信息的提取

主成分分析是利用关联信息矩阵的主成分信息，提取系统中各因子的贡献信息，从而由它们客观地决定各因子权重。主成分分析的主要方法是求出关联信息矩阵 $\boldsymbol{\Gamma}_{m\times m}$ 的特征值 λ_i 及对应的特征向量矩阵 $\boldsymbol{Q} = (q_1, q_2, \dots, q_m)$，由此进一步确定主因子荷载矩阵的，记为 $\boldsymbol{D}_{m\times m}$：

$$\boldsymbol{D}_{m\times m} = \boldsymbol{Q}\boldsymbol{\Lambda}^{\frac{1}{2}}$$

它反映了原始因子和主因子之间的关系，其中 $\boldsymbol{\Lambda}^{\frac{1}{2}}$ 为相应的特征值矩阵，即：

$$\boldsymbol{\Lambda}^{\frac{1}{2}} = \begin{bmatrix} \sqrt{\lambda_1} & & & 0 \\ & \sqrt{\lambda_2} & & \\ & & \ddots & \\ 0 & & & \sqrt{\lambda_m} \end{bmatrix}$$

c）进行原始因子集权重的计算

由于主因子荷载矩阵描述了原始因子和主因子间的联系，由主成分分析计算关联信息矩阵 $\boldsymbol{\Gamma}_{m\times m}$ 的特征值 λ_i 的方差贡献 $E_i(\%)$：

$$E_i = \frac{\lambda_i}{\sum\limits_{i=1}^{m} \lambda_i} \times 100\%$$

再利用关联信息矩阵 $\boldsymbol{\Gamma}_{m\times m}$ 和主因子荷载矩阵建立回归方程：

$$\boldsymbol{\Gamma}_{m\times m} \cdot \overline{\alpha_j} = \overline{d_j}$$

从而得出系数向量 $\overline{\alpha_j}$ 的解为：

$$\overline{\alpha_j} = \boldsymbol{\Gamma}_{m\times m}^{-1} \overline{d_j}$$

将 $\overline{\alpha_j}$ 描述了第 j 个系数的主成分分量贡献，将其与对应的特征值的方差贡献进行组合，即得到第 i 个环境因子的权重值：

$$\overline{w}_i = \sum_{j=1}^{m} |\alpha_{ij}| E_j \quad (i=1, 2, \cdots, m)$$

将上面得到的权重值归一化即得到最终的标准权重向量值：

$$W_i = \frac{\overline{w}_i}{\sum_{i=1}^{m} \overline{w}_i}$$

C. 系统多级灰关联综合评价方法

在求得系统的单因子评价结果和权重分配后，接下来就可以对系统状况进行多级灰关联综合评价。记样本向量与标准向量的中第 i 个指标的绝对差为：

$$\Delta_t(i) = |a_{ij} - b_{ti}|$$

则可选用下面两个公式之一计算样本向量与标准向量第 i 个指标的关联系数 $\xi_i(a_j,b_t)$：

$$\xi_i(a_j,b_t) = \frac{\min\limits_{t}\min\limits_{i}\Delta_t(i) + \rho\max\limits_{t}\max\limits_{i}\Delta_t(i)}{\Delta_t(i) + \rho\max\limits_{t}\max\limits_{i}\Delta_t(i)}$$

或

$$\xi_i(a_j,b_t) = \frac{1 - \Delta_t(i)}{1 + \Delta_t(i)}$$

式中，ρ 为分辨系数，$0 < \rho < 1$，一般 ρ 取 0.5。

将权重与关联系数用下式组合计算即可得到参考序列与被比较序列的关联度：

$$\gamma_{jt}(a_j,b_t) = \sum_{i=1}^{m} w_i \xi_i(a_j,b_t)$$

关联度 $\gamma_{jt}(a_j,b_t)$ 反映了监测样本和各级标准之间的相似程度。为了使评价结果更准确，更具连续性，引入关联差异度 $\overline{\gamma_{jt}}(a_j,b_t)$，它反映了监测样本和各级标准之间的差异程度，$\overline{\gamma_{jt}}(a_j,b_t)$ 的数值越小，说明样本与第 t 级标准越相似。

$$\overline{\gamma_{jt}}(a_j,b_t) = 1 - \gamma_{jt}(a_j,b_t)$$

用以监测样本与各级标准之间的灰色从属度 u_{it} 为权的加权关联差异度来表征环境监测样本和标准之间的差异程度，即：

$$d(a_j,b_t) = u_{jt}\overline{\gamma_{jt}(a_j,b_t)}$$

与权重类似有 $\sum_{t=1}^{c} u_{jt} = 1$，$(j=1, 2, \cdots, n)$，且 $\sum_{j=1}^{n} u_{jt} > 0$，$(t=1, 2, \cdots, c)$。

为了综合确定与环境标准最接近的环境级别，构造目标函数：全体监测样本与标准之间的加权关联差异度平方和最小，即：

$$\min\{F(u_{jt})\} = \min\left\{\sum_{j=1}^{n}\sum_{t=1}^{c}\left[u_{jt}\overline{\gamma_{jt}}(a_j, b_t)\right]^2\right\}$$

构造拉格朗日函数，求满足条件的极值，从而解得：

$$u_{jt} = \frac{1}{\sum_{k=1}^{c}\left[\dfrac{\overline{\gamma_{jt}}}{\overline{\gamma_{jk}}}\right]^2}, \quad (i=1, 2, \cdots, m; \ j=1, 2, \cdots, n)$$

在求得环境第 j 个样本对第 t 级水的灰色从属度后，进一步构造水质标准级别向量 $S^{\mathrm{T}} = (1, 2, \cdots, c)$，则可得环境评价的值介于 1 和 c 之间的灰色综合指数 $\mathrm{GC}(j)$：

$$\mathrm{GC}(j) = (u_{jt})S^{\mathrm{T}} = \sum_{t=1}^{c} t u_{jt}$$

由于该方法用灰色综合评价指数作为评价指标，因此评价结果的准确度要优于传统的模糊评价法直接用最大从属度作为评价结果的准确度。而且这种评价方法的结果具有连续性，能更准确地反映系统状况，特别是对于系统状况变化不明显的情况，更容易看出系统变化趋势的细微差异，再者，此方法根据实测数据确定权重，减少了人为主观因素的影响，使权重的确定更确切。

3）水生态子系统（生态指标）评价方法

综合营养状态指数法（TLI(Σ)）：

以叶绿素 a 的状态指数 TLI（chla）为基准，再选择总磷（TP）、总氮（TN）、透明度（SD）和高锰酸盐指数（COD$_{\mathrm{Mn}}$）的营养状态指数，同 TLI（chla）进行加权综合。相关加权综合营养状态指数式为：

$$\mathrm{TLI}(\Sigma) = \sum_{j=1}^{m} W_j \cdot \mathrm{TLI}(j)$$

式中，TLI(Σ)为综合营养状态指数；TLI(j)为第 j 种参数的营养状态指数；各参数的营养状态指数计算公式见表 5-12；W_j 为第 j 种参数的营养状态指数的相关权重。

表 5-12　各参数的营养状态指数计算式

编号	计算公式
1	TLI(chla)=10(2.5+1.086lnchla)
2	TLI(TP)=10(9.436+1.624lnTP)
3	TLI (TN)=10(5.453+1.694lnTN)
4	TLI(SD)=10(5.118−1.94lnSD)
5	TLI(COD)=10(0.109+2.661lnCOD$_{\mathrm{Mn}}$)

注：chla 单位为 mg/m³，SD 单位为 m，其他指标单位均为 mg/L

第 j 个参数对营养状态指数的相对重要性归一化权重如式：

$$W_j = \frac{r_{ij}^2}{\sum_{j=1}^{m} r_{ij}^2}$$

式中，r_{ij} 为第 j 种参数与基准参数 chla 的相关系数；m 为评价参数的个数。

中国湖泊（水库）的 chla 与其他参数之间的相关关系 r_{ij} 及 r_{ij2} 见表 5-13。

表 5-13　中国湖泊（水库）部分参数与 chla 的相关关系 r_{ij} 及 r_{ij2} 值

参数	chla	TP	TN	SD	COD_{Mn}
r_{ij}	1	0.84	0.82	−0.83	0.83
r_{ij2}	1	0.7056	0.6724	0.6889	0.6889
W_j	0.2663	0.1879	0.1790	0.1834	0.1834

最终依据 TLI(∑)对湖泊营养状态进行分级，在同一营养状态下，指数值越大，湖泊的营养程度越大 TLI(∑)<30，为贫营养；30≤TLI(∑)≤50，为中营养；50<TLI(∑)≤60，为轻度富营养；60<TLI(∑)≤70，为中度富营养；TLI(∑)>70，为重度富营养。参考近 6 年的代表年浮游植物数量、浮游动物数量、底栖动物生物量、细菌总数、浮游植物多样性指数修正其水生态健康得分及水平。

4）水生态健康综合评估方法

以水环境子系统和水生态子系统组成水生态健康综合评估指标体系，应用多级灰色关联评估理论，计算乌伦古湖水生态健康综合指数，并依据湖泊水生态系统健康综合指数评估标准（表 5-14），得出乌伦古湖水生态健康综合指数（ecosystem health comprehensive index，EHCI），以评估乌伦古湖的水生态健康状况。评价等级越小，表明指标越优。

$$EHCI = 100 - 20CAG$$

式中，EHCI 为综合指数；CAG 为综合评价等级。

表 5-14　水生态健康综合指数分级

分级	水生态系统健康综合指数（EHCI×100）	健康状态
Ⅰ	[80，100]	很好
Ⅱ	[60，80)	好
Ⅲ	[40，60)	中等
Ⅳ	[20，40)	较差
Ⅴ	[0，20)	很差

2. 流域生态服务功能评估指标及方法

首先建立乌伦古湖水产品供给、鱼类栖息地、游泳、休闲娱乐及景观、湖滨带对面源污染物的截留与净化等各类别服务功能状态指标体系及各指标评分标准（表 5-15），计算湖泊单项服务功能状态指数，结合分项状态指数评估标准（表 5-16），对单项服务功能进行评估。然后采用灰关联评价确定各分项服务功能的权重，进一步计算乌伦古湖生态服务功能综合状态指数（ecosystem service comprehensive index，ESCI），结合综合状态指数评估标准（表 5-17），对乌伦古湖生态服务功能进行综合评估。从指标评分标准可以看出，等级越大，表明指标越优。

$$ESCI = 20CAG$$

式中，ESCI 为综合指数；CAG 为综合评价等级。

表 5-15　湖泊生态服务功能状态评估指标体系及各指标评分标准

序号	指标	评分标准				
		5	4	3	2	1
水产品供给服务功能	单位鱼产量/(kg/hm²)	>100		40~100		<40
	异味物质	未检出		检出但低于 WHO 标准		高于 WHO 标准
	藻毒素	未检出		检出但低于 WHO 标准		高于 WHO 标准
	水产品质量（色、香、味）	好多了	明显变好	差不多	明显变差	差多了
鱼类栖息地服务功能	鱼类种类数（占 20 世纪 80 年代前的比例）	>80%		60%~80%		<60%
	水产品尺寸（个体重量）变化	小多了	明显变小	差不多	明显变大	大多了
	候鸟种类变化	多得多	明显增加	差不多	明显减少	少得多
	候鸟种群数量变化	多得多	明显增加	差不多	明显减少	少得多
游泳休闲娱乐服务功能	湖泊休闲娱乐服务功能水平	很惬意，环境很好，以后还会再去	较好，比较适合消闲娱乐	一般，有个消遣的地方罢了	不太满意，环境有待改善	很不满意，以后不会再去了
	湖泊游泳服务功能水平	很乐意去，水质不错环境很好，以后还会再去	较好，比较适合游泳	一般，有个游泳的地方罢了	不太满意，水质和环境有待于改善	很不满意，以后不会再去了
湖滨带对面源污染物的截流与净化服务功能	湖滨带最优植被损失率	<20%		20%~40%		>40%
	自然湖滨带受破坏情况	几乎未受破坏	受到一些破坏	受到较大破坏	受到很大破坏	受到严重破坏

表 5-16　湖泊各分类别服务功能状态指数评估标准

等级	好	较好	一般	不好	很不好
指数值	［5，4）	［3，4）	［2，3）	［1，2）	［0，1）

表 5-17　湖泊生态服务功能综合状态评估标准

等级	好	较好	一般	不好	很不好
指数值	［90，100）	［70，90）	［55，70）	［40，55）	［0，40）

3. 湖泊流域社会经济影响评估指标及方法

乌伦古湖流域社会经济活动对湖泊生态影响评估采用社会经济压力指标、水体污染负荷指标和周边水体环境状态指标三大类指标体系来反映。评价方法仍以多系统灰色关联评估法为基础。

1）评估指标及评估标准

流域社会经济活动对湖泊影响指标等级及赋分见表 5-18，流域社会经济活动对湖泊影响综合评估标准见表 5-19。

表 5-18　流域社会经济活动对湖泊影响指标等级及赋分

指标类别	指标名称	单位	指标等级及赋分				
			1	2	3	4	5
			［80，100］	［60，80）	［40，60）	［20，40）	［0，20）
社会经济压力指标	人均 GDP	元/人	<1000	1000～4000	4000～5000	5000～10000	>10000
	人口密度	人/km²	<1000	1000～1500	1500～2000	2000～2500	>2500
	环保投入指数	%	>2.5	1.5～2.5	1～1.5	0.5～1	>0.5
	水利影响指数	%	<2.5	2.5～10	10～15	15～20	>20
	城镇用地比重	%	<5	5～10	10～15	15～20	>20
	耕地比重	%	<10	15～10	10～20	20～30	>30
	水面比重	%	>35	35～30	30～20	20～15	<15
	围垦指数	%	<5	5～15	15～25	25～35	>35
水体污染负荷指标	单位面积面源 COD$_{Mn}$ 负荷量	t/(hm²·a)	<20	20～40	40～60	60～80	>80
	单位面积面源 TN 负荷量	t/(hm²·a)	<5	5～10	10～15	15～20	>20
	单位面积面源 TP 负荷量	t/(hm²·a)	<0.5	0.5～1.0	1.0～1.5	1.5～2.0	>2.0

续表

指标类别	指标名称	单位	指标等级及赋分				
			1	2	3	4	5
			[80, 100]	[60, 80)	[40, 60)	[20, 40)	[0, 20)
水体污染负荷指标	单位面积点源 COD_{Mn} 负荷	t/(hm²·a)	<40	40～60	60～100	100～150	>150
	单位面积点源 TN 负荷	t/(hm²·a)	<1.5	1.5～3.5	3.5～6	6.0～10	>10
	单位面积点源 TP 负荷	t/(hm²·a)	<0.10	0.1～0.20	0.20～0.30	0.30～0.40	>0.40
周边水体环境状态指标	主要入湖河流 COD_{Mn} 浓度	mg/L	<3.5	3.5～5.5	5.5～6.5	6.5～8.5	>8.5
	主要入湖河流 TN 浓度	mg/L	<0.45	0.45～0.85	0.85～1.30	1.30～2.50	>2.50
	主要入湖河流 TP 浓度	mg/L	<0.11	0.11～0.15	0.15～0.25	0.25～0.45	>0.45
	单位入湖河流水量	无量纲	>3.5	3.5～2.5	2.5～1.5	1.5～0.8	<0.8
	流域水体 COD_{Cr} 浓度	mg/L	<15	15～17.5	17.5～25.0	25.0～30	>30
	流域水体 TN 浓度	mg/L	<0.50	0.50～1.0	1.00～1.85	1.85～2.80	>2.80
	流域水体 TP 浓度	mg/L	<0.15	0.15～0.20	0.20～0.35	0.35～0.55	>0.55

表 5-19　流域社会经济活动对湖泊影响综合评估标准

等级	表征状态	指标特征	分值
一级	轻微	社会经济压力很小，对湖泊生态系统影响轻微，湖泊生态系统无明显异常改变出现，湖泊水质处于Ⅱ～Ⅲ水质状态	[80, 100]
二级	较轻	存在一定的社会经济压力，但对湖泊生态系统影响较轻，湖泊生态结构尚合理、系统结构尚稳定，湖泊水质处于Ⅲ类水质状态	[60, 80)
三级	一般	社会经济压力较大，接近生态阈值，系统尚稳定，但敏感性强，已有少量的生态异常出现，湖泊水质处于Ⅲ～Ⅳ水质状态	[40, 60)
四级	较重	社会经济压力大，生态结构出现缺陷，系统活力较低，生态异常较多，生态功能已经不能满足维持生态系统的需要，湖泊水质处于Ⅳ～Ⅴ类水质状态	[20, 40)
五级	严重	社会经济压力很大，生态异常大面积出现，生态系统已经受到严重破坏，系统结构不合理，残缺不全，功能丧失。湖泊水质处于Ⅴ～劣Ⅴ类水质状态	[0, 20)

2）评估方法

A. 分子系统评估

首先根据单个指标的原始数据和评价标准，通过以多系统灰色关联评估法中的单因子评价方法得到子系统（如社会经济压力系统）各单个指标评价等级结果和单个指标权重，并由评价等级为各单因子赋分，再由子系统各单个指标评价等级结果和单个指标权重，算得子系统的评价等级和赋分。

B. 流域综合评估

以乌伦古湖社会经济压力指数，水体污染负荷指数和周边水体环境状态指数表征三个子系统的分值，以多级系统灰色关联评估法对各个子系统进行综合评估，得出乌伦古湖流域社会经济影响综合指数（socialand economic effect comprehensive index，ESECI），以评估乌伦古湖流域人类活动对湖泊影响状况。评价等级越小，表明指标越优。

$$ESECI=10-20CAG$$

式中，ESECI 为综合指数；CAG 为综合评价等级。

4. 湖泊生态安全综合评估

湖泊生态安全评估内容主要包括流域社会经济活动对湖泊生态影响、湖泊水生态系统健康、湖泊生态服务功能、人类的"反馈"措施对社会经济发展的调控及湖泊水质水生态的改善作用等四个方面。应用 DPSIR 模型，分别对应湖泊生态系统的驱动力、压力、状态、影响和响应五个方面。根据该扩展的"驱动力—压力—状态—影响—响应"（DPSIR）评估模型，构建评估指标体系，计算指标权重和各层次的值，最终得出湖泊整体或各功能分区的湖泊生态安全指数（ESI），评估现期湖泊生态安全相对标准状态的偏离程度。通过湖泊生态安全综合评估，可系统、全面地诊断湖泊生态安全存在的问题，旨在为乌伦古湖生态安全的建设提供理论依据和技术支持。

1）评估指标体系

生态安全评估从人类社会经济影响（驱动力、压力）、水生态健康（状态）、服务功能（影响）和管理调控（响应）四个方面，以湖库污染物迁移转化过程为主线，对可得数据进行指标选取。结合对 DPSIR 概念模型应用于湖泊生态系统的分析，对所提出的多个备选指标进行逐一考察，并根据层次分析法，进一步优选能反映乌伦古湖生态安全状况的关键指标，筛选出具有数据可得性、独立性、显著性及指示性的指标，建立起乌伦古湖生态安全评估指标体系，并以此为依据进行湖泊生态安全综合评估。评估体系由目标层（V）、方案层（A）、因素层（B）、指标层构成（C），包括 4 个方案层指标、14 个因素层指标和 39 个指标层指标，见表 5-20。

表 5-20 湖泊生态安全综合评估指标体系

目标层	方案层	因素层	指标层
生态安全综合指数（V）	社会经济影响（A1）	人口（B1）	人口密度（C11）
			人口增长率（C12）
		经济（B2）	人均 GDP（C21）
		社会（B3）	城镇用地比重（C31）
			耕地比重（C32）
			水利工程影响指数（C33）
		污染负荷（B4）	单位面积面源 COD 负荷量（C41）
			单位面积面源 TN 负荷量（C42）
			单位面积面源 TP 负荷量（C43）
			单位面积点源 COD 负荷量（C44）
			单位面积点源 TN 负荷量（C45）
			单位面积点源 TP 负荷量（C46）
		入湖河流（B5）	主要入湖河流 COD_{Mn} 浓度（C51）
			主要入湖河流 TN 浓度（C52）
			主要入湖河流 TP 浓度（C53）
			单位入湖河流水量（C54）
	水生态健康（A2）	水质（B6）	溶解氧（C61）
			湖体 SD（C62）
			湖体氨氮浓度（C63）
			湖体 TP 浓度（C64）
			湖体 TN 浓度（C65）
			湖体 COD_{Mn} 浓度（C66）
		富营养化（B7）	叶绿素 a（C71）
			综合营养度指数（C72）
		水生态（B8）	浮游植物多样性指数（C81）
			浮游动物多样性指数（C82）
			底栖生物完整性指数（C83）
	生态服务功能（A3）	栖息地服务功能（B9）	水源涵养指数（C91）
			湿地面积占总面积的比例（C92）

续表

目标层	方案层	因素层	指标层
生态安全综合指数（V）	生态服务功能（A3）	拦截净化功能（B10）	天然湖滨带比例（C101）
			湖滨挺水植物覆盖度（C102）
		人文景观功能（B11）	自然保护区级别（C111）
			珍稀物种生境代表性（C112）
	调控管理（A4）	资金投入（B12）	环保投入指数（C121）
		污染治理（B13）	工业企业废水稳定达标率（C131）
			城镇生活污水集中处理率（C132）
			农村生活污水集中处理率（C133）
			水土流失治理率（C1134）
		监管能力（B14）	长效机制构建（C141）

2）评估标准

湖泊生态安全指数分为很安全、安全、一般、不安全、很不安全五级，详见表 5-21。

表 5-21　生态安全指数等级划分标准

安全评级	预警颜色	SESI 得分
很安全	●	[80，100]
安全	●	[60，80)
一般	●	[40，60)
不安全	●	[20，40)
很不安全	●	[0，20)

3）评估方法

A. 参照标准的确定

在指标标准值确定的过程中，主要参考：①已有的国家标准、国际标准或经过研究已经确定标准尽量沿用其标准值；②参考国内外具有良好特色的流域现状值作为分级标准；③依据现有的湖库与流域社会、经济协调发展的理论，定量化指标作为分级标准；④目前研究较少而对流域环境影响评价较为重要的部分指标，但在缺乏有关指标统计数据时，暂时根据进行分级标准。选择 1986 年的相关研究数据建立数据库，作为评估的标准。

B. 数据预处理和标准化

环境与生态的质量-效应变化符合 Weber-Fishna 定律，即当环境与生态质量指标成等比变化时，环境与生态效应成等差变化。根据该定律，进行指标无量纲化和标准化：

正向型指标：$r_{ij}=x_{ij}/s_{ij}$

负向型指标：$r_{ij}=s_{ij}/x_{ij}$

式中，x_{ij} 为 i 指标在采样点 j 的实测值；s_{ij} 为指标因子的参考标准；r_{ij} 为评价指标的无量纲化值，此处需满足 $0 \leq r_{ij} \leq 1$，大于 1 的按 1 取值。对于不符合 Weber-Fishna 定律的指标，应当借鉴该定律从质量-效应变化分析确定转换方法。对于有阈值指标，在阈值内以阈值为标准值进行转换，阈值外作 0 处理。

C. 权重的确定

采用灰色综合评价的方法来确定权重，各指标的权重值见表 5-22。

表 5-22　湖泊生态安全综合评估指标权重

目标层	方案层	权重	因素层	权重	指标层	权重
生态安全综合指数	社会经济影响	0.26	人口	0.22	人口密度	0.5
					人口增长率	0.5
			经济	0.17	人均 GDP	1
			社会	0.15	城镇用地比重	0.33
					耕地比重	0.33
					水利工程影响指数	0.34
			污染负荷	0.21	单位面积面源 COD 负荷量	0.16
					单位面积面源 TN 负荷量	0.19
					单位面积面源 TP 负荷量	0.17
					单位面积点源 COD 负荷量	0.15
					单位面积点源 TN 负荷量	0.16
					单位面积点源 TP 负荷量	0.17
			入湖河流	0.25	主要入湖河流 COD_{Mn} 浓度	0.28
					主要入湖河流 TN 浓度	0.24
					主要入湖河流 TP 浓度	0.25
					单位入湖河流水量	0.23
	水生态健康	0.28	水质	0.46	溶解氧	0.21
					湖体 SD	0.21
					湖体氨氮浓度	0.08

续表

目标层	方案层	权重	因素层	权重	指标层	权重
生态安全综合指数	水生态健康	0.28	水质	0.46	湖体 TP 浓度	0.08
					湖体 TN 浓度	0.21
					湖体 COD_Mn 浓度	0.21
			富营养化	0.36	叶绿素 a	0.55
					综合营养度指数	0.45
			水生态	0.18	浮游植物多样性指数	0.36
					浮游动物多样性指数	0.38
					底栖生物完整性指数	0.26
	生态服务功能	0.23	栖息地服务功能	0.33	水源涵养指数	0.5
					湿地面积占总面积的比例	0.5
			拦截净化功能	0.34	天然湖滨带比例	0.5
					湖滨挺水植物覆盖度	0.5
			人文景观功能	0.33	自然保护区级别	0.5
					珍稀物种生境代表性	0.5
	调控管理	0.23	资金投入	0.33	环保投入指数	1
			污染治理	0.34	工业企业废水稳定达标率	0.27
					城镇生活污水集中处理率	0.27
					农村生活污水集中处理率	0.24
					水土流失治理率	0.22
			监管能力	0.33	长效机制构建	1

D. 评估方法和过程

方案层评估——方案层评估包括社会经济影响评估（A1）、生态健康评估（A2）、服务功能评估（A3）和调控管理评估（A4）四个方面。方案层评估采用分级评分、逐级加权的方法。包括指标层分值计算、指标层对方案层权重的计算和方案层分值计算。

a）指标层分值计算

根据评估指标原始数据和相应的标准值，确定评估指标的类型，运用数据预处理公式计算得到评估指标的分值，即无量纲化值（r_{ij}）。

b）指标层对方案层权重的计算

$$W(CA)_i = W_i \times W(BA)_i$$

式中，$W(CA)_i$ 为 C 层指标因子相对于方案层 A 的权重；W_i 为指标因子 C 相对于因素层 B 的权重；$W（BA）_i$ 为因素层 B 相对于方案层 A 的权重。

　　c）方案层分值计算

　　各指标的无量纲化值和指标权重确定后，代入下式，求得各方案层得分值：

$$B_i = \sum_{j=1}^{m} W(CA)_i \times r_{ij} \times 100$$

式中，B_i 为第 i 个方案层（社会经济影响、生态健康、服务功能、调控管理）计算结果；r_{ij} 为评价指标的无量纲化值，此处需满足 $0 \leq r_{ij} \leq 1$，大于 1 的按 1 取值；$W(CA)_i$ 为 C 层指标因子相对于方案层 A 的权重。选择加权几何平均值法作为模型计算的基本算法。

　　生态安全指数（ESI）计算——采用加权求和法计算目标层得分，即生态安全指数（ESI），其结果是 1 个 1～100 的数值：

$$ESI = \sum_{1}^{n} B_i \times W_j$$

式中，ESI 为生态安全指数；B_i 为第 i 个方案层的值；W_j 为第 i 个方案层的权重。

5.4.3　乌伦古湖生态安全评估结果

1. 湖泊水生态系统健康状态评估结果

1）水环境子系统（理化指标）评价结果

　　表 5-23 给出了乌伦古湖 2008～2013 年灰关联理化指标单因子等级评价结果。乌伦古湖是风景名胜景区，理化指标执行《地表水环境质量标准》（GB 3838—2002）Ⅲ类标准。理化指标评价结果显示，2011 年、2013 年的水质总体呈Ⅲ类，其余年份水质呈Ⅳ类。且矿化度指标在 2008～2013 年间基本保持在较高水平；总磷指标等级逐渐升高，由Ⅴ类达到Ⅲ类；总氮指标近两年超过Ⅲ类水质标准。说明当时乌伦古湖水体的主要污染因子是总氮和矿化度，近年来氟化物和化学需氧量成为主要影响因子。

表 5-23　湖泊理化指标单因子评价与综合评价等级

年份	BOD$_5$	COD$_{Mn}$	总磷	总氮	氨氮	溶解氧	矿化度	综合评价等级
2008	1	2.82	4.64	2.99	1.13	1	5	3.18
2009	1	2.65	4.68	2.99	1.3	1	5	3.17
2010	1	2.39	5	2.53	1.24	1	4.61	3.07
2011	1	2.33	3.16	2.26	1.19	1	5	2.72
2012	1	2.5	2.16	4.6	2.66	1	5	3.11
2013	1	2.74	2.12	3.01	1.2	1	4.74	2.74

依据湖泊水环境质量综合指数分级标准评估乌伦古湖的水环境质量健康状况。评价结果（表 5-24）显示，2011 年、2013 年的湖泊水环境质量综合指数均介于［40，60）之间，表明乌伦古湖水质健康状况处于中等健康水平；其余年份湖泊水环境质量综合指数均介于［20，40），表明乌伦古湖水质健康状况处于较差的状态。水环境质量综合指数得分总体呈增长趋势，说明水环境质量有所好转。

表 5-24　湖泊理化指标综合评价结果

年份	水环境质量综合指数	健康状态
2008	36.43	较差
2009	36.54	较差
2010	38.57	较差
2011	45.56	中等
2012	37.87	较差
2013	45.19	中等

2）水生态子系统（生态指标）评价结果

根据乌伦古湖 2008～2013 年营养状态相关参数值，运用综合营养状态指数法，对乌伦古湖 2008～2013 年营养状态评价，结果见表 5-25。评价结果表明，2008～2013 年乌伦古湖营养状态综合指数（TLI($\sum$)）介于［30，50］之间，为中营养。各年中总氮、总磷指标的评分值较大，说明湖泊存在营养盐污染问题。

表 5-25　湖泊营养状态评价结果

年份	TLI(chla)	TLI(SD)	TLI(TN)	TLI(TP)	TLI(COD)	TLI($\sum$)	营养状态分级
2008	41.45	42.80	54.45	55.39	47.15	47.63	中营养
2009	40.61	45.21	54.52	55.52	45.47	47.59	中营养
2010	34.37	46.54	49.97	69.87	42.71	47.49	中营养
2011	35.21	40.32	46.77	46.96	42.02	41.64	中营养
2012	30.44	39.99	64.49	37.10	43.92	42.02	中营养
2013	25.09	38.32	55.30	36.51	46.33	38.97	中营养

3）水生态健康综合评估结果

依据湖泊水生态系统健康综合指数评估标准评估乌伦古湖水生态健康综合状况，评价结果见表 5-26。2008～2013 年乌伦古湖生态系统健康综合指数均介于［40，60）之间，评价等级为三级水平，表明乌伦古湖水生态健康状况处于中等健康水平。生态系统健康综合指数得分总体有所增长，说明水生态健康状况有所好转。

表 5-26　湖泊生态系统健康综合评价结果

年份	综合评价等级	生态系统健康综合指数	健康状态
2008	2.48	50.44	中等
2009	2.48	50.34	中等
2010	2.50	50.02	中等
2011	2.19	56.13	中等
2012	2.41	51.88	中等
2013	2.42	51.54	中等

2. 湖泊流域生态服务功能评估结果

1）各分类别服务功能评估结果

表 5-27 为乌伦古湖各类生态服务功能状态指数评价结果，参照评价标准（表 5-15），可以看出 2008～2013 年乌伦古湖的饮用水源地、水产品供给服务功能处于好的水平，栖息地服务功能，游泳、休闲娱乐服务功能，湖滨带污染物截流与净化服务功能总体上处于较好水平，表明湖泊可为人类提供好的饮用水源，较好旅游、休闲娱乐环境，为野生动物提供较好的栖息环境。

表 5-27　湖泊各类服务功能状态指数评估结果

年份	水产品供给服务功能		栖息地服务功能		游泳、休闲娱乐服务功能		湖滨带污染物截流与净化服务功能		综合评价指数
	指数值	等级	指数值	等级	指数值	等级	指数值	等级	
2008	4.13	好	3.31	较好	2.67	一般	2.77	一般	3.18
2009	4.15	好	3.29	较好	2.73	一般	2.76	一般	3.17
2010	4.17	好	3.27	较好	2.79	一般	2.77	一般	3.17
2011	4.22	好	3.25	较好	2.83	一般	2.74	一般	3.17
2012	4.26	好	3.23	较好	2.84	一般	2.74	一般	3.17
2013	4.31	好	3.22	较好	2.86	一般	2.72	一般	3.16

2）生态服务功能综合评估结果

表 5-28 为 2013 年乌伦古湖各分项与综合生态服务功能状态信息卡，各功能的综合状态处于较好水平，其中属于好的范畴是异味物质指标，藻毒素指标，鱼类种数变化指标；属于较好范畴的是水产品质量指标、湖泊休闲、游泳服务功能水平指标；属于一般范畴的是水产品尺寸变化指标、候鸟种类变化指标、候鸟种群数量变化指标、湖滨最优植被损失率和自然湖滨带受破坏情况指标。

表 5-28　2013 年湖泊生态服务功能状态信息卡

功能类别	功能指标状态				功能状态
水产品供给	单位渔产量	异味物质	藻毒素	水产品质量	好
鱼类栖息地	鱼类种类数	水产品尺寸变化	候鸟种类变化	候鸟种群数量变化	一般
湖滨带净化	湖滨最优植被损失率		自然湖滨带受破坏情况		一般
游泳休闲娱乐	湖泊休闲娱乐服务功能水平		湖泊游泳服务功能水平		一般
各功能综合	较好				
图例	很不好	不好	一般	较好	好

　　表 5-29 为湖泊生态服务功能综合状态评估结果，参照评价标准（表 5-17），可知湖泊生态服务功能综合状态处于较好水平。表明湖泊能较好地维持人类和其他有机群落健康，为湖泊流域社会经济的可持续发展起到较好的支撑作用。生态服务功能综合指数逐年缓慢减小，表明乌伦古湖的生态服务功能逐年缓慢下降。

表 5-29　湖泊生态服务功能综合状态评估结果

年份	生态服务功能综合指数	功能综合状态
2008	73.52	较好
2009	73.49	较好
2010	73.49	较好
2011	73.40	较好
2012	73.32	较好
2013	73.29	较好

3. 湖泊流域社会经济影响评估评估结果

1）社会经济压力子系统评估结果

　　采用灰色关联评估法对乌伦古湖流域 2008～2013 年社会经济压力子系统的人均 GDP、人口密度、环保投入指数、水利影响指数、城镇用地比重、耕地比重和围垦指数 7 个指标进行评价，评价标准见表 5-18，评价结果见表 5-30。单因子评价结果显示，环保投入指数为三级，人均 GDP 和水利影响指数均为二级，其余指标单因子评价等级均为一级。表明流域内环境保护力度不够大，投资比重较小；随着经济的发展，人为因素对流域环境造成的压力逐渐加大。

表 5-30   流域社会经济压力指标单因子评价与综合评价等级

年份	人均GDP	流域人口密度	环保投入指数	水利影响指数	城镇用地比重	耕地比重	围垦指数	社会经济压力综合等级
2008	1.11	1	2.74	1.29	1	1	1	1.35
2009	1.26	1	2.68	1.31	1	1	1	1.38
2010	1.43	1	2.64	1.31	1	1	1	1.43
2011	1.62	1	2.58	1.33	1	1	1	1.48
2012	1.84	1	2.48	1.37	1	1	1	1.50
2013	2.15	1	2.36	1.61	1	1	1	1.54

流域社会经济压力评价等级见表 5-31，参照评价标准（表 5-19），可知 2008～ 2013 年乌伦古湖流域内社会经济压力指标得分介于 [60，80) 之间，综合等级均处于二级，但是指标得分呈逐年下降趋势，说明乌伦古湖所承受的社会经济压力较轻，但社会经济压力呈逐年增加态势。

表 5-31   流域社会经济压力评价等级

年份	社会经济压力指标得分	等级	表征状态
2008	73.08	二级	较轻
2009	72.31	二级	较轻
2010	71.45	二级	较轻
2011	70.47	二级	较轻
2012	69.94	二级	较轻
2013	69.14	二级	较轻

2）水体污染负荷子系统评估结果

乌伦古湖水体污染负荷单个指标灰关联评价结果见表 5-32，参照评价标准（表 5-19），可知流域水体污染负荷综合等级处于一级，说明 2008～2013 年乌伦古湖流域水体污染负荷轻微。单位面积面源、点源污染负荷量均处于一级水平，表明流域内点源、面源对湖泊污染均轻微。

表 5-32   流域水体污染负荷指标单因子评价与综合评价等级

年份	单位面积面源负荷量等级			单位面积点源负荷量等级			水体污染负荷综合
	COD_{Mn}	TN	TP	COD_{Mn}			
2008	1	1	1	1	1	1	1
2009	1	1	1	1	1	1	1
2010	1	1	1	1	1	1	1
2011	1	1	1	1	1	1	1
2012	1	1	1	1	1	1	1
2013	1	1	1	1	1	1	1

流域水体污染负荷对湖泊的影响评价结果见表 5-33，依据乌伦古湖流域水体污染负荷对湖泊影响的指标等级及赋分标准及评估标准（表 5-18 和表 5-19），可知 2008～2013 年水体污染负荷综合得分均为 80 分，综合评价等级为一级，表明乌伦古湖 2008～2013 年的污染负荷处于轻微状态。

表 5-33　流域水体污染负荷综合评级结果

年份	水体污染负荷综合得分	等级	表征状态
2008	80	一级	轻微
2009	80	一级	轻微
2010	80	一级	轻微
2011	80	一级	轻微
2012	80	一级	轻微
2013	80	一级	轻微

3）周边水环境子系统评估结果

采用灰色关联评估法对乌伦古湖流域 2008～2013 年周边水体环境状态系统的主要入湖河流污染物浓度、单位入湖河流水量、流域水体污染物浓度等 7 个指标进行评价，评价标准见表 5-18，评价结果见表 5-34。单因子评价结果显示，2008～2013 年，除流域水体 COD_{Cr} 浓度指标每年均为五级，其余大部分指标等级好于三级，仅个别年份主要入湖河流总氮浓度、流域水体总磷浓度指标为三级。表明流域内主要入湖河流水质较好，而湖泊水体中 COD_{Cr} 浓度较高，对周边水环境的影响较大。

表 5-34　周边水环境指标单因子评价与综合评价等级

年份	单因子评价结果							水体状态综合等级
	主要入湖河流污染物浓度			单位入湖河流水量	流域水体污染物浓度			
	COD_{Mn}	TN	TP		COD_{Cr}	TN	TP	
2008	1	1	1	1	5	1.99	1	2.10
2009	1	1	1	1	5	2	1	2.10
2010	1	1.25	1.15	1	5	1.53	2.14	2.32
2011	1	2.07	1	1	5	1.26	1	2.16
2012	1	1.37	1	1	5	2.94	1	2.41
2013	1	1.01	1	1	5	2.05	1	2.12

湖泊周边水体环境对湖泊的综合影响评价标准见表 5-19，评价结果见表 5-35。2008～2013 年乌伦古湖周边水环境综合得分介于［40，60）之间，综合评价等级为三级，说明乌伦古湖周边水体对湖泊的污染处于一般状态。

表 5-35 周边水环境综合评价结果

年份	水体状态综合得分	等级	表征状态
2008	57.97	三级	一般
2009	57.92	三级	一般
2010	53.55	三级	一般
2011	56.73	三级	一般
2012	51.75	三级	一般
2013	57.62	三级	一般

4）流域社会经济影响综合评价结果

流域社会经济活动对湖泊影响的评价结果见表 5-36，依据流域社会经济活动对湖泊影响综合评估标准（表 5-19），可知 2008～2013 年乌伦古湖流域社会经济活动对湖泊影响综合得分介于［60，80）之间，综合等级均处于二级，但是指标得分呈逐年下降趋势，说明乌伦古湖所承受的社会经济压力较轻，社会经济活动对湖泊生态系统影响较小，湖泊生态结构尚合理、系统结构尚稳定。但社会经济压力综合得分几乎趋近于二级、三级的临界 60，说明若湖泊水质继续下降，流域内的生态系统承受的社会经济压力将继续增大。

表 5-36 流域社会经济影响综合评价结果

年份	社会经济综合得分	评价等级	表征状态
2008	63.74	二级	较轻
2009	63.39	二级	较轻
2010	61.39	二级	较轻
2011	61.99	二级	较轻
2012	60.06	二级	较轻
2013	61.67	二级	较轻

4. 乌伦古湖流域生态安全综合评估结果

通过计算模型，得到乌伦古湖 2008～2013 年的生态安全指数（ESI），各年的 ESI 指数见表 5-37，2008～2013 年乌伦古湖生态安全等级为二级，湖泊生态系统处于安全状态（●，见表 5-21）。

湖泊生态安全评估体系的方案层中（表 5-37），"社会经济影响"指标"服务功能"指标均总体呈现缓慢下降趋势，反映了流域社会经济压力增加对湖泊生态系统干扰较大，污染净化能力被削弱，湖泊生态服务功能在退化。分析影响湖泊生态安全指数下降的主要因素为流域"人口"不断增加，"工农业总产值"不断上升，水源涵养能力和湖滨带污染净化能力降低。"生态健康"指标总体呈上升趋势，反映了湖泊水质总体较好，能够满足Ⅲ类水质标准；湖泊水生态健康状况有所好转，虽然处于中富营养水平，但综合营养指数逐年降低。"调控管理"指标总体呈上升趋势，反映了人类的"反馈"措施对社会经济发展的调控及湖泊水质水生态起到改善作用。主要表现在流域内环保投入增加，污染治理力度和监管能力不断加强。

表 5-37　湖泊生态安全评估结果

年份	社会经济影响	生态健康	服务功能	调控管理	生态安全指数（ESI）	安全等级	安全状况
2008	65.00	50.32	73.84	70.61	64.21	二级	安全
2009	62.39	51.00	72.42	72.13	63.75	二级	安全
2010	60.84	51.24	71.00	73.45	63.39	二级	安全
2011	62.00	56.38	69.60	75.17	65.20	二级	安全
2012	63.49	53.95	68.28	77.05	65.04	二级	安全
2013	63.73	57.54	66.86	79.54	66.35	二级	安全

建立 2008～2013 年以社会经济影响、生态健康、服务功能、调控管理和生态安全指数为五坐标的雷达图，见图 5-5。从雷达图可以看出，生态安全指数介于[60，80）之间，且趋近于 60，说明乌伦古湖生态安全等级处在二级水平的下限，很容易退化为三级水平。评价结果所构成的多边形中，生态安全指数、生态健康、调控管理指标值向外略有扩张，说明乌伦古湖流域生态安全状况总体略有好转；社会经济影响指标值与服务功能指标值向中心略有收缩，说明流域内的社会经济压力逐渐增加，服务功能水平逐渐降低；评分结果构成的多边形总体有向外扩张的趋势，说明流域内生态环境有所好转，但面临的社会经济压力依然增加。

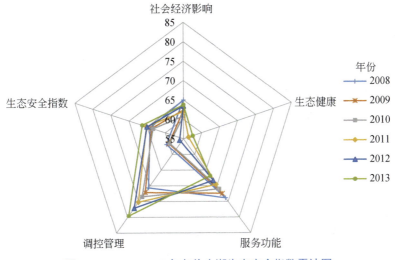

图 5-5　2008～2013 年乌伦古湖生态安全指数雷达图

5.5 流域生态安全关键影响因素与突出问题分析

5.5.1 关键影响因素

根据对乌伦古湖及其所在流域生态安全调查与评估发现，相对不足的是湖泊水生态系统健康，这与湖泊本身的特点和人类活动不断加剧的同时忽略了湖泊生态的保护相关，而气候变化加剧了这一过程。

首先，流域人口持续增加，且向上、下游的绿洲地带集中，给处于绿洲核心区的乌伦古河、湖造成愈来愈大的环境和污染排放压力。与 20 世纪 50 年代相比，2014 年乌伦古湖流域人口增加了近 10 倍，由六七千人增加到六七万人之多，中游的富蕴县人口 1990 年以来也在持续增加中。由于地处西北干旱区，绿洲是当地人民赖以生存的区域，福海县处于流域下游乌伦古河尾闾三角洲地带，青河县位于流域上游区域，两者水资源条件较为优越，属于乌伦古湖流域的绿洲核心地带，也是人员最为集中和人口增长速度最大的区域。流域中游区域则由于为主要径流耗散，自然环境较为恶劣，绿洲主要集中在河谷地带及周边年区域，人口的增加也极大加剧了对河谷绿洲生态的干扰。

其次，流域社会经济发展方式粗放、水平偏低，仍处在资源消耗型发展阶段，经济发展和环境污染的矛盾尖锐，导致湖泊流域生态维持的压力巨大。与我国其他地区相比，乌伦古湖流域内的富蕴县、福海县经济发展水平大致与全国平均水平相当，略高于全疆平均水平，青河县经济发展水平则最低，为全疆平均水平的一半。但与我区大部分地区相似，乌伦古湖流域各县行业发展方式较为粗放。工农业相比较第三产业而言，其单位产值的水污染排放污染负荷量要高出许多，使得经济发展和环境污染的矛盾依然尖锐，湖泊流域生态维持的压力巨大。

再次，流域水资源系统先天不足，高强度过度利用和不科学调度管理，导致乌伦古湖水盐系统失衡、紊乱。乌伦古湖流域水资源系统先天不足，承受高强度农业活动的能力差，存在自然断流风险。乌伦古湖流域无永久性冰川、雪被作为补给源，年径流变化较大，丰、枯水年悬殊，年内分配极不均匀，导致丰水年和丰水期弃水量大，洪水风险高，而枯水年、枯水期又无水可用，河道断流，且近年来丰、枯水年交替频繁。受季节性融雪和降雨时空分异性的影响，年内径流量多集中在春、夏季，汛期（5~7 月份）主要是融雪、降雨形成地表径流，平均占年径流量的 75.14%，但由于区域降水不丰富，降雨产流量不大，7~8 月的径流量只占到全年径流量的 20%左右，流域内农业用水高峰期往往在 7~8 月，流域承受高强度农业活动的能力较弱，易于导致农业用水高峰期河道径流的锐减甚至断流。流域高强度的水资源开发利用和较低的水资源利用效率，导致主源补给水量锐减，引发乌伦古河、湖水力及生态联系断裂，大小湖体同时萎缩。

此外，乌伦古河二台站多年平均流域为 9.81 亿 m³，二台与福海站之间的河道自然耗散约为 3 亿 m³，则在平水年份，除去河道自然损耗水量，流域来水量基本可满足各业用水量，但已无法满足向乌伦古湖补水，一旦遭遇较平、枯年份，无法保证湖泊基本的生态水量要求，河湖水力联系必然断裂。流域在水资源紧缺的背景下，用水结构较为不合理，长期徘徊在以农业灌溉为绝对成分的水平，在社会经济用水中，农田灌溉用水比例高达 95%。导致流域水资源利用量居高不下的主要原因除了人口、工业、耕地牲畜量的绝对增加导致的用水量的绝对增加外，流域各业用水效率不高，水资源重复利用程度较低，也是重要的因素。流域内福海县和青河县的城镇生活污水均没有处理达标后的回用设施，大多靠天然蒸发或就近排放，城镇生活废水资源的重复利用程度较低。

流域水资源时空的不科学调控，加剧乌伦古河、湖水力关系断裂，导致大小湖水盐关系紊乱。额济海工程虽然在很大程度上遏制了布伦托海生态环境的进一步恶化，却也因补给方式的不合理，从而改变了大小湖泊水盐特性，导致吉力湖水盐关系的紊乱。另一方面，极端天气等自然因素引起的乌伦古河连续丰枯年际变化较大以及大量水利工程的修建和水资源利用不合理，导致湖泊流域水资源量时空分配不均，加剧了河、湖水力联系的断裂。

最后，极端天气等自然因素引起的水资源量不足以及人为垦殖、超载放牧等造成流域内大量天然林草退化，部分湿地消失，加剧水资源利用矛盾，致使湖泊流域生态屏障受损。极端天气频发，超载过牧，人为活动频繁等加剧了流域地表林草，特别是水源涵养区林草植被的退化。在近水区草地资源方面，乌伦古河、湖沿岸，草场畜群布局过密，长期超载过牧，尤其是春秋牧场，两季放牧，加之近年来的极端天气原因致使降雨降雪减少，使这些草场得不到休养生息，造成部分草场退化。

5.5.2　突出生态问题

乌伦古湖目前主要水质指除氟化物、化学需氧量外，其余指标均符合国家地表水环境质量标准Ⅲ类，生态系统健康状态中等。但近几十年来，水环境和生态系统发生了较大的变化，生态安全和功能受到一定的威胁，主要表现在以下方面。

1. 湖泊水位下降、湖水盐度上升、水质改善难度大

在引额济海工程库依尕河节制闸工程的人为影响下，布伦托海的水位变化失去了与吉力湖水位变化的同步。在乌伦古河径流稀少，引额济海持续引水的年份，出现过布伦托海水位高于吉力湖，引发湖水倒灌的现象，造成生态危机。这对引额济海工程对布伦托海水位水量的调控提出了限制要求。由于乌伦古河入湖径流逐年减少，加之湖泊三角洲发育，湖盆逐年淤积的影响，从总体上看，乌伦古湖呈现出水位下降，湖面萎缩，水量减少的演变历史趋势。水位降低可导致湖滨带生态系统退化或沙化，而盐度上升除直接影响工农业用水质量外，还会威胁原有

湖泊生物的生存，而喜盐种类会增加，甚至导致水华现象的发生。目前对于大多数季节的入湖污染物得到有效控制，但融雪径流和降雨径流带来陆域污染负荷量仍然较高，加之湖泊为盐分和物质的累积中心，即使在水面面积得以合理维持的情况下，进一步改善氟化物、化学需氧量等指标面临巨大困难。

2. 生物群落组成改变，生态系统结构呈现退化趋势

浮游动植物种类组成改变，生物量上升，水华发生风险增高；底栖动物群落组成改变，抑制富营养化能力下降；沉水植物种类减少，分布面积和生物量下降，影响湖泊自净能力与土著鱼类生存条件；土著鱼类种群衰退，外来鱼类产量剧增，破坏原有食物网结构。

参 考 文 献

陈俊英, 左舒琴. 2019. 浏阳市湿地资源保护修复初探[J]. 湖南林业科技, 46(5): 90-93+104.

邓小明, 乎海涛, 卜书海, 等. 2020. 陕西秦岭湿地资源现状及其保护对策[J]. 林业资源管理, (5):36-43.

郭春霞, 诸云强, 孙伟等. 2017. 中国 1km 生物丰度指数数据集[J]. 全球变化数据学报, 1(1): 60-65.

李玲芬, 董磊. 2021. 云南省湿地生态监测体系建设构想[J]. 林业调查规划, 46(6): 74-78.

马童慧, 吕偲, 张呈祥, 雷光春. 2019. 中国 5 种类型湿地保护地空间重叠特征[J]. 湿地科学, 17(5): 536-543.

潘晓玲. 1995. 新疆植物区系研究[D]. 广州: 中山大学博士学位论文.

潘晓玲. 1997. 新疆种子植物科的区系地理成分分析[J]. 植物研究, 17(4): 397-402.

潘晓玲. 1999. 新疆种子植物属的区系地理成分分析[J]. 植物研究, 19(3): 249-258.

潘晓玲, 张宏达. 1994. 哈纳斯自然保护区植被特点及植物区系形成的探讨[J]. 干旱区研究, 11(4): 1-7.

潘晓玲, 张宏达. 1996. 准噶尔盆地植被特点与植物区系形成的探讨[J].中山大学学报论丛, 2: 93-97.

史丹, 刘静, 孔维健. 2019. 济宁市湿地保护管理现状与对策[J]. 绿色科技, (18): 48-50.

屠书青, 刘晶晶. 2019. 我国湿地保护中存在的问题和保护建议[J]. 江西农业, (16): 104.

王辰, 王英. 2011. 中国湿地植物图鉴[M]. 重庆: 重庆大学出版社.

王荷生. 1979. 中国植物区系的基本特征[J]. 地理学报, 34(3): 224-237.

王建营, 梁媛. 2019. 河北滦南南堡滨海湿地保护管理建议[J]. 河北林业科技, (2): 69-70.

吴兆洪, 秦仁昌. 1991. 中国蕨类植物科属志[M]. 北京: 科学出版社.

吴征镒. 1991. 中国种子植物属的分布区类型[J]. 云南植物研究(增刊Ⅳ): 1-139.

吴征镒. 2003. 《世界种子植物科的分布区类型系统》的修订[J]. 云南植物研究, 25(5): 535-538.

吴征镒, 孙航, 周浙昆, 等. 2005. 中国植物区系中的特有性及起源和分化[J]. 云南植物研究, 27(6): 577-604.

吴征镒, 孙航, 周浙昆, 等. 2008. 中国种子植物区系地理[M]. 北京: 科学出版社.

吴征镒, 周浙昆, 李德铢, 等. 2003. 世界种子植物科的分布区类型系统[J]. 云南植物研究, 25(3): 245-257.

谢高地, 张彩霞, 张昌顺, 等. 2015a. 中国生态系统服务的价值[J]. 资源科学, 37(9): 1740-1746.

谢高地, 张彩霞, 张雷明, 等. 2015b. 基于单位面积价值当量因子的生态系统服务价值化方法改进[J]. 自然资源学报, 30(8): 1243-1254.

新疆维吾尔自治区林业局. 2001. 新疆湿地资源调查报告[C].

新疆植物志编辑委员会. 1992. 新疆植物志(第 1~6 卷)[M]. 乌鲁木齐: 新疆科技卫生出版社.

熊宇. 2021. 我国湿地保护监督管理体制的一体化路径[J]. 中南林业科技大学学报(社会科学版), 15(5): 24-30.

徐新良, 刘纪远, 张树文, 等. 2018. 中国多时期土地利用遥感监测数据集(CNLUCC)[DB/OL]. 资源环境科学数据注册与出版系统(http://www.resdc.cn/DOI). DOI:10.12078/2018070201.

杨妮. 2022. 我国湿地保护法律对策研究[D]. 武汉: 武汉工程大学.

庾晓红, 乔厦, 王冰, 等. 2013. 延安市湿地资源现状及保护对策研究[J]. 中南林业调查规划, (1): 37-39.

袁国映. 2012. 新疆生物多样性分布与评价[M]. 乌鲁木齐: 新疆科学技术出版社.

张健, 李佳芮, 杨璐, 等. 2019. 中国滨海湿地现状和问题及管理对策建议[J]. 环境与可持续发展, 44(5): 127-129.

张树彬. 2019. 大凌河国家湿地公园退化湿地现状与对策分析[J]. 防护林科技, (10): 64-65+81.

中国科学院兰州沙漠研究所. 1985. 中国沙漠植物志(第 1~3 卷)[M]. 北京: 科学出版社.

左石磊. 2013. 浙江省湿地资源调查量测研究与实施[J]. 测绘通报, (7): 82-84, 111.

第 6 章

乌伦古湖水污染成因及水生态效应
分析

20 世纪 70 年代以来，乌伦古河常态化断流，以及湖区渔业养殖、周边农业面源污染导致的盐分与营养成分及有机污染物由河道不断向湖泊的迁移富集，导致乌伦古湖水体矿化度高、有机污染物质和氟化物超标，已经严重影响湖泊生态系统健康安全。为贯彻党中央、国务院"让江河湖泊休养生息""生态文明建设"的战略部署，落实"绿水青山就是金山银山"的发展理念，推进乌伦古湖"山水林田湖草"系统治理和良好生态环境维护，亟须摸清湖泊生态环境家底，开展新疆乌伦古湖水污染成因及水生效应分析研究，深入剖析乌伦古湖污染存在问题的根源，为制定污染防治对策研究提供科学依据。

6.1　污染成因解析方法综述

通过常规组分分析可以认识水体污染程度及污染现状，甚至可以初步分析可能的污染来源。普遍方法是将污染物浓度结合污染源分布进行污染现状和污染原因研究，所得出的结果难免会出现分析结果与实际情况不符之处，由于缺少深入的研究，很难确定水体是否受到某类污染源的影响，不同类型污染源对水体污染的贡献更是难以实现。因此，构建快速、准确的污染源识别与解析方法，对水质安全保障以及流域水污染风险防控具有重大意义。目前源解析研究方法主要包括受体模型法、源排放清单分析法以及源扩散模型。

6.1.1　受体模型法

目前常用的受体模型法主要包括同位素分析和三维荧光指纹谱分析等。

在识别污染源的各种方法中，通常利用稳定同位素分析法区分水体中的不同污染源。目前，大多数氮源研究主要是利用水体中硝酸盐氮氧的同位素技术。水中硝酸盐污染源来源复杂多样，随着氮、氧同位素技术的不断发展，通过硝酸盐氮稳定同位素的分析有助于确定硝酸盐污染来源。但是仅仅依靠硝酸盐氮和硝酸盐氧的特征值只能定性地了解污染源，无法定量地得出各污染源的贡献率。为了估算各污染源对水体硝酸盐污染的贡献率，开发出了 IsoSource 软件。该项技术从开始的定性化研究逐渐发展为基于模型的定量化研究。通过对氮氧同位素的分析，并借助 SIAR 模型是当前进行硝酸盐污染溯源最为有效的方法。此外还有运用硫同位素示踪水体中硫酸盐来源的研究。

近年来，三维荧光指纹谱技术在水体污染源监测与预警中受到国内外学者的广泛关注并进行了大量的研究。水体中的溶解性有机物的性质决定了其荧光特征，因此不同水体的三维荧光指纹谱存在显著的差异。这种一一对应的特点可以用来表征水体和污水的有机物差异，因此水体的三维荧光指纹谱也被称为"水质荧光指纹"。荧光参数只能简单地进行污染源判断，不能看出各污染源的贡献率，必须将三维荧光指纹谱同其他的源解析技术相结合，实现更加准确的源解析。例如，将三维荧光指纹谱同端元混合模型（end member mixing analyses，EMMA）相结合，将荧光参数作为端元混合模型的组分来估算不同污染源的源贡献率。

同位素分析方法和三维荧光指纹谱分析法一般只针对特定类型的污染物开展溯源，如氮同位素只能对氮进行溯源，而作为影响水体富营养化的另一种重要元素磷，由于在自然界只存在一种稳定同位素 ^{31}P，无法通过磷开展同位素溯源。三维荧光谱分析一般只能对荧光类溶解性有机物进行溯源，仅能表示水体中荧光类溶解性有机物的种类、含量变化，且容易受到 pH 值、金属离子和温度等外界因素以及地球生物化学作用的影响。

6.1.2　源排放清单分析法

源排放清单法即通过调研，分析不同污染源和污染因子活动水平，构建各污染源数据库，并选取恰当的排污系数，进而对不同源的污染因子负荷量进行估算，最终确定主要的贡献源，此方法需要有详细的污染源排放清单，在源解析研究中使用比较广泛。具体分析方法为，从污染排放源头出发，选取 COD、NH_3-N、TN、TP 作为计算指标，综合采用第二次全国污染源普查、统计年鉴以及排污系数法等，计算不同类型污染源排放量，解析其污染源结构。第二次全国污染源普查范围包括：工业污染源，农业污染源，生活污染源，集中式污染治理设施，移动源及其他产生、排放污染物的设施。排污系数则根据第二次全国污染源普查各类污染源产排污系数手册。

6.1.3　扩散模型法

扩散模型法具有一定的预测性，即在掌握污染因子的排放、扩散、转化及沉降过程的基础上，结合研究区地理、气象等环境条件，对不同源受体点污染因子的贡献情况进行估算。此方法可明确表达源解析空间分布特征并能够准确分辨本地源与外来源。发展至今，此模型已经历了高斯扩散模型、欧拉数值模型及计算机整合模型 3 次更迭，已逐渐趋于成熟。随着水动力学和生态学理论的进一步发展，加之愈加复杂的外部环境变化，传统较为简单的一二维水质模型已经不足以支撑水环境模拟分析，尤其在复杂的湖泊富营养化领域。由此以水动力学为理论基础，结合对流扩散方程和水质组分的质量平衡方程，能够模拟湖库生态系统中各组分变化的生态-水动力-水质模型成为研究热点。这类模型属于非均匀混合型，可以更加准确地模拟水体中水质因子的物理化学生物迁移转化过程。但这种模型的通用性相对较差，数据基础要求较高，且使用时要针对特定的湖泊对模型中的参数进行估计。目前国内外应用广泛、考虑因素较为全面的水环境综合数学模型主要有荷兰 Delft 水力学实验室开发的 Delft3D 模型、丹麦水资源与环境研究所开发的 Mike 系列模型和美国环境保护局支持开发的 EFDC 模型。

6.2 污染成因解析技术方案

笔者在乌伦古湖水生态环境演化研究中，采用了扩散模型法来开展湖泊污染成因解析，具体解析技术方案如下。

6.2.1 乌伦古湖水环境模型构建

1.模型原理

以 MIKE3-ECOLAB 模型为基础，构建乌伦古湖水动力模型。该模型是能够模拟地表水体湖流、波浪、物质传输、生物地球化学过程的三维数学模型，能够应用于湖泊、水库、河道、湿地和海洋。MIKE3 能够很好地模拟三维水动力、温度、盐度变化过程，黏性泥沙和非黏性泥沙的传输，水体营养盐循环过程、富营养化过程及有毒物质传输过程。近年来，该模型已经被广泛地应用在多个研究区域中，取得了较好的模拟效果。

1）水动力模块

模型垂向上采用 σ 坐标变换，能较好地拟合近岸复杂的岸线和地形；采用 Gelperin 等修正的 Mellor-Yamada 2.5 阶湍封闭模式较客观地提供垂向混合系数，避免其人为选取造成的误差。动量方程、连续方程及状态方程为：

动量方程：

$$\partial_t(mHu) + \partial_x(m_yHuu) + \partial_y(m_xHvu) + \partial_z(mwu) - (mf + v\partial_x m_y - u\partial_y m_x)Hv$$
$$= -m_yH\partial_x(g\zeta + p) - m_y(\partial_x h - z\partial_x H)\partial_x p + \partial_z(mH^{-1}A_v\partial_z u) + Q_u \quad (6\text{-}1)$$

$$\partial_t(mHv) + \partial_x(m_yHuv) + \partial_y(m_xHvv) + \partial_z(mwv) + (mf + v\partial_x m_y - u\partial_y m_x)Hu$$
$$= -m_xH\partial_y(g\zeta + p) - m_x(\partial_y h - z\partial_y H)\partial_z p + \partial_z(mH^{-1}A_v\partial_z v) + Q_v \quad (6\text{-}2)$$

$$\partial_z p = -gH(\rho - \rho_0)\rho_0^{-1} = -gHb \tag{6-3}$$

式中，H 为水深，$H=h+\zeta$，即水深 h 加上自由水面相对于静止状态下自然的垂直方向原点 $z^*=0$ 的位移 ζ；p 是压力；f 是科里奥参数；A_v 是垂直涡动黏滞系数；Q_u 和 Q_v 是动力源汇项；ρ 是密度。

连续方程：

$$\partial_t(m\zeta) + \partial_x(m_y Hu) + \partial_y(m_x Hv) + \partial_z(mw) = 0 \tag{6-4}$$

$$\partial_t(m\zeta) + \partial_x\left(m_y H\int_0^1 udz\right) + \partial_y\left(m_x H\int_0^1 vdz\right) = 0 \tag{6-5}$$

式中，u、v 分别表示正交曲线坐标系下 x、y 方向的速度分量；m_x 和 m_y 为水平坐标变换因子，$m=m_x m_y$。经坐标变换后，z 方向的速度 w 与坐标变换前的垂直速度 w^* 有如下关系：

$$w = w^* - z(\partial_t\zeta + um_x^{-1}\partial_x\zeta + vm_y^{-1}\partial_y\zeta) + (1-z)(um_x^{-1}\partial_x h + vm_y^{-1}\partial_y h) \tag{6-6}$$

若给定 A_v 以及 Q_u、Q_v，联立式（6-1）至式（6-5），即可解出 u、v、w、ζ 和 p。

2）水质模块

水质模块直接与水动力模块耦合，水动力输运和水质过程的模拟同时进行，即水动力和水质公式进行代码级耦合并可以同时运行。

水质变量的质量守恒控制方程如下：

$$\frac{\partial C}{\partial t} + \frac{\partial(uC)}{\partial x} + \frac{\partial(vC)}{\partial y} + \frac{\partial(wC)}{\partial z} = \frac{\partial}{\partial x}\left(K_x\frac{\partial C}{\partial x}\right) + \frac{\partial}{\partial y}\left(K_y\frac{\partial C}{\partial y}\right) + \frac{\partial}{\partial z}\left(K_z\frac{\partial C}{\partial z}\right) + S_C \tag{6-7}$$

式中，C 是水质变量浓度；u、v 和 w 分别是 x、y、z 方向的速度分量；K_x、K_y 和 K_z 分别是 x、y、z 方向的扩散系数；S_C 是单位体积源汇项。

水质变量的质量守恒方程式（6-7）包括了物理输运、平流扩散以及生态动力学过程，其左边后三项为平流输运项，右边前三项为扩散输运项。这六项和物理输运项类似，数值解法和水动力模型中盐度质量守恒方程相似。方程最后一项表示每个状态变量的动力学过程和外部负荷。

2. 模型构建

模拟区域为乌伦古湖，包括布伦托海（大湖）和吉力湖（小湖）。基于非结构三角网格，提取乌伦古湖岸线和地形坐标，建立乌伦古湖三维水动力数值模型，共划分 5211 个计算网格（图 6-1）。湖泊底高程主要由现场地形监测并经内插处理获取（图 6-2），由于乌伦古湖水深较深，为了较好地模拟湖泊湖底地形，垂直方

向采用 σ 坐标，平均分为 6 层。根据流体静力学连续性和避免产生 σ 坐标带来的压力梯度错误，应使湖底坡度小于 0.33。

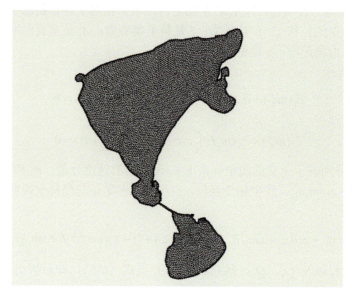

图 6-1　乌伦古湖水环境模型网格划分图

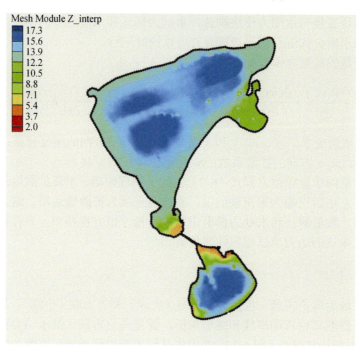

图 6-2　乌伦古湖水深图

乌伦古湖模型的边界主要包括大气边界和环湖河道边界。模型需要大气边界数据来驱动流体模型，主要包括大气压力、空气温度、相对湿度、降水、蒸发、太阳辐射、云量、风速和风向等。

基于已建立好的水动力模型，开展乌伦古湖流场模拟。模型初始条件设置了初始水位、初始流速。在假设湖面水平条件下，初始水位设置为模拟时段第 1 天的平均值。水深是根据水位和湖底高程得出的，并且设置初始流速 0 m/s。

水动力模型边界（风场等）取 2019 年 1 月 1 日至 2019 年 12 月 30 日的实测值，计算总时长为 365 天，此时乌伦古湖流场已达到充分稳定状态，水动力模块计算采用动态时间步长 120～240 s。为了适应水位波动，尤其是相对浅水区域，模型设置了临界干水深 0.05 m。

乌伦古湖在典型风场（西风及西北风）作用下，乌伦古湖表现出一定的风生流特征。受风场驱动，表层流速大于中层及底层流速，这是由于表层流场直接受到了风场的驱动，获得较大能量。表层主流向与风场较为一致，中层流场及底层流场由于补偿流的作用导致出现了反向的流场。典型风场下表层和底层流场分布见图 6-3。

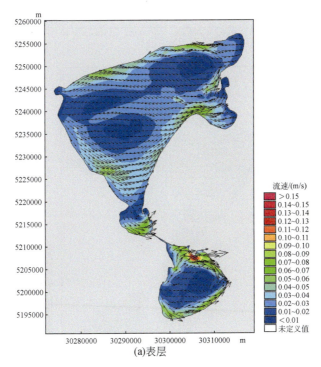

(a)表层

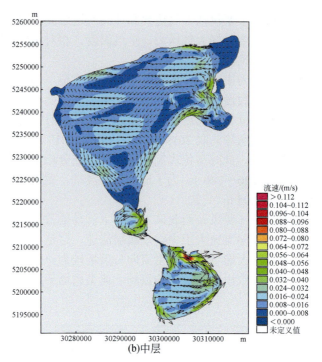

(b)中层

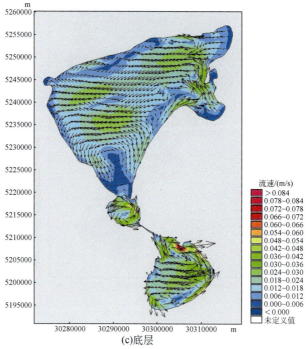

(c)底层

图6-3　乌伦古湖在典型风场作用下表层（a）、中层（b）、底层（c）流场分布

6.2.2　模型率定及验证

水质模块直接与水动力模块耦合，水动力输运和水质过程的模拟同时进行，即水动力和水质公式进行代码级耦合并可以同时运行。对于氟化物的模拟，根据其物理化学特性，考虑其为保守物质，采用对流扩散水质方程进行模拟，主要率定的参数为氟化物降解系数；而 COD 被用来表示由物质减少引起的氧气消耗，考虑其动力学过程，主要率定参数为 COD 降解系数和降解氧半饱和数。

初始条件设置：主要包括初始水位、流场、水温和 COD 及氟化物浓度。计算时间：考虑到水文水质同步监测在 9、10 月份开展了排碱渠等外源的输入，开展以 9 月份监测数据为初始条件，模拟 10 月份的 COD 和氟化物浓度空间分布。根据实际调研情况，9 月、10 月间未有额尔齐斯河调水；乌伦古河入河流量由福海站提供，水质数据由实测值给定。初始水温和水质浓度则根据 9 月份监测点的实测值进行空间内插得到（图 6-4 和图 6-5）。

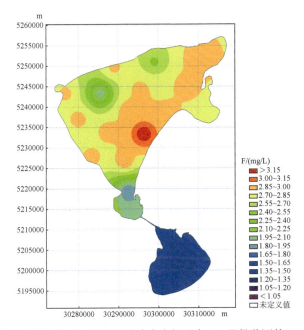

图 6-4　模型氟化物初始浓度空间分布（9 月份监测值）

计算条件设置：采用动态时间步长 10～30 s。水动力模块和水质模块采用动态实时耦合的方式连接交换数据。为了适应水位波动，尤其是浅水区域，模型设置了临界干水深 0.1 m。

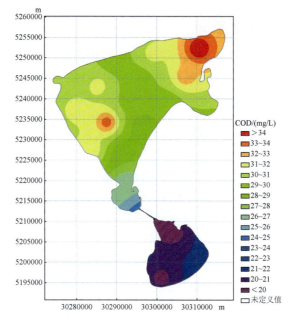

图 6-5　模型 COD 初始浓度空间分布（9 月份监测值）

1. 氟化物率定及验证

结合以往的相关野外试验和其他水域的研究成果，开展氟化物水质参数的率定分析，其降解系数为 $7.0 \times 10^{-11} \sim 2.5 \times 10^{-11}$（$s^{-1}$）。氟化物的率定过程中，我们发现其降解系数在取值较小的情况下，对模型敏感性影响较小。各监测点位模拟值与实测值的对比如表 6-1 和图 6-6 所示。总体而言，模型模拟结果与实测值吻合较好。

表 6-1　氟化物各监测点位相对误差统计

监测点位	模拟/（mg/L）	实测/（mg/L）	相对误差/%
吉利湖 N	1.57	1.44	9.03
吉利湖湖心	1.57	1.45	8.56
吉利湖 S	1.56	1.49	4.75
乌伦古湖 P1	2.47	2.90	14.98
乌伦古湖 P2	2.85	2.88	1.20
乌伦古湖 P3	2.89	2.89	0.13
乌伦古湖 P4	2.89	2.93	1.23
乌伦古湖 P5	2.74	2.91	5.70

续表

监测点位	模拟/（mg/L）	实测/（mg/L）	相对误差/%
乌伦古湖 P6	2.85	2.87	0.81
乌伦古湖 P7	2.82	2.89	2.27
乌伦古湖码头	2.88	2.88	0.06
乌伦古湖中心	2.89	2.90	0.30
乌伦古湖 P8	2.76	2.90	4.66
乌伦古湖 P9	2.90	2.90	0.14
乌伦古湖 P10	2.90	2.90	0.11
乌伦古湖 P11	2.94	2.88	2.04

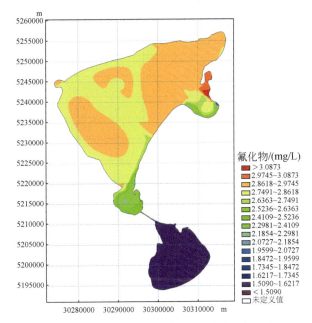

图 6-6　模型模拟 10 月份氟化物浓度空间分布

2. COD 率定及验证

结合以往的相关野外试验和其他水域的研究成果，开展 COD 水质参数的率定分析，其降解系数为 $2.5 \times 10^{-9} \sim 1.0 \times 10^{-9}$（$s^{-1}$）、降解氧半饱和数取值为 1（mg/L O_2）。各监测点位模拟值与实测值的对比如表 6-2 和图 6-7 所示，各监测站点平均误差为 15.99%，符合模拟精度要求。

表 6-2　COD 各监测点位相对误差统计

监测点位	模拟/（mg/L）	实测/（mg/L）	相对误差/%
吉利湖 N	20.24	25.50	20.63
吉利湖湖心	20.25	29.50	31.34
吉利湖 S	20.24	25.00	19.06
乌伦古湖 P1	27.68	40.00	30.79
乌伦古湖 P2	30.20	32.33	6.60
乌伦古湖 P3	30.06	38.00	20.90
乌伦古湖 P4	30.38	36.00	15.60
乌伦古湖 P5	29.16	35.67	18.25
乌伦古湖 P6	29.45	29.33	0.38
乌伦古湖 P7	29.75	37.67	21.03
乌伦古湖码头	30.42	37.50	18.88
乌伦古湖中心	29.95	28.50	5.10
乌伦古湖 P8	29.86	32.50	8.14
乌伦古湖 P9	31.59	38.00	16.87
乌伦古湖 P10	31.30	34.33	8.83
乌伦古湖 P11	32.33	37.33	13.41

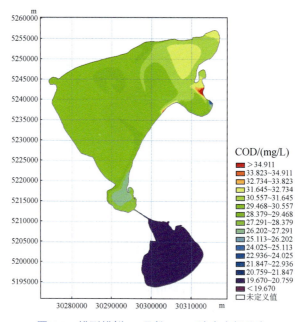

图 6-7　模型模拟 10 月份 COD 浓度空间分布

6.3　乌伦古湖污染成因分析

6.3.1　COD_{Cr} 污染成因分析

1. 表层污染物受风场流影，导致湖泊东部 COD_{Cr} 浓度较高

乌伦古湖在典型风场（西风及西北风）作用下表现出一定的风生流特征。受风场驱动，表层流速大于中层及底层流速，这是由于表层流场直接受到了风场的驱动，获得较大能量。表层主流向与风场较为一致，中层流场及底层流场由于补偿流的作用出现了反向的流场。典型风场下表层和底层流场分布见图 6-8。因此自然情况下，布伦托海表层污染物将在风场流影响下从西向东迁移，并累积在骆驼脖子、黄金海岸等东岸区域范围内，而由东部地表径流迁移进入布伦托海的污染物难以横向迁移。吉力湖受乌伦古河汇入影响，其表层水体流向与风生流流向相似，浓度分布应以西北部向东南逐渐升高。

布伦托海表层流以西向东的流动方向为主，西岸戈壁滩面源污染进入湖泊后较易向东部湖区迁移，而东岸随排碱渠进入湖泊的污染物则难以横向扩散，主要以纵向扩散为主，且额河补水点位于西北部湖区，在不考虑外源污染汇入情况下，整体也将呈现西低东高的趋势（图 6-9）。

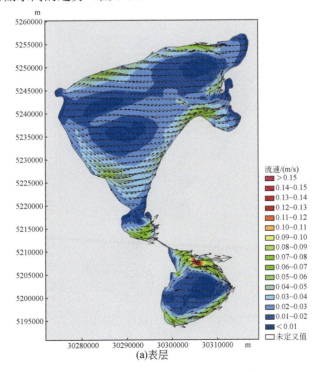

(a)表层

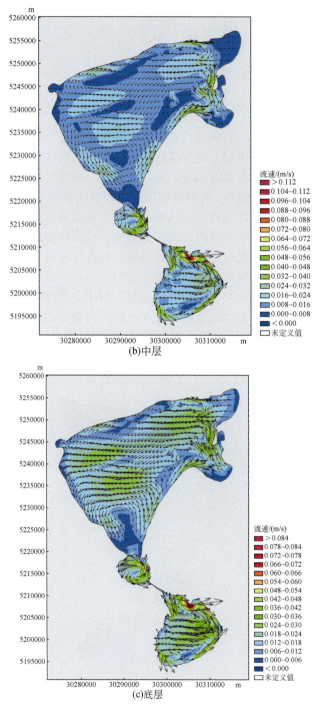

图 6-8 典型风场作用下乌伦古湖表层（a）、中层（b）、底层（c）流场分布

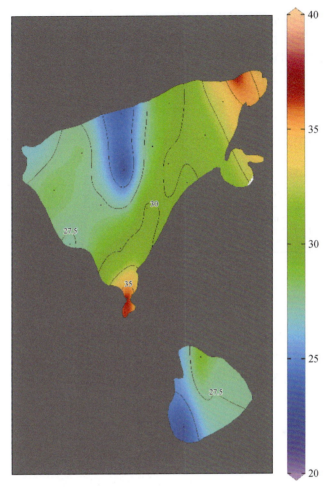

图 6-9　乌伦古湖表层 COD$_{\text{Cr}}$ 浓度（mg/L）分布

2. 乌伦古湖 COD$_{\text{Cr}}$ 整体处于输入输出平衡状态，COD$_{\text{Cr}}$ 浓度下降难度大

额尔齐斯河 73km 补水处多年平均补水量为 3.24 亿 m³，乌伦古河补水量约为 3.36 亿 m³，通过排碱渠和灌渠汇入约为 1.4 亿 m³，地下水补给约为 1.44 亿 m³，降雨补给约为 1.32 亿 m³，以本研究补充监测到的地表径流、地下水、土壤溶出浓度等相关 COD$_{\text{Cr}}$ 指标为参考，测算 COD$_{\text{Cr}}$ 年入湖量。根据监测，2020 年 4～6 月期间，乌伦古河入湖 COD$_{\text{Cr}}$ 浓度约为 15.66 mg/L、额尔齐斯河汇入乌伦古湖 COD$_{\text{Cr}}$ 浓度低于 5 mg/L、福海灌区排碱渠入乌伦古湖口浓度约为 122 mg/L、周边土壤浸出液换算成降雨径流的浓度约为 8.7 mg/L、地下水补充浓度约为 7.1 mg/L。经计算，每年通过各个渠道汇入乌伦古湖的 COD$_{\text{Cr}}$ 总量约为 9100 吨。以近 20 年乌伦古湖平均 480 m 水位（对应库容约为 77.68 亿 m³）核算，在目前乌伦古湖水资源交换与平衡规律下，外源输入对乌伦古湖水质 COD_{Cr} 浓度贡献约 1.17 mg/L 左右。乌伦古湖 COD_{Cr} 降解率约为 1.27 mg/（L·a）。因此，目前乌伦古湖水体 COD_{Cr} 整体处于输入输出平衡状态，COD_{Cr} 平均浓度将维持在近年的 26～29 mg/L（表 6-3）。

表 6-3　乌伦古湖 COD_{Cr} 汇入量分析

项目	水量收入/亿 m³					
	乌河补给	额河 73 km 补给	灌区排碱渠补充	地下径流	降水补给	合计
年均水量	3.36	3.24	1.4	1.44	1.32	10.76
入湖浓度/（mg/L）	15.61	6	121	7.1	8.7	
汇入量/（t/a）	5244.96	1944	1694	102.24	114.84	9100.04

3. 排碱渠入湖 COD_{Cr} 负荷量最大，农田径流是湖体 COD_{Cr} 高污染的主要来源

解析乌伦古湖控制单元 COD 排放结构（图 6-10），COD 排放量占比最重的是农田径流，达到 48.57%，其次是畜禽养殖，占比 40.53%。COD 入湖量也主要以农田径流为主，占比 39.03%，其次是畜禽养殖，占比 32.58%，氨氮、总磷和总

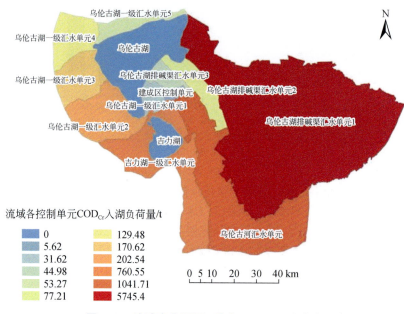

图 6-10　流域农业面源污染物 COD_{Cr} 入湖负荷

氮的排放结构与 COD 基本相似。农田径流是流域范围内主要污染贡献源，包括了种植业退水影响（排碱渠）。

采用入湖系数法测算农业面源污染物 COD_{Cr} 的排放量与入湖量，COD_{Cr} 排放量和入湖量较大的区域依次为乌伦古湖排碱渠汇水单元 1、乌伦古河汇水单元、吉力湖一级汇水单元，这三个单元的排放量占比将近 83%，入湖负荷量占比 91% 左右。其中乌伦古湖排碱渠汇水单元 1 排放量与入湖负荷量最大，主要原因是农业的不断发展，农产品产量、畜禽养殖产量的增多加大了当地农业面源污染。因此将乌伦古湖排碱渠汇水单元 1、乌伦古河汇水单元、吉力湖一级汇水单元划定为农业面源污染物 COD_{Cr} 高污染风险区域，应特别关注对这三个控制单元 COD_{Cr} 排放的管控。

6.3.2　氟化物污染成因分析

1. 湖泊氟化物浓度受 pH 影响

2004~2019 年间，乌伦古湖的氟化物浓度均大于 2 mg/L，整体呈下降趋势。这主要是由于通过人为增加入湖水量导致湖体水位上升，水体的稀释效应导致了氟化物浓度随时间的增加呈下降趋势。但是在 2013~2015 年氟化物浓度显著上升，特别是乌伦古湖湖中心、乌伦古湖码头和码头至中心三个区域的污染最为严重。乌伦古湖湖中心和乌伦古湖码头两个断面在 2013 年氟化物浓度达到最高值，分别为 6.30 mg/L 和 6.50 mg/L，码头至中心在 2014 年达到峰值，为 4.01 mg/L，严重超过地表水Ⅲ类水质标准（1.0 mg/L），在 2019 年为 2 mg/L 左右。总结氟化物浓度变化，可以发现湖水中氟化物浓度整体呈下降趋势，这是由于湖水水位的增加导致了湖体的稀释效应，而在 2013~2015 年氟化物浓度的年际剧烈变化可能是由于外部因素改变了湖水 pH（图 6-11），从而打破了湖体内部原有的化学平衡，

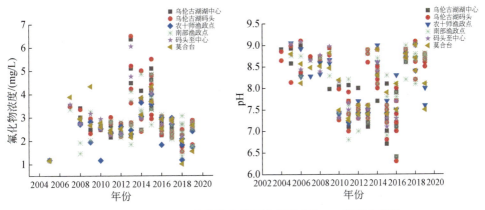

图 6-11　2004~2019 年乌伦古湖氟化物浓度和 pH 的动态变化

引发湖体内部化学反应促进底泥或水体悬浮物中氟化物的溶解释放。该假设与实际观测到的湖水 pH 的剧烈变化相吻合，表现出在 pH 值较低的情况下氟化物浓度较高。

底泥中的 F^- 含量在 25～40 mg/kg，远远超过湖水中的 F^- 含量，湖水 pH 的变化同样引起了底泥中 F^- 的变化。底泥与湖水 F^- 含量变化相呼应，pH 为 6 时，湖水中 F^- 含量显著升高而底泥则显著下降。原乌伦古湖 P11、P9、P7 和乌伦古湖湖心底泥 F^- 含量分别 39.80 mg/kg、33.90 mg/kg、26.90 mg/kg 和 27.30 mg/kg。调节 pH 为 6 时，则分别下降到 11.50 mg/kg、10.20 mg/kg、11.10 mg/kg 和 11.40 mg/kg，分别下降了 246.09%、232.35%、142.34% 和 139.47%（图 6-12）。pH 为 7、8 和 9 时，底泥 F^- 含量与原底泥含量差异没有 pH 为 6 时显著。说明湖水 F^- 含量受 pH 值影响，湖水的 pH 值越低则 F^- 含量越高，底泥中 F^- 含量则越低，表明当湖水为酸性时促进了底泥中 F^- 的释放，从而使湖水 F^- 含量显著升高。

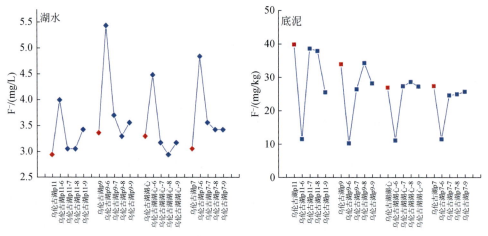

图 6-12　不同 pH 的湖水与底泥反应后湖水和底泥中 F^- 含量

2. 流域岩层化学风化作用释放氟化物，并随水迁移汇集

乌伦古湖处于我国西北干旱区域，作为乌伦古河的尾闾湖，为乌伦古湖氟化物的富集和迁移提供了有利条件，而关于乌伦古湖水体氟化物的来源及超标的主要成因最有可能来源于矿物的溶解。有研究表明，天然水体中氟化物主要来源于矿物的溶解，如萤石、氟磷灰石、角闪石和一些从火成岩、沉积岩和页岩中风化而来的云母，而伊利石、绿泥石和蒙皂石这些黏土矿物则是极好的阴离子交换介质，具有产生高浓度氟化物的潜力。

乌伦古湖流域被新疆阿勒泰地区第三系、第四系和石炭系地层包围，这些地层中含有大量的沉积岩、碎屑岩及火山岩，天然氟的含量可能会很高。乌伦古湖流域的地层大多为含有火山碎屑的沉积岩。这些火山碎屑可能在雨水、河水以及地下水中溶解，从而将氟化物释放到水体中，最终经过水文过程汇聚到乌伦古湖。利用化学分析和扫描电子显微镜（SEM）结合射线能谱分析仪（EDS）、多晶 X 射线衍射（XRD）分析、QEMSCAN 矿物分析技术和电子探针（EPMA）分析技术对乌伦古湖流域不同地点和不同类型矿物内的氟化物含量进行了定性和定量分析。

研究结果表明，乌伦古湖流域岩石主要分为沉积岩和岩浆岩两类，总氟含量在 426～2468 mg/kg 之间变化，水溶性氟含量在 0.26～3.13 mg/kg 之间波动。模型预测地壳中氟含量的平均值为 553 mg/kg，新疆地区土壤氟含量为 400～500 mg/kg，说明乌伦古湖流域岩石中的氟含量非常高。SEM-EDS 分析结果表明，乌伦古湖流域岩石中的氟质量分数范围为 0.91%～4.22%。EPMA 分析氟含量为 0.19%～8.07%，大多数位点的含量在 1%～2%，其中有两个位点含量很高，达到 5.80% 和 8.07%。QEMSCAN 矿物分析结果表明，乌伦古湖流域岩石中含有氟元素组成的矿物。XRD 说明岩石中水溶性氟的来源主要来源于黏土矿物，而黏土矿物中蒙皂石类的含量决定了岩石中水溶性氟的含量。说明乌伦古湖流域中大量的氟元素是乌伦古湖氟化物的重要来源，岩石中的氟元素经过风化和水的搬运最终汇入乌伦古湖，从而导致了乌伦古湖氟化物浓度超标（图 6-13）。

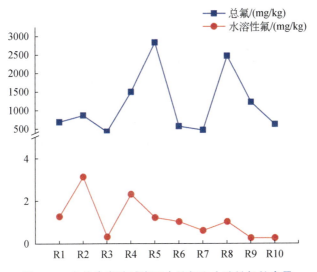

图 6-13　乌伦古湖流域岩石中总氟和水溶性氟的含量

3. 湖泊氟化物浓度受地表水-地下水交换作用影响

湖水中的矿化度与氟化物的稳定浓度都受地下水输出流量控制，地下水输出流量越大，带走湖水中的氟化物总量就越大，湖水中氟化物的稳定浓度就越小。同时，地下水中氟化物的浓度也影响稳定状态下湖水中的氟化物浓度。地下水中氟化物浓度越大，稳态下湖水中氟化物浓度就越大。乌伦古湖湖水稳定氟化物浓度为 2.55 mg/L，地下水输出流量为 2.15 亿 m³/a，计算得到的地下水氟化物浓度为 0.77 mg/L（图 6-14）。

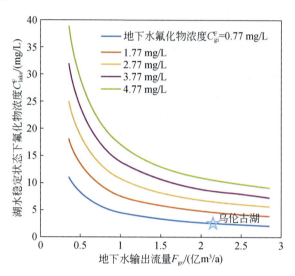

图 6-14　稳定情况下氟化物浓度与地下水输出流量的关系

2010 年至今乌伦古湖水位的升高导致了地下水输出流量增大，乌伦古湖内的矿化度和氟化物浓度均呈缓慢下降趋势，稳态模型预测新的稳态下湖水中矿化度为 1.68 g/L，氟化物的浓度为 1.70 mg/L，达到新的稳态所需时间为 50 年。为实现湖体内氟化物浓度降低到国家安全标准线以下，可增加湖体流出量来达到降低湖体内氟化物浓度的目的，而要降低湖体内矿化度和氟化物的浓度，则需通过工程措施从湖体内输出 10.95 亿 m³/a 才能在 2035 年实现改善乌伦古湖水质的美好愿景。

6.4　乌伦古湖水生态响应评估

乌伦古湖水污染物质的汇集，对湖泊生态圈有一定的影响，尤其是水生态系统的生物多样性与物种丰度，影响较大。

6.4.1　调查方法

1. 浮游植物

浮游植物的采样方法参照《淡水浮游生物研究方法》。定量样品采集方法如下：浮游植物标本采集 1 L 水样加入鲁哥氏液固定，静置 48 小时后，用虹吸管吸取转移掉上清液，把沉淀物转入 50 mL 塑料标本瓶中，定容到 30 mL 保存，待分析鉴定。

浮游植物的计数方法参照《淡水浮游生物研究方法》（章宗涉等，1991）进行。浮游藻类的鉴定在显微镜下，根据《中国淡水藻类》（胡鸿均等，2006）进行，同时进行计数。分析时取均匀样品 0.1 mL 滴于 0.1 mL 显微镜计数框中，在 400 倍显微镜下进行镜检和计数。每个水样需要重复计数两次，当两次数量只差不大于 15% 时进行计数，否则还要进行下一次计数，取多次计数的平均数作为该样点的显微镜计数。每 1 L 水样中浮游藻类的细胞数以细胞密度（N）表示：

$$N = \frac{A}{A_c} \times \frac{V_w}{V} \times n$$

式中，A 为记数框面积（mm^2）；A_c 为计数面积（mm^2，即视野面积×视野数）；V_w 为 1 L 水样经沉淀浓缩后的样品体积（mL）；V 为记数框的体积（mL）；n 为计数所得浮游藻类个体数。浮游植物计数单位用细胞个数表示。对不易用细胞数表示的群体或丝状体，可求出平均细胞数。

由于藻类的比重接近于 1，故可以直接由藻类的体积换算为生物量，生物量为各种浮游藻类的数量乘以各自的平均体积。因浮游植物因季节不同或地域的差别，则体积也不尽相同。但条件不具备时，可依据资料求得：即将每种浮游植物定量计数的个体数量与该种的平均湿重相乘即可得其生物量。再将各类浮游植物的生物量相加，即为浮游植物总生物量。

2. 浮游动物

浮游动物的采样方法参照《淡水浮游生物研究方法》。定量样品采集方法如下：轮虫标本采集 1 L 水样加入鲁哥氏液固定，静置 24 小时后，用虹吸管吸取转移掉上清液，把沉淀物转入 50 mL 塑料标本瓶中，定容到 30 mL。桡足类和枝角类的定量样品通过取 20 L 水样用 25 号（孔径 64 μm）浓缩过滤的方法收集到 50 mL 塑料标本瓶中，现场加 10%福尔马林溶液 10 mL 固定保存。浮游动物定性样品用 25 号浮游生物网（孔径 64 μm）在水面下 0～0.5 m 水层做"∞"拖取 5 min 采集，现场使用 4%福尔马林固定。

浮游动物的计数方法参照《淡水浮游生物研究方法》进行。计数轮虫时，取沉淀好的水样 1 mL 全片计数。计数枝角类和桡足类时，将过滤采集的浮游动物样品使用虎红染色 24 小时，在自来水缓慢的水流下用孔径 0.038 μm 的不锈钢网筛（直径 10 cm）冲洗干净福尔马林，然后转移到 10 mL 浮游动物计数板上全部计 120121 数。把个体数换算成生物量（湿重）时，每个轮虫为 0.0012 mg，枝角类为 0.02 mg，桡足类成虫为 0.007 mg，无节幼体为 0.003 mg。浮游动物种类鉴定参考《中国淡水轮虫志》、《中国动物志·淡水枝角类》和《中国动物志·淡水桡足类》。

3. 底栖动物

底栖动物调查根据生态环境部发布的《湖库水生态环境质量监测与评价技术指南》《河流水生态环境质量监测与评价技术指南》进行样点设定和样品采集、分拣、鉴定与统计分析。采集位点和断面依据水体环境状况和形态特征一字布设。在每个采样点或采集断面，基于不同水深、流速和流态，选择多种微型生境（如植物区、砾石区、腐泥区等），用 D 形网（0.09 m^2，网目尺寸 450 μm）沿河流约 100 m 河段采集 2～3 个样品，混合后在采样现场清洗干净，淘洗后剩余物质单独保存在自封袋中并标注完整样点信息和采样时间，置于放有冰块的保温箱中带回实验室或野外实验室。将样品倒入事先准备好的白色解剖盘内，并用清水将样品袋中残留物全部冲洗进样品盘中，然后用眼科镊手工将其中的底栖动物挑拣出来放入样品瓶，并加 70%乙醇或 5%甲醛溶液保存，待鉴定。在实验室内，样品经冲洗后在解剖显微镜（Olympus® SZ61）和显微镜（Olympus® BX53）下根据相关鉴定资料进行分类鉴定至最低分类单元，利用成像系统对每个种类形态和主要特征拍照。每个样品鉴定完毕后，计算每个种类数量，同时用吸水纸吸干表面水分后称取重量，再根据采样面积换算成每 122 个样点每种的密度（ind/m^2）和生物量（g/m^2），并根据对应统计公式计算多样性指数、优势种、广布种等。

4. 水生植物

沉水植物调查采用样点+样方法。每个样点处采用底部面积为 0.2 m^2 的旋转镰刀采集 3 个样方，样方布设遵循随机原则。每一样方内所有植物按物种分开，洗净后称鲜重，目测样点周边范围内沉水植物群落盖度。样点植物生物量为 3 个样方平均值。

挺水植物调查采用样带+样方法。根据各样点河道挺水植物分布状况，沿植物分布带每隔 50 m 设置 1 个 1 m×1 m 的样方，用镰刀收割后，按物种记录样方内植物鲜重，每一样点设 3 个样方，目测样点处挺水植物群落盖度（图 6-15）。

5. 鱼类

对乌伦古湖及附近水体设置不同的站位开展鱼类野外调查工作。其中，乌伦古湖共设置 7 个调查站位，吉力湖共设置 4 个调查站位，额尔齐斯河设置 1 个调查站位，共计 12 个调查网格数站位（图 6-16）。根据项目调查站点的设置，本项目采取自主捕捞、渔获物购置、市场调查走访、背景资料收集相结合的方法全面收集调查区域鱼类物种信息。野外自主采集鱼类标本通过现场布置渔网渔具进行，渔获物的市场调查通过走访当地附近菜市场、水产市场及其他鱼产品交易场所进行访问调查取样。

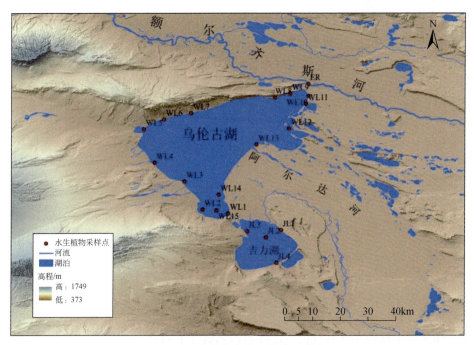

图 6-15　乌伦古湖水生植物采样点

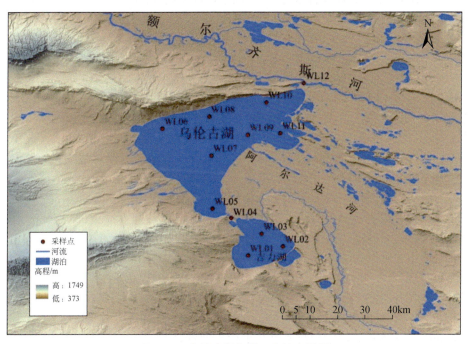

图 6-16　乌伦古湖鱼类调查站点设置

样本采集后，根据《中国动物志·硬骨鱼纲鲤形目中卷》《中国动物志·硬骨鱼纲鲤形目下卷》《新疆鱼类志》《中国条鳅志》等专业书籍进行分类鉴定，同时对其全长、体长、体重等基础生物学特征进行测量，最后采用甲醛和无水乙醇分别固定 1 份标本/种以上。通过对标本的分类鉴定，资料的分析整理，编制出鱼类种类组成名录。与此同时，根据调查渔获物组成，通过计算分析鱼类群落多样性，分析不同湖区及站位鱼类群落多样性水平差异；通过计算鱼类物种优势度指数，分析不同湖区及站位鱼类个体数与生物量组成差异性；最后，使用非约束性排序方法展示空间格局下鱼类群落结构差异性。

6.4.2　水生生物群落结构特征

1. 浮游植物

2021 年调查共发现浮游植物 8 门 78 种。其中，硅藻门 21 种，占比 27%；绿藻门 34 种，占比 43%；隐藻门 2 种，占比 3%；蓝藻门 11 种，占比 14%；裸藻门 4 种，占比 5%；甲藻门 3 种，占比 4%；黄藻门 1 种，占比 1%；金藻门 2 种，占比 3%。

2007 年 4 月和 8 月对乌伦古湖浮游植物进行了调查。经鉴定，调查区域内浮游植物共计 8 门 172 种（含未定种）。其中，绿藻门 74 种（含未定种）；硅藻门 50 种（含未定种）；蓝藻门 27 种（含未定种）；其他种类占 12.2%。4 月浮游植物平均细胞密度和生物量分别为 33.49×10⁴ind/L 和 0.4552 mg/L；8 月分别为 276.28×10⁴ind/L 和 3.6578 mg/L。

2006 年 11 月至 2007 年 7 月按季度对乌伦古湖浮游植物进行了取样调查，共发现浮游植物 8 门 90 属 164 种。绿藻门 34 属 69 种，占浮游植物种类总数 42.07%；硅藻门 32 属 53 种，占 32.32%；蓝藻门 10 属 17 种，占 10.37%；裸藻门 6 属 13 种，占 7.93%；黄藻门 3 属 4 种，占 2.44%；甲藻门 3 属 4 种，占 2.44%；金藻门 1 属 2 种，占 1.22%；隐藻门 1 属 2 种，占 1.22%。乌伦古湖浮游植物种类以绿藻门和硅藻门为主，占浮游植物种类总数的 74.39%。

与历史结果比较，本次调查春、夏、秋季分别鉴定出浮游植物 41 种、56 种和 62 种。物种数明显少于 2006 年和 2007 年的调查数据，但物种组成上结果一致，均是以绿藻门和硅藻门为主。

对比历史时期同季度数据，2007 年 4 月浮游植物平均细胞密度和生物量分别为 3.349×10⁵ 个/L 和 0.4552 mg/L；8 月分别为 2.76×10⁶ 个/L 和 3.6578 mg/L。2021 年 4 月所有点位浮游植物的平均密度和生物量分别为 9.475×10⁵ 个/L 和 0.765 mg/L，8 月所有点位浮游植物的平均密度和生物量分别为 1.351×10⁷ 个/L 和 3.26 mg/L。本次调查浮游植物密度高于历史调查数据。

2.浮游动物

本次调查共发现浮游动物 84 种。其中,轮虫 62 种,占比 74%;枝角类 7 种,占比 8%;桡足类 15 种,占比 18%。共发现浮游甲壳动物 19 种,其中桡足类 13 种,占浮游甲壳动物的 68%;枝角类 6 种,占浮游甲壳动物的 32%。乌伦古湖夏秋季桡足类全湖平均密度为 2.62 个/L,平均生物量为 0.27 mg/L;枝角类全湖平均密度为 0.53 个/L,平均生物量为 0.003 mg/L。

2006 年 11 月至 2008 年 8 月,2 年 8 个季度的野外采样调查。共观察到浮游甲壳动物 16 属 25 种,其中桡足类 19 种,占总种类数的 76%;枝角类 6 种,占总种类数 24%。乌伦古湖桡足类全湖平均密度为 1.78 个/L,平均生物量为 0.045 mg/L;枝角类全湖平均密度为 0.63 个/L,平均生物量为 0.021 mg/L。

与历史调查结果比较,表明浮游甲壳动物种类组成、密度之间变化不大,枝角类生物量大幅减少。

3.底栖动物

2021 年调查共发现底栖动物 4 门 19 种。其中,节肢动物门有 12 种,占比 63%;软体动物门有 4 种,占比 21%;环节动物门有 2 种,占比 11%;线虫动物门有 1 种,占比 5%。共采集到底栖动物 14 种,其中水生昆虫有 11 种,占比 78.6%;寡毛类有 1 种,占比 7.1%;线虫动物门有 1 种,占比 7.1%;软体动物门有 1 种,占比 7.1%。根据调查结果,乌伦古湖底栖动物的密度为 216 ind/m^2,底栖动物平均生物量为 0.522 g/m^2。

根据有关文献资料,2006 年 11 月至 2008 年 7 月期间 8 次季 158 节性调查,共采集到底栖动物 87 种,其中水生昆虫 61 种,占种类总数的 70.1%,寡毛类 14 种,占总种数 16.2%,软体动物 7 种,占总种数 8.0%,其他类 5 种,占总种数的 5.7%。大型底栖无脊椎动物年平均密度为 1015.01 ind/m^2,年平均生物量为 9.83 g/m^2。

对比发现,2021 年调查到的底栖动物物种丰富度、密度和生物量均低于历史水平。

4.水生植物

1987 年 7 月和 1989 年 7~8 月乌伦古湖水生植被调查中,共发现沉水植物 13 种,以眼子菜科植物为主;浮叶植物 5 种;漂浮植物 1 种;挺水植物 4 种。芦苇是第一优势种,占全湖水生植被总面积和总生物现存量的 81%和 68%。龙须眼子菜和穿叶眼子菜为亚优势种,其总生物量分别占全湖水生植被的 11%和 8%。

与历史调查相比,2021 年调查共采集到水生植物 11 种,隶属 8 科 9 属。其中，沉水植物 9 种，同样是以眼子菜科植物为主；挺水植物 2 种。芦苇（*P. australis*）为挺水植物的广布种和优势种，篦齿眼子菜（*P. pectinatus*）和穗花狐尾藻（*M. spicatum*）为沉水植物的广布种和优势种。挺水植物优势种仍为芦苇，沉水植物优势种由龙须眼子菜和穿叶眼子菜变成了篦齿眼子菜和穗花狐尾藻。

5. 鱼类

2000 年 10 月份和 2001 年 1 月份、5 月份、8 月份按季节分四个阶段调查。调查发现，乌伦古湖的鱼类共 4 目 8 科 22 种。渔获物组成以东方欧鳊和白斑狗鱼为主，其中东方欧鳊的数量和生物量分别占 79.4%和 62.2%，白斑狗鱼的分别占 7.2%和 25.8%。

与历史记录数据相比，2021 年调查物种数低于 20 世纪 60 年代，与 2000 年调查物种数接近。其中，哲罗鲑、北方花鳅、江鳕在 2000 年调查中收集到，分析原因可能为本次调查区域主要集中在湖泊中，对于河流调查力度较小，增大了采样误差，导致物种收集不全。此外，本次调查捕获的鱼类物种，如大眼华鳊、伍氏华鳊、贝氏𩾌，在已有的文献资料中并没有记录，而在该地区的首次发现说明人为的引种过程可能会不经意间带入其他物种，比如在 2000 年调查中同样发现麦穗鱼在本次调查中同样也有捕获，间接证实了人为活动的频繁导致物种入侵。

从 20 世纪 60 年代开始，乌伦古湖开始了鱼类引种工作，60～70 年代，把额尔齐斯河的鲤鱼、东方欧鳊、湖拟鲤和长江流域的草鱼相继移入乌伦古湖与吉力湖；鲢、鳙是在 1980 年后移植的。池沼公鱼是在 1991 年移植的。鲤鱼、东方欧鳊、湖拟鲤和池沼公鱼为在该湖能够自然繁殖并形成产量的增养殖鱼，草鱼、鲢、鳙是在该湖不能自然繁衍的放养鱼。麦穗鱼可能为从国内引进草鱼、鲢及鳙时无意带入的，现已在湖泊与河道的支岔自然繁衍。在 1971 年把额尔齐斯河水引入乌伦古湖后随引水白斑狗鱼、梭鲈、江鳕、高体雅罗鱼、哲罗鲑、黏鲈开始扩散到乌伦古湖。此外，在前人调查渔获物的基础上，本次调查发现少量的贝氏𩾌、大眼华鳊、伍氏华鳊鱼类个体，分析原因可能是在对鲢鳙鱼类进行增殖放流过程中夹杂了部分该物种个体。

6.4.3　水生生物与环境因子的关系

相关性分析（analysis of correlation）、一元线性回归分析（unary linear regression）和冗余分析（redundancy analysis，RDA）用于分析水生生物群落特征与环境因子之间的关系。首先运用 RDA 分析来判定环境因子与水生生物群落特征的总体关系。RDA 是一种回归分析结合主成分分析的排序方法，也是多响应变量回归分析的拓展。在 RDA 中将水生生物群落的变化分解为与环境变量相关的变差，用以探索水生生物群落受环境变量约束的关系。RDA 排序图中，样方直接在对应坐标处绘制为点。物种变量则呈现为向量，指向物种得分的对应坐标处，向量的方向表示了该物种丰度增加的方向。解释变量得分同样以向量的形式表示在 RDA 排序图中，环境向量的长度表示样方物种的分布与该环境因子相关性的大小；向量与约束轴夹角的大小表示环境因子与约束轴相关性的大小，夹角小说明关系密切，若正交则不相关。在进行 RDA 分析之前，先对样点-群落参数进行 DCA 分析，根据第一轴的大小（小于 3）确定线性模型。之后，选用 6 月份数据，用 Pearson 相关分析环境因子与水生生物群落物种多样性指数之间的相关关系，显著水平设置为 0.05，显著性因子被纳入后续一元线性回归分析从而获得线性回归方程。

1. 冗余分析

2022 年 2 月，水环境因子和浮游植物冗余分析（RDA）结果表明，2 月份浮游植物密度主要受化学需氧量（COD_{Cr}）和总磷（TP）影响；浮游植物生物量主要高锰酸盐指数（COD_{Mn}）和总氮（TN）影响（图 6-17）。

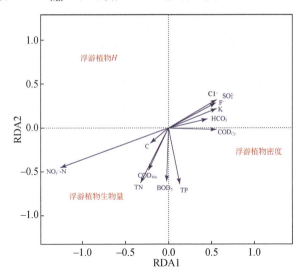

图 6-17　乌伦古湖 2 月份浮游植物群落与环境因子间的 RDA 二维排序图

2022 年 6 月，水环境因子和水生生物类群冗余分析（RDA）结果表明，浮游植物密度主要受氨氮（NH_4^+-N）影响，浮游动物密度和生物量主要受生化需氧量（BOD_5）影响；底栖动物密度和生物量主要受总氮（TN）、总磷（TP）、氨氮（NH_4^+-N）、氟化物（F^-）、化学需氧量（COD_{Cr}）、硫酸盐（SO_4^{2-}）、矿化度（K）影响，底栖动物物种多样性指数（H）主要受高锰酸盐指数影响（图 6-18）。

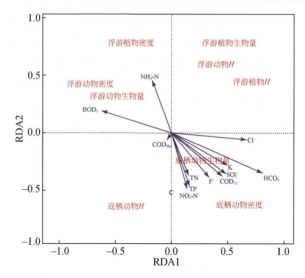

图 6-18　乌伦古湖 6 月份水生生物群落与环境因子间的 RDA 二维排序图

　　综合两次调查数据，冗余分析（RDA）结果表明，浮游植物密度、生物量和多样性指数主要受氨氮（NH_4^+-N）、高锰酸盐指数（COD_{Mn}）和总氮（TN）影响，浮游动物密度和生物量主要受生化需氧量（BOD_5）影响，浮游动物多样性指数主要受高锰酸盐指数（COD_{Mn}）和总氮（TN）影响；底栖动物密度、生物量和多样性指数主要受总磷（TP）、碳酸氢盐（HCO_3^-）、化学需氧量（COD_{Cr}）、硝态氮（NO_3^--N）和悬浮物（C）（图 6-19）。

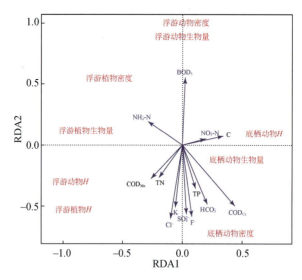

图 6-19　乌伦古湖水生生物群落与环境因子间的 RDA 二维排序图

2. 相关及回归分析

相关分析结果表明，浮游植物多样性指数与 BOD_5、TP、HCO_3^- 密切相关（图 6-20）；浮游动物多样性指数与 TN、F^- 密切相关（图 6-21）；底栖动物与 Cl^- 密切相关（图 6-22）。

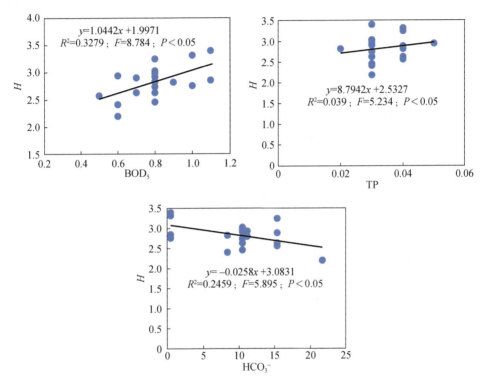

图 6-20 乌伦古湖环境因子与浮游植物多样性指数（H）回归

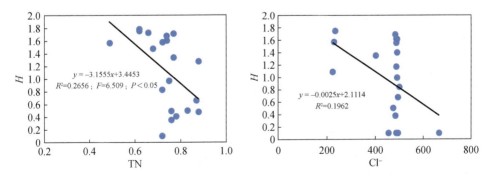

图 6-21 乌伦古湖环境因子与浮游动物多样性指数（H）回归

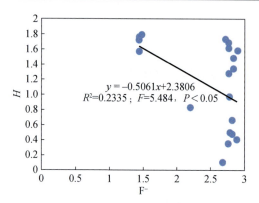

图 6-22　乌伦古湖环境因子与底栖动物多样性指数回归

6.4.4　乌伦古湖水生态影响评估小结

（1）调查共发现浮游植物 8 门 78 种。其中，冬季调查发现浮游植物 8 门 41 种，春季调查发现浮游植物 8 门 56 种，夏季调查发现浮游植物 7 门 62 种；以硅藻门和绿藻门为主。乌伦古湖冬、春、夏季浮游植物密度分别为 9.475×10^5 个/L、3.611×10^6 个/L 和 1.351×10^7 个/L；浮游植物生物量分别为 0.765 mg/L、1.680 mg/L 和 3.26 mg/L。均表现为夏季>春季>冬季。本次调查浮游植物物种数少于 2006 年、2007 年（采样频率、点位对结果有一定影响），浮游植物密度高于历史调查数据。

（2）乌伦古湖共调查发现浮游动物 84 种，种类组成以轮虫为主。夏季密度和生物量相对较高，角突臂尾轮虫、花箧臂尾轮虫和桡足类无节幼体为乌伦古湖浮游动物优势种；桡足类无节幼体和花箧臂尾轮虫为乌伦古湖浮游动物广布种。与历史相比，枝角类生物量大幅减少。

（3）受限于采样条件，本次调查共发现底栖动物 4 门 19 种，物种组成上以节肢动物门中的寡毛类为主，春季生物量和生物密度较大，雕翅摇蚊属一种（*Glyptotendipes* sp.）为乌伦古湖底栖动物优势种和广布种。

（4）本次调查共发现水生植物 11 种。其中，沉水植物 9 种，挺水植物 2 种。篦齿眼子菜和穗花狐尾藻为沉水植物的广布种和优势种；芦苇为挺水植物的广布种和优势种。水生植物物种多样性指数表现出较大的空间差异性，吉力湖湖区植物多样性高于布伦托海湖区。

（5）乌伦古湖及附近水体区域共调查得到鱼类物种 21 种，种类组成以鲤科鱼类为主，鱼类保有指数为 57.14%。池沼公鱼、尖鳍鮈、鲤、鳙物在乌伦古湖占据数量或生物量优势。

综上，乌伦古湖水生生物多样性水平与历史相比有所下降，水生生物群落结构需持续关注。本次调查，乌伦古湖浮游动植物和底栖动物种类均少于 2006～2008 年调查结果（调查 2 年 8 个季度），鱼类物种数量与 2000 年左右调查结果基本一致。群落结构上，浮游植物以硅藻门、绿藻门和蓝藻门为主；浮游动物主要以轮虫为主；底栖动物优势类群主要为摇蚊科、寡毛纲；沉水植物广布种和优势种为篦齿眼子菜和穗花狐尾藻等富营养化湖泊常见种；鱼类优质种为池沼公鱼、尖鳍鮈、鲤、鳙，土著鱼类资源需加强保护。

参 考 文 献

程艳, 李森, 孟古别克·俄布拉依汗, 等. 2016. 乌伦古湖水盐特征变化及其成因分析[J]. 新疆环境保护, 38(1): 1-7.

韩雪梅, 马超. 2015. 乌伦古湖水质现状、变化趋势及预测[J]. 干旱环境监测, 29(1): 28-31.

吉芬芬, 沈建忠, 马徐发, 等. 2018. 乌伦古湖水质变化及成因分析[J]. 水生态学杂志, 39(3): 61-66. DOI: 10. 15928/j. 1674-3075. 2018. 03. 009.

李慧菁, 贾尔恒·阿哈提, 程艳. 2015. 乌伦古湖流域污染负荷估算[J]. 环境工程技术学报, 5(2): 121-128.

刘长勇. 2021. 乌伦古湖生态治理措施研究[J]. 陕西水利, (9): 117-119. DOI: 10. 16747/j. cnki. cn61-1109/tv. 2021. 09. 044.

仝利红, 刘英俊, 张硕, 等. 2022. 乌伦古湖水体矿化度和氟化物浓度的年际变化及模拟[J]. 湖泊科学, 34(1): 134-141.

王显丽, 栾风娇, 摆晓虎, 等. 2019. 乌伦古湖上覆水水质因子与沉积物理化特性相关性研究[J]. 新疆环境保护, 41(3): 15-21.

吴敬禄, 马龙, 曾海鳌. 2013. 乌伦古湖水量与水质变化特征及其环境效应[J]. 自然资源学报, 28(5): 844-853.

谢继斌, 彭小武, 胡光胜, 等. 2021. 新疆乌伦古湖表层沉积物重金属形态及污染水平[J]. 新疆环境保护, 43(4): 23-29.

于雪峰. 2020. 乌伦古湖渔业资源现状及保护措施[J]. 黑龙江水产, 39(3): 8-9.

张昌民, 郭旭光, 刘帅, 等. 2020. 现代乌伦古湖滨岸沉积环境与沉积体系分布及其控制因素[J]. 第四纪研究, 40(1): 49-68.

邹兰, 高凡, 马英杰. 2021. 乌伦古湖水质污染的空间分布特征[J]. 水生态学杂志, 42(1): 35-41. DOI: 10. 15928/j. 1674-3075. 201903130059.

第 7 章 湖泊流域生态环境治理与可持续协同发展

7.1 资源环境协同调控战略措施

将乌伦古湖流域生态保护修复深度融入"丝绸之路经济带"核心区建设、新时代推进西部大开发形成新格局建设和以国家公园为主体的自然保护地体系建设等国家战略之中。在地区层面构建经济、社会、自然生态系统的复合"架构"体系，将"人的因素"纳入生态保护修复对策与应用技术体系之中，实现人类生存发展需求与山水林田湖草沙生态保护修复目标的和谐统一，将生态保护修复融入区域产业发展、城镇建设、人居环境改善以及生态旅游之中，与阿勒泰"以旅游业为主体，牵动一产、托举二产"的产业发展战略相融合，并与阿勒泰地区国土空间规划、"十四五"规划和 2035 年远景目标等融合衔接，使其成为阿勒泰地区推进现代化建设的重要抓手。

坚持生态优先，践行"绿水青山就是金山银山"理念，巩固提升地区的生态资源优势，培育发展乡村旅游、绿色食品加工等特色生态产业，加快推动生态产业化、产业生态化，着力打通优质生态资源与产业发展的转化路径，把加强生态环境保护与推进能源革命、推动形成绿色低碳循环生产生活方式、推动经济绿色转型发展统筹起来，实现山水林田湖草沙系统治理与高质量发展的相互促进。持续开展城乡人居环境整治，助力美丽城镇、美丽乡村建设和乡村旅游发展，不断提高群众的幸福感和获得感，维护阿勒泰地区社会稳定和长治久安。加强宣传教育，提高公众生态保护和监督意识，设置民间生态监督员等岗位，引导公益组织积极参与监督管理，营造全社会参与生态保护与监督的良好氛围。

7.1.1 乌伦古湖水生态保护总体任务设计

综合考虑地区支柱产业可持续发展需求，针对可能存在的生态环境保护与社会经济发展之间的不协调因子和各类型污染物归趋所引发的生态环境连锁反应，以习近平生态文明思想为总体指导，切实解决乌伦古湖流域存在的资源利用、污染治理、生态保护方面存在的问题，系统梳理全国湖泊湿地保护与治理、干旱与半干旱地区资源循环利用与污染治理先进经验，基于生物地球化学自然规律，以水、土和生物质资源循环高效利用、水资源优化调度和良好生态构建等三大策略为主体框架，整体推进乌伦古湖流域污染系统治理与环境增容工作，尊重自然演变的规律，采取自然恢复为主、人工强化为辅的总体战略，按照时间序列方式系统布局乌伦古湖治理任务，并适时采用模型情景模拟方式不断优化措施任务实施内容和实施期限，以期在 15 年时间内，乌伦古湖水质根本性改善，生态屏障安全得到充分保障。

7.1.2　资源高效利用促减排任务设计

1. 任务设计基础

乌伦古湖为乌伦古河尾闾，自然情况下，水力交换时间较长，除蒸发和地下水交换外无其他出湖通道，极易造成各种岩石风化产物、人类活动排放污染物的累积。本研究得出，乌伦古湖目前水质存在一个平衡状态，在目前外源输入和内源释放的情况下，水体对有机物的降解和输入速率相对平衡稳定，水体 COD 难以继续降低，氟化物同样存在外源输入和湖水内部生物地球化学转化平衡的问题，浓度将维持在 2.7 mg/L 左右的范围。在不打破原有平衡的基础上，水质将难以持续改善。

目前乌伦古湖流域以农业产业发展为主，农业面源污染排放是主要污染物来源，由于水资源相对缺乏，从 2016 年至今，地方已大力推广滴灌等高效灌溉模式，同时建设了城镇生活污水尾水蒸发池及回用池，推进工业企业完善污水处理及回用设施。此外，地方畜牧业以游牧方式为主，因此种种因素导致内地常用的农业排灌渠生态治理、规模化畜禽养殖企业集中式污水处理系统建设等治理措施不适用于地方。同时由于地区特殊的砂质土壤类型，对于水资源与污染物具有较快的下渗速度和较弱的截留能力，大部分污染物迁移速率高于其他地区，污染物降解效率相对较低，因此需要对症下药，重点采用源头减量的方式，进一步削减污染物的入河量，进一步降低乌伦古河水体有机物、氮、磷等污染物浓度，打破原有乌伦古湖水质平衡状态，促进水质向更好的方向改善，延缓湖泊的衰亡进程。

2. 优化国土空间开发格局，促进土地资源高效利用

1）严格执行生态保护红线管理要求，保护湿地公园生态功能

严格执行中共中央办公厅、国务院办公厅印发《关于划定并严守生态保护红线的若干意见》，推进乌伦古湖流域生态保护红线勘界与保护，生态保护红线原则

上按禁止开发区域的要求进行管理。遵循生态优先、严格管控、奖惩并重的原则，严禁不符合主体功能定位的各类开发活动。根据主导生态功能定位，实施差别化管理，确保生态保护红线生态功能不降低、面积不减少、性质不改变。

严格按照《湿地保护管理规定（2013）》相关要求，在湿地内禁止从事下列活动，包括开（围）垦湿地，放牧、捕捞；填埋、排干湿地或者擅自改变湿地用途；取用或者截断湿地水源；挖砂、取土、开矿；排放生活污水、工业废水；破坏野生动物栖息地、鱼类洄游通道，采挖野生植物或者猎捕野生动物；引进外来物种；其他破坏湿地及其生态功能的活动。2022年底前，对乌伦古湖湿地公园范围内存在的上述行为进行排查，并及时清理相关违规违法问题。

2）强化陆域空间管控

坚持"以水定陆"原则，充分考虑水生态环境保护要求和水质改善要求，强化陆域空间管控措施。首先，构建乌伦古湖流域分区管控战略体系，按照对乌伦古湖流域土地资源、土地适宜性和流域土地生态脆弱性情况，对整个乌伦古湖流域进行了土地资源的三线调控与保护区划分，具体见3.3.3小节。

研究制定乌伦古湖流域福海县、富蕴县、青河县等区域"三线一单"，依据水资源利用上限要求，核定区域农业种植业发展规模，禁止无序的耕地开发活动，推进过量耕地的退耕还湿、退耕还草等工作。

3）开展乌伦古河河谷保护区划分，推进河谷复绿与戈壁滩综合治理

依据《中华人民共和国河道管理条例》第二十条规定，划定乌伦古河河谷管理区，清理管理区内存在的非生态环境保护或水利工程相关设施，依据河长制管理相关要求，定期开展乌伦古河河谷巡护工作。开展河谷带生态环境现状评估，对于存在的生态退化、土地利用方式变更等相关问题进行排查，及时发现问题并进行整改，推进河谷带土壤复绿工程，构建乌伦古河生态滨岸带，减少通过径流进入河道污染物量。推进布伦托海西岸及南岸戈壁滩综合治理工程，结合水系更新等相关工作，开展戈壁滩系统治理，从水土资源联合调控角度，利用布伦托海现有水体，为戈壁滩的绿化提供水资源来源。

4）开展区域畜牧承载力评估，制定畜牧业总量控制方案，推进畜牧业污染治理

乌伦古湖湖泊红线区保护区内福海县8.17万亩草场退牧。按照《畜禽粪污土地承载力测算技术指南》相关方法，综合考虑乌伦古湖相关控制单元内农业种植、牧草种植等情况分析区域范围内畜禽养殖承载力，核算乌伦古湖福海县范围畜牧业总量控制要求。结合土壤承载力核算结果，提出不同土地利用特征下，畜牧业总量控制限值，按照土壤承载力管控要求疏解畜禽养殖总量，分流畜禽养殖从业人员，制定冬季牧场污染防治措施与要求，减少畜禽养殖对环境的负面影响，防控畜禽养殖"回潮"。流域黄线区、蓝线区全面实施草畜平衡，有序减牧，两区内共计1112.98万亩草地畜禽养殖的数量从现有的134.11万头减少到78.2万头，草地载畜量由1.81头/hm^{2}回归到1.05头/hm^2。

综合考虑水资源调度方式，依据现有牧草场划定相对固定的畜牧场，并在对应的冬牧场等集中区布设畜禽废弃物收集与资源化利用设施，如进行冬牧场内畜禽栏舍地表防渗，进行粪尿等废弃物收集，并采用发酵生产有机肥的方式，减少畜禽养殖业污染排放量。

5）转变区域农业种植业发展结构，推进高附加值农作物产业发展

积极发展特色农林业，建设绿色农业示范工程。以优势资源为基础，盘活集体资产，优化农业产业结构，让每个年龄层的农民都有活干。推进由"一"向"多"的转型发展，扶持畜禽养殖户的产业转移，推进粮食产能建设，依托福海县现代农业科技示范园，充分发挥农业生产、示范推广、农科服务等现代农业示范引领作用，促进劳动力转移就业，实现一、三产业相互支撑、协同发展，积极做好菜苗、花苗培育以及大棚蔬菜水果的种植工作。依托《阿勒泰地区中草药产业发展规划》，推进中草药产业发展，提高土地资源利用效率，逐步减少耗水量大、施肥量大的传统农产品种植面积。

3. 多渠道推进水资源与生物质资源节约高效循环利用，协同推进水污染系统治理

水资源配置主要侧重于流域水资源在生活、生产、环境方面的协调，以湖泊流域、区域水资源综合规划和节约、保护等专项规划为基础，以湖泊水生态安全和水资源承载力为约束，制定乌伦古河流域区域水量分配方案，建立覆盖流域、区域的取水许可总量控制指标体系，全面实行总量控制；以提高用水效率和效益为目标，研究大力推进节水型社会建设方案。研究农业领域的节水改造，大力推广节水灌溉技术，研究工业领域要在优化调整区域产业布局的基础上，重点抓好高耗水行业节水，研究城市生活领域要加强供水和公共用水管理、雨水等非常规水源利用，全面推行城市节水；以河湖管理为重点，研究加强水生态系统保护与修复方案，分析制定流域开发和保护的控制性指标，合理确定乌伦古河及乌伦古湖生态用水标准，保持湖泊下游合理生态流量。水资源配置以流域水量和水质统筹考虑的供需分析为基础，将流域水循环和水资源利用的供、用、耗、排水过程紧密联系，按照公平、高效和可持续利用的原则进行。

1）高效循环利用水资源

树立底线思维，强化水资源管理"三条红线"刚性约束，充分发挥水资源管理红线的倒逼机制，加快实现从供水管理向需水管理转变。严格控制取水许可总量，将取水许可总量控制作为落实用水总量指标的重要控制手段。

A. 农业节水要求

加强农田水利建设，切实解决农田灌溉"最后一公里"的问题。推进中小型灌区节水配套改造，加快小型农田水利建设，建立灌溉设施保护与管理机制，因地制宜推广管灌、喷灌、微灌等高效节水灌溉技术，完善灌溉用水计量措施，提

高农田灌溉水有效利用系数。按照"以水定地"的原则，严格控制流域内各县随意开荒和增加耕地面积，规划期间，福海县耕地的毛灌溉定额不得高于 570 m³/亩，总农业用水量不得超过 5.7 亿 m³，县域内耕地面积不得超过现状 100 万亩的规模，维持耕地面积的动态平衡。在流域内大力推行灌区节水改造及农田高效节水灌溉技术，福海县在现有 70 万亩高效节水农田的基础上，继续完成县域内 15 万亩耕地的高效节水改造。

B. 生活水资源高效利用要求

强化福海县范围内工业、生活节水措施。2025 年底前全县平均万元工业增加值用水量每年降低 4.6%；2026～2030 年间全县平均万元工业增加值用水量每年平均降低 4%；2030～2035 年间全县万元工业增加值用水量平均每年降低 2.5%，福海县水务部门应根据实际情况依据最严格水资源利用相关要求，设置工业增加值用水量限值。突出节水降耗，加强工业水循环利用，2025 年底前工业用水重复利用率达到 92%，2030 年底前则达到 95%，2035 年全县工业用水重复利用率达到 97%以上（考虑上海等一线城市节水型园区已达到 97%左右的水平，该指标为预期性指标，主要考虑降低重复利用率提升可降低工业用水和排水总量，降低污染物入湖总量）。

生活方面，突出节水控需，促进再生水利用；加强城镇公共供水管网改造，加快淘汰不符合节水标准的生活用水器具，大力发展低耗水、低排放现代服务业，推进高耗水服务业节水技术改造，全面开展节水型单位和居民小区建设。推进城镇节水，对全市范围内使用年限超过 50 年和材质落后的供水管网进行更新改造，降低公共供水管网漏损率。突出节流补源把非常规水源纳入区域水资源统一配置，加大雨洪资源、城镇生活污水厂处理尾水等非常规水源开发利用力度。自 2018 年起，单体建筑面积超过 2 万 m² 的新建公共建筑，应安装使用建筑中水设施，不断提高城市污水处理回用率，将城镇污水处理厂尾水用作城市绿化等公共用水和湖泊生态补水水源。

2）退出高耗水企业，走绿色循环的新型工业发展道路

全面推出钢铁、纺织、造纸、建材 4 个行业 16 项高耗水工艺、技术和装备。培植新型、轻型产业，扶持传统产业，发展农副产品加工、现代物流、专业市场、休闲旅游等，打造环湖、沿路的垂江产业带。现代物流：是产业发展的重要推动因素，以交通枢纽为物流发展的节点，努力塑造物流发展新格局。休闲旅游：依托山水资源、渔业资源、湿地资源等地方特色资源，发展休闲旅游，拓宽经济增长的动力，提升福海县综合实力。结合美丽乡村建设，切实推进农村硬化道路铺装，将生态旅游业与生态农业观光相结合，依托现有环湖路、海上魔鬼城、黄金海岸等节点打造环湖观光、观鸟的湿地科普线路。积极发展文化产业，在旅游业发展基础上采取"景区+度假区+生态渔村"的圈层发展模式，以此带动区域旅游复合发展。依托水产特色产业，在游客较为集中的黄金海岸等区域打造具备地方特色的餐饮品牌文化，在现有的农副产品深加工的基础上，推进农副土特产品为主的旅游购物品规模化与特色化，丰富旅游购物种类，提升现有旅游购物品的档次；结合湿地保护物种，推进科普读物、科普挂件等相关旅游购物品的生产与销售，凝练形成乌伦古湖国家湿地公园的宣传大使形象与周边产品，提升旅游购物品的档次；结合传统渔业生产文化，推进斗笠、鱼竿等副产品的推广。

3）基于资源循环利用理念，协同推进污染治理

A. 推进高标准农田建设，协同推进有机肥综合利用降低化肥施用量

将湖泊流域红线保护区（湖泊周边）内福海县为 0.69 万亩非基本农田全部退耕还湖、还湿，剩余基本农田全部采用高效节水灌溉和测土配方措施，并使用生物农业或高效、低毒和低残留的农药，最大限度降低对湖泊水质的影响。不断推进高标准农田建设，采用先进的农业灌溉技术和耕作方式，发展节水型农业和生态农业。结合区域优势发展农牧结合的循环生态农业发展模式，推广水肥一体化、测土配方施肥、生物控害与截污等清洁化农业模式，大力推广节肥、节药和农田污染最佳综合管理措施等先进适用技术，探索建立两型农业技术应用的政策性补偿制度。制定实施农业面源污染综合防治方案，大力推广节肥、节药和农田污染最佳综合管理措施等先进适用技术，推广水肥一体化、测土配方施肥、生物控害与截污等清洁化农业技术，探索建立两型农业技术应用的政策性补偿制度。不断推进高标准农田建设，降低化肥利用比例，至 2025 年底前，研究区域内测土配方施肥技术推广覆盖率提高到 90%以上；至 2030 年底，研究区域内测土配方施肥技术推广覆盖率提高到 95%以上。

统筹考虑畜禽养殖废弃物农业和牧草种植综合利用，针对存在的冬季牧场相对集中的特征，研究制定《游牧方式下冬季牧场畜禽粪污收集与资源化利用方案》，推进冬牧场牲畜粪、尿等废弃物收集与处理，采用蓄污与管道浇灌的方式，充分利用植被吸收与消纳营养物质，去除掉养殖废水中化学需氧量、氨氮和总磷三个主要污染因子。鼓励采取堆肥发酵还田、沼液沼渣还田、生产有机肥、基质生产、燃料利用等方式，促进养殖废弃物资源化利用，为解决大型养殖场和密集养殖区域的畜禽粪便消纳土地不足问题，建议畜禽养殖密集地区开展畜禽养殖业集中治理工作试点，积极引入第三方治理，筹划建设有机肥厂，并考虑对利用畜禽粪便生产的有机肥进行补贴和优惠扶持。通过综合利用的形式把畜禽养殖废弃物变废为宝，最终实现污染物的零排放。

B. 强化水产养殖污染治理，推进养殖废水循环利用

以党的十九大精神为指导，以新发展理念和乡村振兴战略为引领，立足当前，着眼长远，依法有序开发利用养殖水域滩涂和水生生物资源，努力提高水域产出率、资源利用率和劳动生产率，不断推进水产业高质量发展、可持续发展。落实功能区划管控要求，全面清退禁养区投肥投饵养殖，依据《中华人民共和国渔业法》《中华人民共和国水污染防治法》等法律要求，为使水域滩涂使用功能明确、

产业布局合理，需要对不同类型水域进行功能定位，按照不同养殖区域的生态环境状况、水体功能和水环境承载能力，科学确定养殖水域滩涂的区域规划目标，遵循"生态优先、养捕结合、以养为主"的渔业发展方针，本着"立足当前，着眼未来"的发展思路，结合福海县养殖水域资源特点和现有基础条件的实际情况，划定为禁止养殖区、限制养殖区、养殖区三个功能区域，其中乌伦古湖、福海水库、顶山水库等应划定为水产养殖禁养区，全面禁止投肥、投饵养殖模式发展。

限制养殖区内的养殖以增殖放流、人放天养为主，发挥养殖的生态维护功能，在此基础上建立限养湖泊禁渔期管理制度，确保区域内水质明显改善，水域生态功能得到有效恢复。严格控制养殖密度，规范养殖品种、模式。限养水体应以饲养滤食性鱼类为主，不得养殖对水体环境产生明显不利影响的品种，包括可能对水产种质资源保护区产生污染和危害的品种。严格控制渔业投入品的使用。严禁投肥、投粪、投饵养殖；规范用药，严禁使用违禁药物，严格控制渔业投入品污染。禁止可能对水域环境造成污染破坏的养殖、捕捞作业方式。

强化水产养殖管控，推进水产养殖尾水循环利用。实行养殖证和许可证制度，合理控制养殖密度，全面发放养殖许可证。养殖区内的水产养殖，依照《中华人民共和国渔业法》办理水域滩涂养殖证。完善养殖水域使用审批，推进养殖水域滩涂承包经营权的确权工作，规范水域滩涂养殖发证登记工作。养殖主体必须持证养殖，苗种企业须经生产许可，取缔无证养殖和超范围生产。根据养殖水域容量和鱼类生长特性，合理控制养殖密度。大力推广低污染排放养殖模式和技术，保护水域环境和种质资源。科学控制养殖投入品的使用。推广全价人工配合饲料替代幼杂鱼的直接投喂。严格监管养殖用药，实施减量增收、绿色防控，严厉查处养殖过程中使用硝基呋喃、孔雀石绿等禁用药物的违法行为，探索建立水产养殖用水质改良剂、底质改良剂、微生态制剂等生产备案制度，防范隐形使用违禁药物。全面推进标准化生产。抓好池塘清洁生产，推行池塘工程化循环水养殖，通过尾水深度处理和回用，减少水资源利用量和废水排放量。积极发展池塘工程化循环水养殖和工厂化立体养殖，生产更多的绿色、生态优质水产品。

对区域内的 2300 亩精养（包括全部的精养鱼塘）和自然养殖坑塘水体，在塘内采用合理的生态处理，使其达到《地表水环境质量标准》（GB 3838—2002）中的Ⅲ类标准后循环利用或排入湖体，主要控制区域为：①乌伦古湖骆脖子土著鱼类苗 1300 的精养和自然养殖坑塘；②一农场土著鱼类繁育基地 1000 亩精养和自然养殖坑塘。对大小湖周边和一农场全部 4000 亩鱼苗养殖坑塘（秋片鱼养殖）水体，因其水质较差，在其排入湖泊水体前，采用适宜的天然湿地加以人工辅助的方式进行处理，使其达到《地表水环境质量标准》（GB 3838—2002）中的Ⅲ类标准后再排出或排入湖体，重点工程布置在：①吉力湖后泡子3000 亩养殖塘；②一农场区域内 500 亩秋片鱼养殖坑塘；③库依尕河南岸福海县土著鱼类繁育基地（500 亩）养殖污水处理工程。

C. 全面完善生活源污染治理设施，推进尾水深度净化与回用

福海县城镇排水工程始建于 1992 年 6 月，1997 年 10 月投入运行，采用分流制排水系统。随着经济的发展，人口的增长，城市规模的扩大，日处理能力也远远不能满足现状，同时也影响一定的环境。为改善乌伦古河的生态环境，改善居民的生活环境，于 2005 年对排水工程进行了改扩建，设计日处理能力 5000m³，2009 年 10 月投入使用。目前日处理量在 4000 m³ 左右，主要为生活污水。各类管网长约 33 km，分别在老城区的永安路、人民路、济海路、光明路、银海路各铺设一条平行的，由东向西（d300～d400 水泥管）排水截流主干管，接纳其两侧排水支管的生活污水，最后汇流至 318 线由北向南的排水总管（d300～d500 水泥管）及提升泵站内，再由各级提升泵站由北向南逐级提升流至污水处理厂集中处理。计划新增县城至解镇排水管网，解决解镇排水。

再生水是城市污水、废水经净化处理后达到国家标准，能在一定范围内使用的非饮用水，可用于农业、工业、河道景观、市政杂用、居住回用等诸多方面，能在很大程度上缓解水污染导致的城市缺水问题。污水处理设施就是再生水的水源地，因此乌伦古湖流域城镇污水处理及配套设施建设中应积极推动再生水的利用。要按照"统一规划、分期实施、发展用户、分质供水"和"集中利用为主、分散利用为辅"的原则，积极稳妥地推进再生水利用设施建设。各地应因地制宜，根据再生水潜在用户分布、水质水量要求和输配水方式，合理确定污水再生利用设施的实际建设规模及布局，加快再生水利用建设，促进节水减排。目前福海县污水处理厂尾水排入附近蒸发池，但蒸发池并未做防渗等处理，建议下一步开展县区内管网漏损情况排查工作，强化管网运行维护，确保污水应收尽收，同时开展尾水深度处理和回用工程，对城镇污水厂尾水处理达到农田灌溉水质标准或相关标准后用于农田灌溉和城镇生态用水。

农村生活污染包括生活污水和生活垃圾污染。乌伦古湖流域的农村生活污水处理不容忽视。采取分散或相对集中、生物或土地等多种处理方式，因地制宜开展农村生活污水处理。在重要饮用水水源地（含地下水水源地）周边、村庄规模大，人口密集的村镇，应建设污水集中收集处理设施，大力推广使用无磷洗衣粉，通过立法禁止使用含磷洗衣粉，禁止磷酸盐排入水体。位于城市周边地区的村镇，建议延伸城市生活污水收集管网，将污水纳入城市污水处理设施，统一处理。对居住比较分散、经济条件较差村庄的生活污水，可采用净化沼气池、小型人工湿地等低成本、易管理的方式进行分散处理。同时结合农村净化沼气池建设与改厕、改厨、改圈建设，逐步提高农村生活污水综合处理率。

开展农村环境连片整治，分年度制定农村生活污水污染防治实施方案，结合社会主义新农村建设有关要求，实行统一规划、统一建设、统一管理，推广冲水式厕所和生态拦截工程。有条件的地区积极推进城镇污水处理设施和服务向农村延伸，对远离城区的村镇采用自然湿地或 MBR 膜反应器等小型集中处理、分散

处理、自然处理的方式处理生活污水，同时切实推进管网入户，切实保障污水处理设施发挥削减效益。农村污水处理系统推进较好的区域应在以往农村生活污水治理基础上继续完善污水管网等配套设施，提高污水处理设施进口浓度，同时农村生活污水处理设施出水应先进入农田或收集池，禁止直接排入通河、通湖渠道，其他未完善地区应开展农村环境综合整治，将污水处理系统纳入重点工作进行推进。

以全面推广乡镇、农村垃圾定点收集处理，推广生活垃圾分类收集，实现全市生活垃圾无害化处理为导向，实施生活垃圾分类收集，力争将分类收集范围覆盖到各县各镇，大力实施生活垃圾源头减量，提高生活垃圾资源回收和综合利用水平。

（1）推进垃圾分类和源头回用。对农村垃圾按照有害垃圾、可堆肥垃圾（包括畜禽养殖废弃物）和其他垃圾进行分类，有害垃圾由当地村委安排定点收集贮存，贮存到一定量后交由镇（街）设置的收集点。可堆肥垃圾可以由农户自行堆肥或者投放到村级垃圾堆肥池，经堆肥发酵后用于农业生产及沼气生产。

（2）完善垃圾收运系统。各县（市、区）全面推行"户收集、村集中、镇转运、县统筹处理"的农村生活垃圾收运处理模式，通过"一县一厂、一镇一站、一村一点"建设，完善农村生活垃圾基础设施建设，实现农村生活垃圾收集处理全覆盖，农村生活垃圾处理率提高到90%。完善生活垃圾收集运输系统，进一步完善垃圾转运站建设，对现有垃圾转运站进行改扩建，提高规范收集转运能力，实现环卫作业机械化和运输密闭化，减少生活垃圾在收集、转运中造成二次污染。将农村垃圾收集处理作为村庄整治的重点任务，应建立村镇环境卫生保洁的专业队伍，清除露天随意堆放的垃圾，实行定点封闭式堆放。从县城开始，逐步开展电池、灯管、废油漆等有毒有害垃圾的专门收集处置。建成完善的农村生活垃圾无害化处理处置网络。

依托美丽宜居乡村建设，持续加强村庄规划建设，鼓励国家级、省级及市级生态文明建设示范村镇申请和建设，对流域内各乡镇实施统一规划，逐步改造镇区污水排放系统，实行雨污分流，集中排放，开展农村生活垃圾专项整治，完善垃圾收集、储运、回收利用、安全处置等无害化处理处置体系。

D. 防控工业及矿产开发环境风险

基于阿勒泰地区地质含氟量较高的特征，应重点开展工业及矿产环境风险防控。推进矿区环境综合整治，防控水环境风险。推进矿区废水回收利用，减少废水排放对水环境污染风险。鼓励将矿坑水优先利用为生产用水，作为辅助水源加以利用；采取修筑排水沟、引流渠，预先截堵水，防渗漏处理等措施，防止或减少各种水源进入露天采场和地下井巷，采取灌浆等工程措施，避免和减少采矿活动破坏地下水均衡系统，研究推广酸性矿坑废水、高矿化度矿坑废水和含氟、锰等特殊污染物矿坑水的高效处理工艺与技术。选矿废水（含尾矿库溢流水）应循环利用, 力求实现闭路循环, 未循环利用的部分应进行收集, 处理达标后排放。完善尾矿库建设, 严格尾矿库监管。推进现有矿业开采及加工企业建立专用的尾矿库, 并采取措施防止尾矿库的二次环境污染及诱发次生地质灾害, 采用防渗、集排水措施, 防止尾矿库溢流水污染地表水和地下水, 尾矿库坝面、坝坡应采取种植植物和覆盖等措施, 防止扬尘、滑坡和水土流失, 推广选矿固体废物的综合利用技术。

E. 提前整体谋划旅游及船舶污染防控

遵照 "绿水青山就是金山银山" 的理念, 坚持绿色生态是最大财富、最大优势、最大品牌的导向, 为了发挥绿水青山的经济价值, 同时保护好乌伦古湖良好生态环境, 在旅游发展过程中 (含基础设施规划、建设、维护及旅游全过程) 应强化旅游污染防治工程建设。

(1) 整体做好旅游业污染防治顶层设计。将旅游污染防治工程纳入旅游业发展规划和设计过程中, 保护区范围内不涉及酒店等禁止项目, 所需建设的基础设施如道路、观鸟亭、垂钓等, 应配套相应的污染防治工程, 周边区域的酒店设计建设过程中应整体考虑污水初级处理设施、污水收集管网、分类垃圾收集点、宣传牌等相关设施布局, 道路及其他基础设施施工过程应注意废水、扬尘等污染防控, 垂钓、观鸟点等应完善垃圾收集处理、厕所等基础设施建设, 并加强宣传和经济管理, 提高旅游者环境意识, 减少旅游污染。

(2) 强化码头污染控制。应强化观光港口及码头污染防治。港口、码头设置船舶垃圾、粪便污水接收设施; 其他湖泊及流域应重点推进水产养殖饵料管理, 防止饵料通过地表径流直接进入水体, 对湖泊及河流水体水质造成影响, 强化固体废弃物收集管理, 完善垃圾及废弃饵料的收集与集中处理。

4) 探索非常规水资源利用途径

研究开展冬季降雪资源综合利用方式, 构建牧区及农灌渠融雪性洪水截流沟及回用体系。阿勒泰地区具备丰富的降雪资源, 但由于特殊的地质和土壤类型, 每年 3～5 月融雪期将形成融雪型洪水, 河道及地下水水位上涨, 携带大量的牲畜粪便和种植业化肥进入河道, 进而排放进入湖泊, 因此建议结合地形特点, 在高台与河谷交界区域设置洪水截流沟, 并引至防渗蒸发池进行储存后会用于农田灌溉等生产活动中。蒸发池应按照生态塘方式建设, 提高洪水颗粒物及污染物质的初步净化后回用。

开展区域地下水水文地质调查, 对地下水水位变化、地下水储量及水质开展全方位监测研究, 制定《地下水资源保护与利用规划》, 重点针对农牧集中区、城镇集中区等开展地下水水质调查工作, 区分含氟量高、污染较重区域, 开展针对性地下水污染治理工作。

7.1.3　水资源优化调度促扩容任务设计

1. 任务设计基础

乌伦古湖水系更新时间长、水动力较差是造成污染物累积与浓度偏高的根本原因，天然情况下干旱与半干旱地区湖泊普遍存在盐碱化过程，相对于水力连通性较好湖泊，其消亡进程较快，随着叠加人类活动影响，乌伦古河常年断流进一步加剧了乌伦古湖水位降低、水体浓缩过程。从提高水环境容量角度出发，提高乌伦古湖水系更新效率是有效缓解湖水水质超标的主要手段。因此本专题从打通额尔齐斯河—福海灌区—乌伦古河—吉利湖—布伦托海补水路线角度出发，提出布伦托海水系更新措施，促进水系更新时长缩短。

2. 制定并严格论证布伦托海水系更新实施方案

1）开展乌伦古河生态基流核定与水资源联合调度方案编制工作

以吉利湖水位维持在 483～485 米为设计终点，反推乌伦古河生态基流需求，同时结合流域水资源需求调查与核算，从乌伦古河生态基流保障出发，合理分配青河县、富蕴县、福海县乌伦古河水资源利用总量上限，开展乌伦古河全河段水位变化调查工作，合理确定各县交界处生态流量要求，确保乌伦古河断流天数占比降低至 10% 以下（图 7-1）。

图 7-1　吉利湖与布伦托海连接河道清淤范围图

2）疏通吉利湖与布伦托海连接河道，对湿地河岸线进行疏导修复

现状吉力湖与乌伦古湖河道连接段湿地淤积现象较为严重，河道水流区域及岸坡不规整，一定程度上影响吉力湖水流入乌伦古湖，为保证水流通畅，对该段河道及岸坡进行疏导，工程量 1 km。主要工程措施为对现有的淤积物进行清除，同时对河道岸坡进行修整、刷坡，加宽河堤，提升河堤稳固度，防止土质流失，现状的河岸边坡在 1∶8～1∶1，本次设计将现有的边坡统一成 1∶2.5。修复后河岸顶高程在 483.0～485.0 m。

3）开展布伦托海引水补水工程

采用两种方案论证布伦托海引水补水工程。方案一拟在布伦托海距引额济海投入口以西 34 km 以南 10 km 的西北角处建设一处进水闸门，通过 31.6 km 引水线路与额尔齐斯河（以下简称"额河"）连通，出口位于布尔津县牧道桥下游附近。探寻在乌伦古湖生态改善工程实施的基础上，模拟额河调水方案和与之对应的水闸出水流量下，乌伦古湖水质空间变化过程。模拟年份从 1972 年至 2007 年，年均入湖量为 3.2 亿 m^3。对于额河调水量和出水量的核定，已知多年最大可入湖量时间序列的基础上，考虑额河月入湖量小于 150 m^3 和乌伦古湖水位在 479.1～484.3 m 之间范围内波动两个约束条件，通过模型试算调整和优化的方式确定年平均出湖量为 0.8 亿 m^3。通过长时间序列的 COD 模拟可知，经过约 8.4 年的置换水过程，乌伦古湖 COD 浓度可降至 20 mg/L 以下，达到三类水标准。通过长时间序列的氟化物模拟可知，经过约 16.7 年的置换水过程乌伦古湖氟化物浓度可降至1.0 mg/L 以下，达到三类水标准。方案一存在两个风险，一是湖泊氟化物浓度不稳定可能导致额河水质超标，二是由于布伦托海目前存在池沼公鱼入侵物种，控制不当可能导致额河外来物种入侵的问题，对生态系统造成不利影响。方案二则是计划在布伦托海西岸戈壁滩进行中草药种植，并以此作为布伦托海置换水消纳措施，目前该方案可行性研究正在进行中，需结合种植面积及其需水量和区域水体蒸发量综合确定布伦托海年度引水量，在引水量边界条件确定的前提下，构建环境模型验证情景模式，评估引水对水体改善效果。

布伦托海西岸戈壁滩生态湿地构建与消纳工程方案可行性情景分析：

A. 情景方案设置

本工程拟从布伦托海北部引水，通过隧洞将水排放至布伦托海西北部额尔齐斯河以南的戈壁滩，通过种植中草药等耐旱经济作物，对这部分水量进行消纳和再利用，实现布伦托海水系更新和西岸戈壁滩生态环境改善。考虑额尔齐斯河月入湖量小于 150 m^3 和布伦托海水位维持在 479.1～484.3 范围内波动两个约束条件，通过模型试算，确定年平均出湖量为 0.8 亿 m^3 和 1.0 亿 m^3。按照一年置换水量为 1 亿 m^3 和 0.8 亿 m^3 两种情景模式分析，建议在 5～7 月三个月份内进行调水。

B. 方案分析结果

根据水量平衡原理，考虑布伦托海调水以灌溉水的形式进入戈壁滩土壤表层，湖水一部分被植物吸收利用，一部分由于下渗作用与土壤颗粒结合，此处按照土壤所能保持的最大含水量计算，另一部分受蒸发作用而损失，并且设置不产生地表径流，不考虑与地下水的交换过程，建立水量平衡模型。水量平衡方程如下：

$$Q_0 = F \cdot W + PWP \cdot W + E + Q_1$$

$$W = S \cdot h \cdot \gamma$$

式中，Q_0 为灌溉水量；F 为土壤所能保持的最大含水量（g/g），是植物可利用土壤水的上限；PWP 为永久萎蔫系数（g/g），是植物产生永久萎蔫时的土壤含水量，决定了植物可利用土壤水的下限；W 为灌溉范围内土壤质量；S 为灌溉面积；h 为灌溉水垂直入渗深度；γ 为土壤容重；E 为地表土壤水分蒸发量；Q_1 为灌溉后产生的地表径流量，考虑调水通过植物利用、下渗、蒸发等过程被全部消纳而不产生地表径流，则式中 $Q_1 = 0$。

3. 开展额河与乌伦古河联合水资源调度实施方案

针对吉力湖已向微咸转化的现状，以恢复其固有的淡水生态系统为根本目标，以 0.5 g/L 的矿化度水平作为吉力湖生态修复的基准，以 483.2 m 作为吉力湖最低控制水位，防止大湖水体倒灌小湖，科学调控流域水资源时空分布。

根据《乌伦古湖生态环境保护及资源可持续利用发展规划》，小湖水面高程大于大湖至少 0.4 m 时，才不致发生大湖水体向小湖倒灌，因此将大湖水位控制在 482.5 m 以下为宜。根据湖泊水资源调控基准，为科学重建乌伦古湖大、小湖合理的水盐系统，必须依赖于乌伦古河稳定足量补给吉力湖，并在现有情况下适度控制布伦托海向吉力湖倒灌。为保证入湖水量（由乌伦古河原有自然补给吉力湖的水量 5 亿 m³ 以上），有必要实施吉力湖水体生态保育工程、吉力湖至布伦托海之间的生态闸重建工程，同时应在大小湖区不同位置增设必要的湖面水位自动监测和预警设备，对大小湖区的限制水位和限制水位差进行实时监控，当小湖限制水位和大小湖水位差超过规定值的情况下，及时发出预警，湖泊主管部门应提前制定好丰、平、枯水年及其丰、平、枯水期的及时进行科学的水量调控。

根据乌伦古湖额河换水工程设计方案，拟在布伦托海距引额济海投入口以西 34 km 以南 10 km 的西北角处建设一处进水闸门，通过 31.6 km 引水线路与额河连通，出口位于布尔津县牧道桥下游附近。

在乌伦古湖生态改善工程实施的基础上，模拟额河调水方案和与之对应的水闸出水流量下，乌伦古湖水质空间变化过程。模拟年份从 1972 年至 2007 年，年均入湖量为 3.2 亿 m³。对于额河调水量和出水量的核定，已知多年最大可入湖量时间序列的基础上，考虑额河月入湖量小于 150 m³ 和乌伦古湖水位在 479.1～484.3 m 范围内波动两个约束条件，通过模型试算调整和优化的方式确定。

拟设计如下情景方案模拟氟化物、COD 在不同情景方案下的时空变化过程，探寻其达到三类水标准所需经历的周期。额尔齐斯河、乌伦古河水质边界条件为：COD 浓度分别为 5 mg/L 和 12 mg/L，氟化物浓度为 0.44 mg/L 和 0.41 mg/L（表 7-1）。

表 7-1　情景方案条件

方案一	额河年均入湖量 7.16 亿 m³、乌伦古河年均入湖量 3.2 亿 m³、年平均出湖量为 0.8 亿 m³
方案二	额河入湖量调至乌河，乌伦古河年均入湖为 3.2+7.16=10.36（亿 m³）、年平均出湖量为 0.8 亿 m³
方案三	在方案二的基础上，乌伦古河入湖污染负荷削减 20%

经过对上述三个情景方案的长时间序列模拟，我们得到乌伦古湖 COD 和氟化物在不同引水换水工程情形下的变化趋势特征。图 7-2 为不同情景方案下乌伦古湖湖心处 COD 浓度变化过程，图 7-3 为不同情景方案下乌伦古湖湖心处氟化物浓度变化过程。

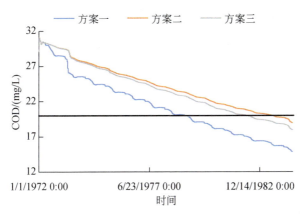

图 7-2　各方案乌伦古湖湖心处 COD 浓度变化时间历程

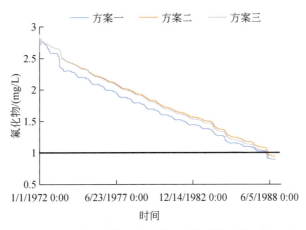

图 7-3　各方案乌伦古湖湖心处氟化物浓度变化时间历程

由图 7-2 和图 7-3 我们可以看到，经过一定周期的换水过程，COD 和氟化物呈现小幅波动式的下降趋势。对于 COD：由于乌伦古河来水 COD 浓度为 12 mg/L，相较额尔齐斯河来水 5 mg/L 水质较差，且额尔齐斯河补水较乌伦古河补水更能促进布伦托海水动力交换效率等原因，方案二和方案三（从乌伦古河补水）较方案一（额尔齐斯河补水）将 COD 降至三类水标准（20 mg/L）需更长的周期。三种方案分别需 8.4 年、11.8 年、10.9 年的置换水周期方可使乌伦古湖 COD 浓度降至 20 mg/L 以下。对于氟化物：由于乌伦古河来水氟化物浓度为 0.41 mg/L，相较额尔齐斯河来水 0.44 mg/L 水质较好，而从水体循环角度上，额尔齐斯河补水较乌伦古河补水对布伦托海的水动力交换效率促进作用更为明显，综合上述两个因素，三种方案分别需 16.7 年、17 年、16.8 年的置换水周期方可使乌伦古湖氟化物浓度降至 1 mg/L 以下。三种方案下，COD 和氟化物空间分布如图 7-4 至图 7-9 所示。

　　通过构建乌伦古湖水环境模型，开展了主要污染物 COD 和氟化物的模拟，以实测的水质数据为基础率定验证了模型的适用性，基于率定验证的模型开展了以乌伦古湖生态改善工程为基础的三种引水换水工程下的情景方案模拟。分别为额尔齐斯河引水、乌伦古河引水以及乌伦古河引水条件下进一步削减 20%污染负荷输入的方式。三种方案分别需 8.4 年、11.8 年、10.9 年的置换水周期方可使乌伦古湖 COD 浓度降至 20 mg/L 以下；三种方案分别需 16.7 年、17 年、16.8 年的置换水周期方可使乌伦古湖氟化物浓度降至 1 mg/L 以下。

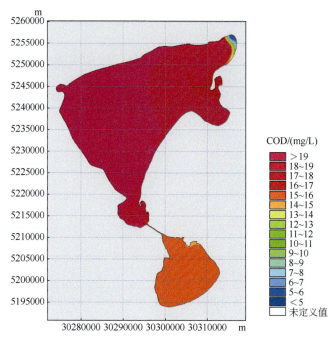

图 7-4　方案一下经过 8.4 年后 COD 空间分布

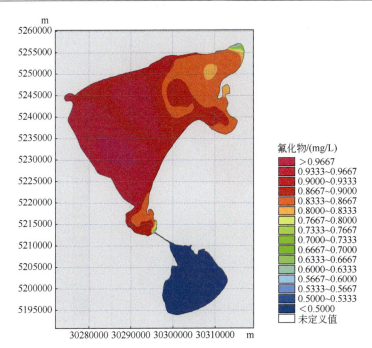

氟化物/(mg/L)

> 0.9667
0.9333~0.9667
0.9000~0.9333
0.8667~0.9000
0.8333~0.8667
0.8000~0.8333
0.7667~0.8000
0.7333~0.7667
0.7000~0.7333
0.6667~0.7000
0.6333~0.6667
0.6000~0.6333
0.5667~0.6000
0.5333~0.5667
0.5000~0.5333
< 0.5000
未定义值

图 7-5　方案一下经过 16.7 年后氟化物空间分布

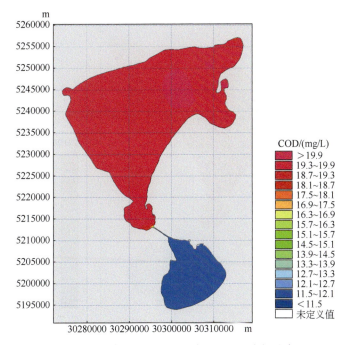

COD/(mg/L)

> 19.9
19.3~19.9
18.7~19.3
18.1~18.7
17.5~18.1
16.9~17.5
16.3~16.9
15.7~16.3
15.1~15.7
14.5~15.1
13.9~14.5
13.3~13.9
12.7~13.3
12.1~12.7
11.5~12.1
< 11.5
未定义值

图 7-6　方案二下经过 11.8 年后 COD 空间分布

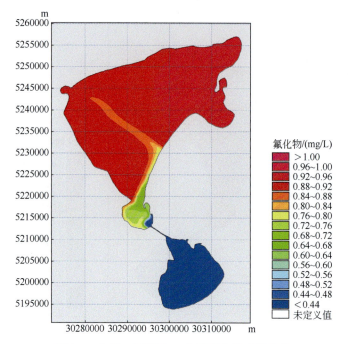

图 7-7   方案二下经过 17 年后氟化物空间分布

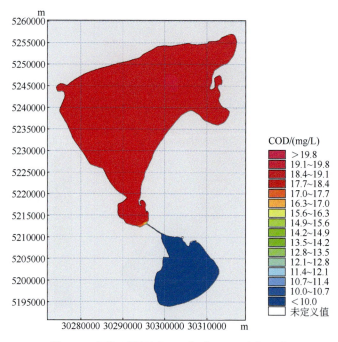

图 7-8   方案三下经过 10.9 年后 COD 空间分布

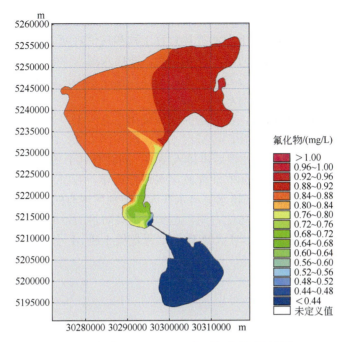

图 7-9　方案三下经过 16.8 年后氟化物空间分布

7.1.4　良好生态系统构建促自净任务设计

1. 任务设计基础

本研究水质监测结果发现，除 COD 及氟化物需要关注外，同样需要关注氮、磷等常规污染物的同步治理，从机理上，湖泊氮磷污染物含量升高将会引起湖泊富营养化问题，进而导致藻类大量繁殖，而藻类的大量繁殖将打破原有湖泊水体溶解氧和 pH 的平衡，导致日照情况下溶解氧含量过高从而引起 pH 的升高，pH 的升高将进一步引起湖泊颗粒物或胶体中氟离子的替位反应，进一步提高水体氟化物浓度。因此推进乌伦古湖流域有机污染和氮磷污染协同控制是促进湖泊 COD 及氟化物浓度降低的重要手段。

2. 大力推进入湖河道及排碱渠综合治理

进入乌伦古湖的河流除包括进入吉力湖的乌伦古河、进入布伦托海的额尔齐斯河（引水渠）和由吉力湖进入布伦托海的库依尔尕河外，还有 5 条较大的农业排水渠。其中，额河与乌伦古河水质较好，排水渠带入了大量农业和坑塘渔业养殖的废水。

针对乌伦古湖入湖河流污染的现状，为进一步削减入湖污染物，提出以下防治对策：

（1）实施乌伦古河中、下游河谷林封育工程和乌伦古河入湖河口自然湿地保护工程，进一步强化乌伦古河缓冲屏障功能，净化入湖水体水质。

（2）实施库依尔孜河生态建设工程，构建库依尔孜河河岸缓冲区，进行河岸缓冲带清理，净化库依尔孜河水质。

（3）对主要入湖农排渠，在合适的区域采用生态沟渠或选择合适地形，修建浅水沼泽湿地、培养水生植物，以减缓水流，沉积污染物，增加其入湖前的滞留时间，净化农排渠水量，经处理后再排入湖泊。同时有利于鸟类觅食、动物栖息。对福海乌伦古湖国家湿地公园农业灌溉尾水进行疏导、截留、治理，利用现有的自然地理条件，对周边的灌区排水渠尾水在入湖前利用现有的坑塘进行初步净化，避免农业灌溉废水直接流入乌伦古湖，达到水污染防治的目的。工程措施对4座控制闸进行维修，分别位于1号坑塘1座、2号坑塘1座、4号坑塘2座（图7-10）。

图 7-10   布伦托海东岸排碱渠截污闸建设及维修方案

1号坑塘通过水渠流向乌伦古湖的位置。本地块考虑水生植物和生态保护。截污闸拦截泄洪渠内水流，进行沉降和第一次水质处理；在水渠两侧打造生态驳岸，在生态驳岸种植水生植物，以净化氮磷钾元素；通过生态驳岸，利用石笼、融冰网等设施进行阻拦，再次净化水质。整体形成三道水质处理，以保护湿地水质。2号坑塘流向乌伦古湖的位置，处于环湖公路沿线重要节点。本地块地理位置及环境条件优越，位置突出，考虑种植水生植物，并进行生态保护。截污闸拦截泄洪渠内水流，进行沉降和第一次水质处理；在水渠两侧打造生态驳岸，在生态驳岸种植水生植物，以净化氮磷钾元素；通过生态驳岸，利用石笼、融冰网等设施进行阻拦，再次净化水质。整体形成三道水质处理，以保护湿地水质。4号坑塘通过 6 号水渠流向乌伦古湖的位置。本地块距离道路较远，截污闸连接 4 号坑塘，水量较多，不适宜种植水生植物。主要通过截污闸拦截泄洪渠内水流，阻挡塘水进入湖内，以现状原生植物净化水质，从而达到水质处理的目的。位于 5 号水渠流向 4 号坑塘处。截污闸拦截泄洪渠内水流，进行沉降和第一次水质处理；在水渠两侧打造生态驳岸，在生态驳岸种植水生植物，以净化氮磷钾元素；通过生态驳岸，利用石笼、融冰网等设施进行阻拦，再次净化水质。整体形成三道水质处理，以保护湿地水质。

3. 开展湖泊大型水生植物修复工程

在乌伦古湖魔鬼城、中海子、73 km 三处区域 8000 亩芦苇进行复壮，在 1 号坑塘、2 号坑塘、4 号坑塘内种植 600 亩芦苇进行湿地保育。福海乌伦古湖湿地现状周边芦苇湿地较多，芦苇是介于陆地生态系统和水生生态系统之间的过渡类型，是一种半水生、半陆生的过渡性植物。芦苇生态条件变化幅度大，边缘效应显著，从而能为大量的生物提供多样化的生存环境。因此，芦苇湿地生态系统中的物种和种群十分丰富并具多样性。芦苇湿地可防止土壤次生盐渍化。滞留沉积物、有害有毒物质和富营养物质。有效降解环境的污染，以有机质的形式存贮碳元素，进而减少温室效应。芦苇湿地也是众多动物、植物生育的理想场所。为此，芦苇湿地除具有较高的生物生产能力的同时，也为人类提供了丰富食物、原材料和旅游场所。净化水源，排出水中富营养物质，芦苇湿地对水中的富营养物质的排除作用通过两个方面实现：一方面由芦苇等植物对氮、磷、钾等有机物的吸收，另一方面是土壤对氮、磷、钾等有机质的过滤作用。选取呈现萎缩态势的芦苇荡进行芦苇复壮。本次复壮点布置在大小海子连接处，总的芦苇复壮面积为 8000 亩。芦苇生长密度约 40 株/m²，每株秆粗 2 cm，收割处理的芦苇平均高度计为 1.5 m，收割面积 8000 亩。芦苇复壮含渔村芦苇、坑塘垃圾清理、建筑垃圾及废弃电线杆拆除，局部沿线边坡做生态修复等。

此外建议在布伦托海中海子、骆驼脖子及吉力湖北部浅水区大型沉水植物（主要为眼子菜、金鱼藻等沉水植物）消亡的区域（约 11 万亩），进行人工引种和抚育，恢复这些地区的大型沉水植物，使其盖度修复到 20%以上。

4. 开展湖滨带生态维护工作

实施湖泊红线保护区退耕工程，退出湖泊红线区内福海县的耕地（非基本农田），退出后的耕地全部建设成为灌草结合的缓冲带。布伦托海、吉力湖周边红线区内 8.17 万亩的草场全部退出，草地覆盖度在 30%以上的草场允许按照草地合理载畜量放牧，覆盖度低于 30%的草场禁止放牧。实施湖周旅游景区、集中养殖作业点、湖泊水面、沼泽滩涂等区域的环境综合治理工程，全面清理湖岸线废弃物和垃圾，各类生活污水全部收集处理，禁止沿湖岸设置任何排污口（图 7-11）。

图 7-11 复壮区位置图

实施湖滨缓冲带（红线区）封禁保育工程，在进行退耕、退牧的基础上，沿湖泊红线边界非山地区域，对布伦托海和吉力湖湖滨缓冲区进行封禁保护和管护，极大降低人类活动对湖滨缓冲区的干扰，促进缓冲区内草地、滩涂、沼泽、水体的自我休养生息。

5.保护乌伦古湖生物多样性

1）鱼类资源保护

根据乌伦古湖的生态环境特点，以及乌伦古湖水生生物和鱼类的组成、分布、生态和生物学特征，在乌伦古湖建立以鱼类保护为主导的水生生物资源保护区，包括丁鱥资源保护区、梭鲈资源保护区、河鲈资源保护区、白斑狗鱼资源保护区、贝加尔雅罗鱼和湖拟鲤资源保护区、东方欧鳊资源保护和江鳕资源保护区。

（1）设置常年禁渔区。将乌伦古湖布伦托海中海子水域、骆驼脖子水域、73 km 小海子水域、天鹅湖（中海子）水域、乌伦古河入吉力湖半径 2 km 水域设定为常年禁渔区。当地水产渔政部门应加强对禁渔区的执法强度，严厉打击在上述禁渔区内的偷鱼行为。

（2）合理休渔。在乌伦古湖鱼类繁殖的主要季节，当地水产和渔政部门要制定开放水域（非禁渔区域）的合理休渔制度，根据各保护鱼类繁殖的特点、时间设立禁捕期和禁捕区，在主要休渔期开展禁渔活动，确保更多的成熟鱼类完成自然繁殖。

（3）合理控制湖内渔业产量。对大小湖渔业生产量进行适度控制，布伦托海渔业每年的产量应控制在 2000～3000 吨，吉力湖渔业产量应控制在 1000 吨。同时加强外来水生动植物物种管理，建立外来物种监控和预警机制，以维持湖泊生态系统的健康和稳定。

（4）强化湖泊土著鱼类增殖保护。在福海县建立 2 处乌伦古湖重要鱼类种质资源繁育基地，分别以福海县水产技术推广站在福海一农场建设的"福海名优鱼类苗种繁育基地"和库依尕河南岸"贝加尔雅罗鱼繁育基地"为基础进行建设，可实现对乌伦古湖 7 种土著鱼类的增殖放流，保护湖泊土著鱼类资源。

（5）限额捕捞。严格控制湖泊捕捞强度额最小捕捞规格，在控制入湖捕捞人数的同时必须严格控制每个捕捞证的总挂网总数和总长度；并对挂网的网目规格必须做出严格规定。应尽量选择对鱼类资源破坏相对较小的渔具，尽量减少副渔获物的数量，尽量选用挂网或拉网等渔具渔法。

2）珍惜生物资源保护

（1）设立水禽栖息地重点保护区。

将乌伦古湖湿地公园（湖泊红线区内）三处主要水禽栖息地，分别位于骆驼脖子、天鹅湖（中海子）、吉力湖（小海子）北侧芦苇沼泽，划定为鸟类重点保护区，保护区内禁止随意割苇，禁止放牧、放火和取土采砂。

（2）乌伦古湖鸟类救护站建设工程。

在布伦托海东岸建设鸟类救护站，主要对湿地公园内遭受自然或人为因素致残、受伤、疫病感染、离群的鸟类个体进行收容、治疗和饲养，并放归自然，救护设备。

（3）河狸及其栖息地保护。

蒙新河狸是河狸亚种里最为濒危的一个亚种，属国家一级重点保护野生动物，仅分布于蒙古国和中国，在我国的分布也只限于乌伦古河水系，数量极为稀少。除了乌伦古河上游的河狸自然保护区为河狸的集中分布区外，福海县乌伦古河入湖口为其分布的边缘，为此将乌伦古河入湖口划分兽类和自然河谷林湿地保护区域，进行围栏封禁保护，禁止采伐、放火、打猎等行为。

（4）实施乌伦古湖外来物种控制与食物网修复工程。

调查乌伦古湖外来物种的种类、数量及其分布、生物学特性及食物网结构，制定乌伦古湖外来物种控制和食物网修复工程方案，降低池沼公鱼种群规模，初步恢复湖泊食物网的控藻能力，防治湖泊富营养化。

6. 构建精细化监管体系，开展乌伦古湖可持续发展研究

实施乌伦古湖流域生态环境与保护、生态环境监测、环境监察、应急保障和环境信息化五大能力建设，为维护流域生态安全和环境质量提供能力支撑。完善

乌伦古湖水文监测基础设施和能力建设，与布伦托海、吉利湖入湖口等位置设施水位在线监控设备，并实时传输存储相关数据，构建乌伦古湖水文水质、气象等更多要素长序列监测平台和大数据分析平台。逐步建立包括流域污染源、水环境质量和应急系统等在内的综合信息管理平台。

实施乌伦古湖流域生态环境调查项目，针对流域污染源、湖泊水文水质、流域生态系统、流域气象、大气沉降等相关方面开展调查，明确流域主要污染源排放特征及其分布，明晰流域水资源利用与调度情况，评估流域生态系统健康性，积累气象、水文、水质、大气沉降等相关基础数据，形成流域生态环境基础数据库，为后期开展污染防控奠定基础。

开展乌伦古湖生态修复技术研发工作。结合乌伦古湖尾闾湖泊特征和干旱与半干旱气候特征，开展乌伦古湖流域水质与排放标准制定、干旱与半干旱地区水资源高效利用体系研究、高矿化度水体净化与修复技术研发、游牧方式下畜牧业污染治理技术研究、高效氟化物去除生态浮床构建与效果评估、湖滨带植被恢复技术研发、湖泊藻类与氟化物协同控制技术研发、湖泊沉积物原位修复与沉水植物带恢复联合技术研发、生物操纵法污染修复技术研发。

7.2　生态保护与可持续发展策略

乌伦古湖流域的协调发展理念应注重生态优先、绿色发展和可持续发展。这意味着在推动经济发展的同时，必须充分考虑环境保护、生态恢复和资源合理利用，实现经济、社会和生态的协调发展。乌伦古湖流域的协调发展要求实施系统治理，加强流域综合管理，打破部门壁垒，推动各领域的协同发展。目标应包括保护湖泊生态系统的完整性和稳定性，提高水资源利用效率，促进农业可持续发展，推动生态旅游产业发展，改善当地居民的生活质量，实现经济社会发展与生态环境保护的良性循环。重点方向包括生态保护与恢复、水资源管理、旅游开发与管理、社区参与与合作、法律法规与政策支持几个方面。

7.2.1　生态保护与恢复

1. 保护和恢复湖泊的生态系统

乌伦古湖湖泊的可持续发展首要任务是保护和恢复湖泊的生态系统。这包括加强湖泊水质监测与治理，控制污染物排放，限制湖泊周边的开发和工业活动对水体的影响，保护湖泊的湿地、植被和野生动物资源。其中，湖泊水质监测与治理指建立完善的湖泊水质监测体系，定期监测湖泊的水质指标，如 pH 值、溶解氧含量、营养盐浓度和有害物质含量等。基于监测结果，制定相应的水质治理方案，采取措施降低污染物浓度，保持湖泊水质的良好状态。污染物控制方面加强对湖泊周边工业和农业活动的监管，限制污染物的排放。制定严格的污染物排放标准，推动工业企业和农业生产者采取净化措施，减少对湖泊水体的污染。同时，加强农业非点源污染的治理，鼓励农民采取科学的农业管理措施，减少农药和化肥的使用，避免农业活动对湖泊生态系统的不利影响。开发限制上加强土地利用规划和管理，限制湖泊周边的开发活动。制定相关政策和法规，对湖泊保护区内的开发进行限制，保留足够的自然湿地和植被覆盖，以维护湖泊生态系统的完整性和稳定性。同时，控制旅游和休闲开发的规模和密度，避免过度开发对湖泊环境的破坏。湿地、植被和野生动物资源保护方面加强湖泊周边湿地的保护和恢复工作，恢复湿地的自然水文状况，增加湿地的面积和质量。保护湖泊周边的植被覆盖，避免过度砍伐和采挖，推动植被恢复和再造，促进湖泊流域的生态系统稳定和生物多样性保护。同时，加强野生动物资源的保护，设立自然保护区和野生动物保护区，严禁非法捕猎、交易和破坏野生动物及其栖息地。加强监测和执法力度，打击野生动物走私和非法狩猎活动，保护湖泊周边的珍稀濒危物种，维护生态平衡和生物多样性。

科学研究与技术创新方面，加强乌伦古湖湖泊可持续发展的科学研究和技术创新，提高对湖泊生态系统的认识和理解。通过生态模型建立、遥感监测、水文水质分析等手段，获取准确的数据和信息，为湖泊管理和保护提供科学依据。同时，积极推动环境科技的创新和应用，发展适用于湖泊保护的环境友好型技术和工程方案，提高湖泊生态系统的恢复和维护效果。

2. 防沙治沙措施

1）分类保护沙土土地

坚持预防为主、保护优先，实行沙化土地分类保护，全面落实各项保护制度，充分发挥生态系统自然恢复功能，促进植被休养生息，从源头有效控制土地沙化。对原生沙漠、戈壁等自然遗迹，坚持宜沙则沙，强化保护措施，力争实现应保尽保。

2）重点区域开展沙化土地综合治理

乌伦古河流域在 20 世纪 80 年代过度沙金开采，近几十年来毁林开荒，乱砍滥伐和过度放牧等使生态环境遭到破坏，水土流失严重，导致河谷次生林和草地面积递减，草场退化加剧，沙漠面积扩大，林、草、牧矛盾突出。因此，在科学评估水资源承载能力的基础上，突出重点建设区域，可采取封山（沙）育林育草、水土流失综合治理、沙化耕地治理和配套措施建设等沙化土地综合治理措施，高质量地推进防沙治沙工作。同时，适度发展绿色生态沙产业。如在沙漠边缘可种植梭梭防沙治沙，接种肉苁蓉；还有沙棘种植，其灌丛茂密、根系发达，对防止水土流失和保护地表植被具有重要的作用。

3）形成和完善流域防沙治沙整体规划

依据流域防沙治沙现状，牵头组织相关专业人员，形成和完善流域的防沙治沙规划，实行沙化土地分类保护，重点区域加大退耕还林还草力度，妥善处理好林、草、牧之间的矛盾，充分发挥生态系统自然恢复功能，辅助人工措施，改善流域生态植被。

3. 完善山水林田湖草沙生态保护修复监管体系

结合山水林田湖草沙生态保护修复经验，制定符合乌伦古湖流域实际情况、突出系统治理理念的生态保护修复监测、评估、考核等相关政策，以进一步加强生态保护修复监管工作。整合乌伦古湖流域现有信息资源，完善生态环境监测网络，根据生态系统保护修复的工程布局，升级或补充监测站点，与阿勒泰地区时空大数据平台建设工作有序衔接。通过搭建形成山水林田湖草沙生态保护修复监测预警大数据平台，推进生态保护修复项目的全过程和全生命周期的长效管理，强化项目建设日常监管，加强对修复治理成效开展定期监测评估，开展生态保护修复综合执法，确保各生态修复措施按照山水林田湖草沙系统规律和内在机理开展。同时注重对已验收的工程项目进行跟踪监管，确保生态修复措施持续发挥作用，治理成效得到长期维护。

4. 完善生态保护修复的长效机制

完善乌伦古湖流域生态保护修复机制，建立市场化、多元化生态保护补偿机制，通过制定自然资源产权激励政策，为社会资本投入生态保护修复增加动力、激发活力、释放潜力，通过整县推进、行业打包、以城带乡等方式，创新生态治理投融资方式，撬动社会资本参与。设立生态修复基金，推进生态保护修复资金投入制度化，将生态保护修复专项基金列入财政预算，可从新增建设用地土地有偿使用费、土地矿产出让收益中，每年按一定比例提取。推进碳排放权等交易市场建设，探索政府主导、企业和社会各界参与、市场化运作、可持续的生态产品价值实现路径。探索构建跨流域生态补偿机制，根据"谁受益、谁补偿"的原则，将乌伦古湖流域生态保护和修复的外部边际成本与该流域辐射地区的边际收益结合起来，通过现有的行政、经济、自愿协商和社会准则等手段，制定出生态补偿实施细则，以解决水资源大量外调、生态缺水等问题。强化人才队伍建设和科学技术支撑，打造生态保护修复管理、技术及工程专业队伍，加强与相关科研院所和高校的合作交流，借助区外智力资源，构建生态修复长效合作平台。

7.2.2　水资源管理

乌伦古湖是一个重要的水资源库，对于周边地区的农业灌溉、工业用水和生态供水具有重要意义。为了实现可持续发展，需要制定科学合理的水资源管理策略，平衡各类水需求，保障湖泊的水量和水质稳定。

1）水资源调控

制定科学的水资源调控措施，确保湖泊的水量满足不同行业和生态系统的需求。通过建设水库、水闸和引水渠道等水利工程，实现对水资源的调度和分配。根据季节性和年际性的水资源变化，合理制定水量分配方案，确保湖泊水量的稳定供应。

2）水质保护与治理

加强湖泊水质保护与治理工作，控制污染物的排放和入湖污染源的治理。制定水环境保护标准和排污许可制度，加强监测和评估工作，及时发现并解决水质问题。同时，采取有效的污水处理措施，推广农业面源污染控制技术，减少农药和化肥的使用，降低对湖泊水质的影响。

3）生态补水与生态恢复

加强湖泊的生态补水和生态恢复工作，以保持湖泊的生态平衡和水生生物的生存环境。通过水源调配、水量控制和生态水文调整，保障湖泊的水位和水质。恢复湖泊周边的湿地和植被，增加湖泊的自然保护区域，促进湖泊生态系统的稳定和健康发展。

4）水资源管理与合作

建立健全的水资源管理机制，加强跨部门、跨区域的协调与合作。建立水资源分配和利用的长效机制，确保水资源的公平合理利用。促进政府、科研机构、企业和社会组织之间的合作与交流，共同推动乌伦古湖水资源管理的科学化、规范化和可持续发展。

5）水资源节约与效益提升

推行水资源节约的措施，包括加强农业节水技术的推广，提高灌溉水利用效率；推动工业和城市部门的节水措施，如加强工业用水管理和水回用系统的建设；加强水资源的定量评估和水资源效益评估，优化水资源的利用方式，提高水资源的经济效益。

6）科学监测与数据支持

建立完善的水资源监测体系，开展湖泊水质、水量和生态状况的定期监测和评估。加强科学研究和数据共享，为水资源管理决策提供科学依据和技术支持。同时，加强对湖泊流域的环境承载力和生态风险的评估，及时预警和应对潜在的环境问题。

《乌伦古湖生态环境保护总体实施方案》提出以促进乌伦古湖生态系统向健康发展为核心，大、小湖达到Ⅲ类水质要求，主要入湖污染物排放得到有效控制；加强入湖盐分控制和减缓湖水咸化，全湖维持中营养状态；加强流域水资源调配，保证入湖水量，流域天然的生态水文系统得以重建。到2020年，乌伦古湖大、小湖 COD_{Mn} 和总氮达到并保持《地表水环境质量标准》（GB 3838—2002）Ⅲ类标准，其余指标保持或优于现状水平，主要入湖河流水质保持Ⅲ类。小湖区矿化度不高于 0.5 g/L，大湖区矿化度不高于 2.5 g/L。

7.2.3　旅游开发与管理

乌伦古湖拥有独特的自然景观和文化资源，具备良好的旅游开发潜力。可持续发展的路径需要在旅游开发中注重生态保护、文化传承和社区参与，制定合理的旅游规划，控制游客流量，提高旅游服务质量，确保旅游业与湖泊的生态环境协调发展。乌伦古湖作为拥有独特自然景观和文化资源的地区，具备着巨大的旅游开发潜力。然而，在追求旅游发展的同时，必须充分考虑生态保护、文化传承和社区参与，以确保可持续发展的路径。

1）注重生态保护

保护湖泊的水质、湿地和植被是关键任务。在旅游规划中，应确保游客活动对湖泊生态系统的影响最小化，避免破坏湖泊的自然环境。建立环境监测机制，对旅游活动的影响进行评估和管理，并采取相应的保护措施，如设置游览通道、建设生态步道等，引导游客在可控范围内游览和体验湖泊的自然美景。

2）加强文化传承

保护和弘扬当地的民俗文化、传统艺术和历史遗迹，使游客能够了解和体验乌伦古湖独特的文化魅力。开展民俗节庆活动、举办文化展览和演艺表演等活动，将文化资源与旅游产品相结合，为游客提供丰富多样的文化体验。

3）引导社区参与

通过与当地居民合作，建立旅游合作社或社区旅游组织，鼓励社区居民参与旅游服务和管理，使旅游业的收益能够惠及当地社区。提供培训和就业机会，提高社区居民的旅游服务技能和意识，使他们成为旅游业的参与者和受益者。

4）创新可持续发展旅游路径

在制定旅游规划时，应考虑游客流量的控制和管理。制定合理的旅游容量和游客流动计划，以保护湖泊的生态环境和文化资源，避免过度开发和游客过度集中的问题。加强旅游服务设施的建设和管理，提高旅游服务质量和游客体验，促进旅游业与湖泊的协调发展。为了确保可持续发展的旅游路径，还可以采取以下措施和方向：

生态旅游导向：将生态保护作为乌伦古湖旅游开发的核心理念和导向。通过建立生态旅游区域，设立自然保护区和生态景观带，保护湖泊及其周边的自然环境和生态系统。引导游客以生态为导向，尊重自然、尊重当地文化，实现旅游与生态的和谐发展。

文化遗产保护与传承：注重乌伦古湖地区的文化遗产保护和传承工作。通过修复和保护历史建筑、古迹和传统村落，展示当地的历史文化，传承乌伦古湖地区独特的文化价值。同时，开展文化体验活动和文化交流，让游客深入了解当地的民俗风情和传统文化。

旅游规划与管理：制定科学合理的旅游规划和管理措施，确保旅游业与湖泊的协调发展。通过控制游客流量、合理规划旅游线路和景点开发，避免环境破坏和资源过度消耗。建立旅游管理机构，加强旅游监管和执法，维护旅游秩序，保障游客的安全和权益。

旅游业与社区融合发展：促进旅游业与当地社区的融合发展，实现共赢。鼓励社区居民参与旅游业的经营和服务，提供培训和就业机会，增加居民收入。同时，加强社区与旅游企业之间的合作与沟通，共同制定旅游发展规划和管理方案，实现旅游业的可持续发展。

智慧旅游与科技应用：利用现代科技手段，推动智慧旅游的发展。建设智慧旅游平台，提供游客导览、预订服务、信息查询等功能，提升旅游体验。利用大数据和人工智能技术，进行旅游数据分析和预测，优化旅游资源配置和管理，提高旅游业的效益和可持续性。

通过以上措施和方向，乌伦古湖的旅游业可以实现生态保护、文化传承和社区参与，并实现与湖泊的生态环境协调发展。这样的可持续发展路径将确保乌伦古湖旅游业的长期可持续性和经济效益。

7.2.4　社区参与与合作

乌伦古湖湖泊的可持续发展需要广泛的社区参与和合作。鼓励当地居民积极参与湖泊保护与管理，提升他们对湖泊价值的认识与保护意识，培养生态环境的责任感和行动力。同时，加强政府、科研机构、社会组织等各方合作，共同推动湖泊可持续发展。乌伦古湖湖泊的可持续发展需要广泛的社区参与和合作。鼓励当地居民积极参与湖泊保护与管理，提升他们对湖泊价值的认识与保护意识，培养生态环境的责任感和行动力。社区参与是实现湖泊可持续发展的重要组成部分，下面将进一步展开这方面的内容：

社区参与：积极引导和组织当地居民参与湖泊保护与管理的活动。通过开展社区教育活动、举办环境保护宣传活动和组织志愿者服务等方式，提高社区居民对湖泊生态环境的认识和重视程度。鼓励居民参与湖泊的清洁行动、植树造林和生态修复等志愿者活动，共同守护乌伦古湖的生态环境。

政府支持：政府在湖泊可持续发展中发挥重要作用，需要提供政策支持、法规制定和行政管理等方面的支持。加强与社区的沟通与协调，听取居民的意见和建议，制定符合当地实际的湖泊管理政策和措施。建立健全的管理体制和机制，加强对湖泊保护工作的监督和评估，确保政府工作的透明度和公正性。

科研机构与社会组织参与：加强与科研机构和社会组织的合作与交流，共同开展科学研究、技术支持和社会服务等方面的工作。科研机构可以提供专业的技术支持和科学指导，为湖泊保护与管理提供科学依据。社会组织可以发挥桥梁和纽带的作用，组织和引导社会资源的参与，推动湖泊保护与管理工作的开展。

知识普及与培训：加强对社区居民的知识普及和培训，提升他们对湖泊可持续发展的理解和意识。开展湖泊保护与管理的培训活动，提供相关的知识和技能培训，使社区居民能够更好地参与湖泊的保护与管理工作。

信息共享与交流：建立信息共享平台，促进社区居民、政府、科研机构和社会组织之间的信息交流和合作。通过定期召开座谈会、举办研讨会和开展交流活动，促进各方之间的沟通与合作，分享经验和最佳实践。信息共享可以加强各方对湖泊可持续发展的了解和认识，促进合作伙伴间的互动和共同进步。

总之，乌伦古湖湖泊的可持续发展需要广泛的社区参与和合作。社区参与可以提高居民的湖泊保护意识和责任感，政府的支持和科研机构与社会组织的参与可以提供政策支持和专业技术支持，而知识普及与培训以及信息共享与交流可以促进各方的合作与协调。通过这些举措的综合推进，可以实现乌伦古湖湖泊的可持续发展，保护其生态环境、促进社会经济发展和提升居民生活质量。

7.2.5　法律法规与政策支持

制定与乌伦古湖湖泊可持续发展相关的法律法规和政策，明确环境保护的责任和义务，加强对违法行为的打击和惩处。同时，提供财政、税收、金融等方面的政策支持，鼓励和引导投资者、企业和社会资本参与湖泊可持续发展项目。

为了推动乌伦古湖湖泊的可持续发展，需要制定与环境保护和可持续发展相关的法律法规和政策，确立环境保护的责任和义务。这些法律法规和政策可以涵盖环境保护标准、资源利用管理、生态修复和保护、污染物排放限制等方面。通过明确规定和强制执行，可以确保各方遵守环境保护要求，防止违法行为对湖泊造成的损害。

此外，为了吸引更多的投资者、企业和社会资本参与乌伦古湖湖泊的可持续发展项目，还需要提供财政、税收、金融等方面的政策支持。例如，可以给予优惠的税收政策或贷款利率等方面的优惠条件，鼓励投资者和企业参与环境友好型的项目，如生态旅游、环保科技和清洁能源等领域。这样可以激励投资者和企业将可持续发展的理念融入业务战略，并推动湖泊地区的经济发展与生态保护相协调。

政府在制定政策时还应加强监督和惩处违法行为。建立健全的监管体系，加强对环境违法行为的监测和打击，采取有效的处罚措施，确保法律的严肃性和执行力度。这样可以起到震慑作用，减少对湖泊环境的破坏行为，维护湖泊的可持续发展和生态安全。

综上所述，乌伦古湖湖泊的可持续发展路径需要在生态保护与恢复、水资源管理、旅游开发与管理、社区参与与合作以及法律法规与政策支持等方面取得平衡。只有在综合考虑生态、经济、社会和政策因素的基础上，制定科学合理的发展策略和管理措施，才能实现乌伦古湖湖泊的可持续发展。

第 8 章

基于人与自然和谐共生的乌伦古湖
生态文明建设方案

8.1　山水筑基,推进流域山水林田湖草沙
系统保护修复

8.1.1　践行"山水林田湖草沙是生命共同体"理念

深入贯彻落实"山水林田湖草沙是生命共同体"理念,要将"山水林田湖草沙是生命共同体"的理念贯穿到生态保护修复工程的方案设计、实施监管、成效评估等各环节(吴钢等,2019;张惠远等,2017;彭建等,2019;邹长新等,2018;罗明等,2019)。强化顶层设计,注重生态保护修复的整体性、系统性、协同性和关联性,从系统思路、全局视角出发,统筹各要素保护需求,综合施策,整体推进。

以系统观念统筹各要素保护修复。乌伦古湖流域的生态系统包括森林、草原、湿地、河流、湖泊、滩涂、荒漠等各要素,是多要素的复合生态系统(张哲等,2021;Qin et al.,2023;Li et al.,2021)。因此,生态保护修复工程的设计和实施,首先需要摸清各类生态要素在区域复合系统中的作用,进而按照生态学的基本原理,强调格局与过程集成,通过优化各类生态要素、生态系统的格局,构建合理的斑块、基质、廊道,在流域、区域范围内进行集成,发挥最大的生态保护效应。突出乌伦古湖、乌伦古河等区域生态安全维护的关键点,着力修复流域以水为纽带的生态过程,统筹水资源、水环境和水生态,保障流域整体生态健康。注重流域上下游、左右岸、山林区、林草区、绿洲区、河湖区、荒漠区不同保护修复区域的有机连通,继续深入推进山水林田湖草沙一体化保护和修复。

以自然规律为准则开展保护修复。山水林田湖草沙各自然要素之间通过物质运动及能量转移,形成互为依存、互相作用的复杂关系,使之有机地构成一个生命共同体。对某一要素的破坏常常引起其他要素的连锁式反应。生态系统本身具有抗干扰能力、自我恢复能力,但是如果人类社会对生态系统的破坏和干扰超出

这一能力，生态系统将发生不可逆转的退化。生态保护修复要在研究判别生态系统关系的基础上，顺应自然规律，发挥自然力量，辅以限制人为开发、人工修复措施，实现良好生态系统的保护和受损生态系统的修复。

8.1.2 协同推进生态保护修复与经济社会发展

山水林田湖草沙是生命共同体，人与自然也是生命共同体。生态环境具有生态价值和经济价值双重属性，人类社会的发展必须尊重自然、顺应自然、保护自然，并最终依赖自然实现发展。开展生态保护修复，要协调生态环境保护修复与经济社会发展的关系，按照"生态优先、绿色发展"理念，破解发展难题，不断探索绿水青山转化成金山银山的路径方法，走出一条生产发展、生活富裕、生态良好的生态文明之路。

将乌伦古湖流域生态保护修复深度融入"丝绸之路经济带"核心区建设、新时代推进西部大开发形成新格局建设和以国家公园为主体的自然保护地体系建设等国家战略之中。在地区层面，构建经济、社会、自然生态系统的复合"架构"体系，将"人的因素"纳入生态保护修复对策与应用技术体系之中，实现人类生存发展需求与山水林田湖草沙生态保护修复目标的和谐统一，将生态保护修复融入区域产业发展、城镇建设、人居环境改善以及生态旅游之中，与阿勒泰"以旅游业为主体，牵动一产、托举二产"的产业发展战略相融合，并与阿勒泰地区国土空间规划、"十四五"规划和2035年远景目标等融合衔接，使其成为阿勒泰地区推进现代化建设的重要抓手。

坚持生态优先、绿色发展，践行"绿水青山就是金山银山"理念，巩固提升地区的生态资源优势，积极探索EOD模式，培育发展乡村旅游、绿色食品加工等特色生态产业，加快推动生态产业化、产业生态化，着力打通优质生态资源与产业发展的转化路径，把加强生态环境保护与推进能源革命、推动形成绿色低碳循环生产生活方式、推动经济绿色转型发展统筹起来，实现山水林田湖草沙系统治理与高质量发展的相互促进。持续开展城乡人居环境整治，助力美丽城镇、美丽乡村建设和乡村旅游发展，不断提高群众的幸福感和获得感，维护阿勒泰地区社会稳定和长治久安。加强宣传教育，提高公众生态保护和监督意识，设置民间生态监督员等岗位，引导公益组织积极参与监督管理，营造全社会参与生态保护与监督的良好氛围。

8.1.3 精准识别流域生态环境存在的主要问题

坚持问题导向是习近平生态文明思想的鲜亮标识和理论特质。系统分析流域生态环境状况，精准识别重点区域和重点问题可以为后续手段和措施提供准确的方向。通过收集整理生态环境、经济社会等方面长时间序列数据，对流域生态环境现状进行系统梳理，系统全面地了解流域水资源、水环境质量、水生态、水环境风险、水体污染物排放情况。根据国家、自治区和地区标准规范对相关数据进行分析、研判，并通过开展流域生态环境实地调研，判断流域主要生态环境问题和造成问题的主要原因。明确区域内各生态系统要素之间的相互关系及山上山下、河湖内外、河流岸上岸下、左右岸的相互关系，基于流域的"源-汇"关系和生态过程，确定产生生态环境问题的关键环节原因。

8.1.4　合理划分流域生态保护修复单元

同一流域的不同区域存在的水生态环境问题以及对应的问题成因可能存在不同。因此应把整个流域划分为不同的生态保护修复单元，进行分区施策。流域进行分区便于具体问题具体对待。从生态系统整体性和生态服务功能管理角度出发，综合考虑流域不同要素间、不同空间区域间的生态联系与耦合过程，采用空间分析和地理信息系统技术，识别生态保护修复重点区域空间分布和主要结构特征，依据区域突出生态环境问题与主要生态功能定位和保护管理需求等因素，对生态保护修复实施范围进行保护修复单元划分，细化不同单元生态系统特征和突出生态环境问题，明确不同分区的重点任务。

在重点生态区域识别和关键生态过程分析基础上，综合考虑流域内不同区域的生态类型和功能定位、关键生态过程和生态关联关系、面临的主要生态环境问题及其成因，紧紧围绕"河湖共治"和河湖水生态环境保护的目标，坚持以生命共同体为导向，坚持"维护上游林草水源涵养功能、优化中游荒漠绿洲人居生态环境、改善尾闾湖泊湿地生态健康状况"为方针，以山地生态涵养功能保护修复、水资源配置与生态水量保障、乌伦古河湖水生态环境保护修复、绿洲人居环境综合治理和流域生态治理能力提升等为重点划分流域生态保护修复单元。

依据乌伦古湖流域实际情况，建议构建以提升山区源头产流区生态功能为重点的山地水源涵养功能保护区、以维护中游平原地区的荒漠和绿洲生态安全和河流生态系统健康为重点的荒漠绿洲生态安全维护区、以改善尾闾湖泊生态功能和水环境污染治理为重点的尾闾湖泊生态功能修复区的 3 个流域生态保护修复单元。

8.1.5　明确流域生态保护修复目标

紧紧围绕乌伦古湖流域区域特点和重要地位，以增加优质生态产品供给和提升生态服务功能为导向，通过识别影响区域生态安全、需要优先保护和修复的重点区域，以及具有代表性的自然生态系统、珍稀濒危野生动植物物种及其赖以生存的栖息环境、森林公园、湿地公园、水产种质资源保护区及饮用水源保护区等重点保护对象，针对水土流失、矿山开采、草地退化、水体污染和水资源保障不足等突出问题，坚持生态、经济和社会效益相统一，立足长远、科学规划、因地制宜，科学合理设计乌伦古湖流域山水林田湖草沙一体化保护和系统治理，促进人与自然和谐共生。流域生态保护修复应该设定明确的指标作为保护修复成效的考核依据。通过对流域生态环境问题细致梳理、系统分析，根据山水林田湖草沙一体化系统化治理新形势、新要求，在充分考虑可达性和必要性的基础上，科学合理制定考核指标体系，确保生态保护修复目标落地。

8.2 山水兴产，推进人与自然和谐共生

坚持以湖为本，立足乌伦古湖地区湖泊资源、农牧资源、乡土民俗、特色产业等优势，围绕湖泊特色和牧场特色，以绿色农业、生态渔业、环湖观光、渔猎文化、乡村民俗等作为乌伦古湖地区可持续发展的基础。

8.2.1 生态绿色农业发展思路

1. 生态绿色农业发展方式

乌伦古河流域深居内陆，远离海洋，山脉高原阻隔水汽，使得降水稀少蒸发强烈，农牧业发展受限严重。总体情况来看，小型农田水利基础设施、喷灌滴灌等具体技术措施起着越来越重要的作用，不仅改善了区域农田灌溉条件，而且使得自然降水利用效率不断提高。

2. 小型农田水利基础设施

小型农田水利工程措施是科学调水用水的基础，包括小型蓄用水工程、田间灌排工程、引水工程、渠道防渗工程等，其关键在于科学合理对有限水资源进行时空重新分配。在当地生态脆弱易遭破坏的背景下，建设小型农田水利基础设施，有利于减少水分运输中的浪费、提高农业水分利用率，维持地下水位，保障生态用水。

3. 使用农田节水技术

农田节水技术的主体功能是用来提高作物用水向社会需求的农产品的转化效率，实现水资源高效利用的最终目标。农田节水技术包括：①高效用水新品种的选育；②适宜的作物种类和品种的选用：可以选取耐旱作物（如向日葵），其根系发达、蒸腾系数小，在生长关键时期能避开干旱季节，和当地的雨季相吻合；③适宜的作物种植制度；④覆盖保墒技术，比如地膜覆盖，不仅能增温保温，减少土壤水分蒸发，还可以改善土壤的营养和通气状况；⑤蓄水保墒耕作技术；⑥水肥耦合利用技术；⑦化学保水和抑蒸技术等。综合采用各种节水农业技术措施，可以提高农业水分利用效率。

4. 适当发展节水饲养业

在牲畜饮用水、养殖场降温用水和冲洗用水方面减少耗水和污染。该地区牧业主要发展牛羊育肥业，主要分为肉牛和肉羊育肥，肉牛育肥以当地土种牛、西门塔尔牛、褐牛等品种为主，肉羊育肥以阿勒泰羊为主。可以通过改变畜舍的饮水方式、优化饮水器结构、调节饮水器出水流量和水温、调整安装位置、降低饮用水中的矿物质水平等方式节省饮用水量，从而节约水资源，形成可持续发展的模式。

8.2.2　生态畜牧业发展

党的十八大以来，我国生态畜牧业的生态产业结构不断优化，产学研融合不断加深，区域发展优势潜力增大；生态畜产品国际化品牌逐渐增多，国内外市场不断拓展，这也为国内外消费者提供了更加安全优质的畜产品。发展生态畜牧业将持续推进我国生态资源的良性循环，提高畜产品高效配置与供给，满足人们对畜产品的多层次需求，走出一条因地制宜、绿色环保、科技含量高的特色生态畜牧业发展之路。

1. 生态畜牧业概念

生态畜牧业是运用生态系统的生态位原理、食物链原理、物质循环再生原理和物质共生原理，采用系统工程方法，吸收现代科学技术，以发展畜牧业为主，农、林、草、牧、副、渔因地制宜合理搭配以实现生态、经济、社会效益统一的牧业产业体系。其目的在于达到保护环境、资源有效利用的同时，生产优质畜产品，获得生态优、经济效益好的畜牧业发展形态。

生态畜牧业主要包括生态动物养殖业、生态畜产品加工业和废弃物的无污染处理业。生态畜牧业的特征：一是系统内的各个环节和要素相互联系、相互制约、相互促进，如果某个系统环节和要素受到干扰，就会导致整个系统的波动和变化，失去原来的平衡。系统内部以"食物链"的形式不断地进行着物质循环和能量流动、转化，以保证系统内各个环节上的生物群的同化和异化作用的正常进行。二是生态畜牧业是以畜禽养殖为中心，同时因地制宜地配置其他相关产业（种植业、林业、无污染处理业等），形成一个高效无污染的配套系统工程体系，把资源的开发与生态平衡有机地结合起来。三是在生态畜牧业系统内，物质循环和能量循环网络是完善和配套的，通过这个循环网络，系统的经济值增加，废弃物和污染不断减少，增加效益与净化环境相统一。

2. 发展生态畜牧业的意义

畜牧业与人们的生产、生活密切相关，同时对于社会经济发展也有着最为直接的影响,特别是近年来随着生活水平的日渐提升,人们越来越关注食品健康问题,对于健康绿色的畜牧产品需求越来越大,在此背景下发展生态畜牧业更加凸显其重要性。大力推进生态畜牧业发展,能够为人们提供充足的绿色健康畜牧产品,满足不同消费需求。

发展生态畜牧业是实现社会经济可持续增长的重要途径,畜牧业是经济增长的重要动力源泉,加强畜牧业发展,对于推动经济可持续发展有着重要的促进意义;发展生态畜牧业,不仅能够对工农业以及服务业起到良好的协调作用,还能进一步提升绿色经济发展水平。

大力发展生态畜牧业,对自然资源合理匹配,采补平衡永续利用,对生态环境的保护和畜牧业的持续发展都具有十分重要的现实意义。发展草原生态畜牧业可以防止生态平衡进一步破坏,促进草原和草地生态系统良性循环,不断优化草地生态模式,其结果将有利于建立资源平衡,进而建立资源增值畜牧业,利于保护再生资源,有利于保护生态系统较高而持续稳定的生产力。草原生态畜牧业系统内的资源共享,将促进各元素间的能量和物质循环转动,减少废弃物排放,最大化地推动草原保护和经济效益协调发展。

草原生态畜牧业的出现,带动了区域草原生态特征的牧业工业化,实现具有地方品种特色的畜牧产品的深加工和产业、产品升级,使草原的综合要素更加融合,带动草原生态的和谐发展。

3. 乌伦古湖流域生态畜牧业发展现状及存在的问题

1)乌伦古湖流域生态畜牧业发展现状

以福海县为例,阐述草畜平衡现状。福海县承包草原面积 2304.37 万亩,其中夏牧场 266.04 万亩,春秋牧场 543.6 万亩,冬牧场 1416.5 万亩、河谷 78.2 万亩;现有牲畜饲养量 47.47 万头(只、匹、峰),117.03 万只(羊单位)。

根据福海县天然草地面积、等级和人工草地及其他饲草料,结合《福海天然草原载畜量核定标准》,福海县春秋牧场的放牧时间为 40 天:牛 5 月 1~25 日(推迟 15 天)、9 月 20 日~10 月 5 日(提前离开 15 天);其他牲畜放牧时间 70 天:4 月 15 日~5 月 25 日、9 月 20 日~10 月 20 日,春秋牧场载畜量能力每 10.5 亩一只羊单位;夏牧场和中牧场载畜量能力每 2.6 亩一只(羊单位);春秋牧场适宜载畜量为 51.77 万只(羊单位),实际载畜量 97.22 万只(羊单位),超载 45.44 万只(羊单位);夏牧场和中牧场适宜载畜量为 107.36 万只(羊单位),实际载畜量 99.84 万只(羊单位),超载 0 羊单位;2023 年应转舍饲圈养 38.06 万只(羊单位)。

2)存在的问题

农牧结合模式能够直接将畜禽堆沤发酵的粪便用于农田,改善土壤环境,增加土壤肥力,是农村最为常见、最经济的一种畜牧生产方式,而由于受各种因素影响,乌伦古湖流域农牧结合模式存在以下问题:

未形成良好的产业体系，产业化程度低。各类农副产品资源未全面开发利用，生产加工规模小，科技含量低，缺乏运营管理技术和经验。福海县作为一个半农半牧县，在畜产品深加工工业上并未真正开始发展，深加工技术落后，鼓励畜产品加工业发展的政策也没有到位；家畜养殖产品靠当地及自治区内自销，在这种小范围的市场需求下，虽然每年牲畜的数量在不断扩大，收入也在逐年提升，但大多数企业收完牲畜后只会用传统的宰杀和风干处理等方法完成对畜产品粗加工，销售的主要是未经加工的初级产品，销售渠道没有打通，没有形成长而完整的产业链，而且缺乏品牌意识，忽略了品牌宣传的影响力，将整个县域范围内的畜产品企业视为完全独立的个体。

养殖技术落后。基层养殖户受教育程度较低，接受先进培训机会少，缺乏专业技术人员指导，导致思考和接受新鲜信息事物的能力较弱，长期如此，养殖户利益受限。

企业带动能力不强。企业规章制度不够完善，机制也不健全，规模不大，缺少专业人员，信息闭塞，无法形成产业链，经营范围受限。

生态环境受影响。家畜、家禽粪便产生的恶臭、粉尘、微生物等进入大气，降低了人民群众生活的幸福指数。粪便等排泄物进入水体，导致水生物死亡，腐败发臭，水体被污染。

缺少长期规划和系统谋划。自然资源利用缺少相应的规划与方案，达到畜牧业健康发展的目标，要针对各方面制定科学可行的规划与方案。在生态畜牧业发展的过程中则需要草场资源利用方案、人员配备方案、生态保护方案以及可能涉及草场生态平衡的方案，而在乌伦古湖流域畜牧业发展的过程中上述问题并没有明确的方案，导致发展过程中存在严重的资源浪费，放牧管理制度粗放，草原奖补实施不彻底，例如，一边拿奖补，一边"正常"放牧，该禁牧的没有完全，该减牧的没有减牧，使草场植物失去结实机会，更替难度增加。

4. 乌伦古湖流域生态畜牧业发展建议

1）对超载牲畜的处理措施意见

引导农牧民转变生产方式。一是对超载牲畜的牧户加强观念引导；引导农牧民转变传统游牧观念，将超载的牲畜在农区舍饲圈养，各乡镇做好舍饲圈养、备草备料工作，减轻天然草原的放牧压力；按照每羊单位 2 kg/d 饲草的需求，储备足够饲草。二是将退牧还草、农牧交错带恢复治理项目、棚圈建设项目向发展农区畜牧业户倾斜。三是建立政府、企业、金融部门、牧户联合推动发展农区畜牧业的运行机制，明确各项任务和职责，形成全社会参与共同推进的局面。

推行冬羔生产。开辟新的饲草料资源。全面普及"长草短喂、短草槽喂"，推广应用全价颗粒饲料日粮饲喂技术。大力推广农作物秸秆加工综合利用技术，推广秸秆青贮、微贮、压块、粉碎等技术，提高秸秆等农副产品转化利用率。推广应用肉牛肉羊全日粮混合饲料、裹包青贮饲料和秸秆颗粒配合饲料技术，提高配方饲料入户率，着力提高饲草料资源转化利用率和饲料报酬，促进养殖技术转型升级，扩增饲养总量，减轻天然草地载畜压力。

推进组织化养殖措施。采取牧户入股牲畜、入股草场、入股劳动力等措施，通过培育经纪人、牧民自行组织小组或合作社家庭牧场等形式，整合畜牧业资源，选择资源共享的经营方式，加强草场流转，提高草场利用率，实现科学合理的轮牧饲养。鼓励牲畜超载需要转移农区的牧户和没有草场的农业村农民，通过把牲畜、天然草场、打草草场等资源，直接入股的形式、推行舍饲圈养的养殖模式，引导形成牧区繁育、农区育肥的新型产业结构。

加快小畜换大畜步伐。出台引进改良畜优惠政策，鼓励农牧民大畜换小畜，进行品种改良，引导牧民转变生产经营方式，减少牲畜数量，提高个体产值；畜牧兽医局每年对引进大畜免费提供冻精，免费提供繁育技术，通过推行这些优惠政策大力发展优良畜种，优化畜群结构，加快牲畜周转。

加快草业发展，为草畜平衡提供保障。围绕农区畜牧业发展，结合草原综合治理、退牧还草、粮改饲等项目实施，引导农牧民进行种植业结构调整，鼓励农牧民多种植青贮玉米、苜蓿、羊草等饲草料，增加饲草料供应量。通过招商、培育一家草料加工企业，为草畜平衡提供饲草料的基础。大力培育饲草料交易市场，通过政府引导、企业运作、农牧民参与的模式，建立线上线下饲草料交易市场。加强人工饲草料地建设，增加饲草料供应量；推行舍饲圈养，贮备饲草料，减轻天然草原放牧压力。

2）草原生态畜牧业现有模式

草原生态畜牧业发展模式及解决草原退化困境，研究针对发展草原生态系统的结构和功能、生态要素，结合"人-畜-草原"协调统一要求，朱振英完善了草原生态畜牧业模式的体系，从发展模式的类型来看，有以下 4 种主要形式：①创建"重在保护草原生态环境，科学合理利用草地资源，倡导草畜平衡"为主的绿色生态模式；②主打具有天然优势、无污染的绿色生态品牌，发挥品牌效应优势；③在充分分析草原生态要素的基础上，根据系统耦合效应建立区域耦合发展模式；④积极践行绿色环保理念，充分挖掘利用草原丰富资源，施行低碳排放技术应用，建立起高效草原低碳经济发展模式。

3）发展草地生态畜牧业的重要性

大力发展草地生态畜牧业对于促进乌伦古湖流域畜牧业的可持续发展具有非常重要的现实意义。在发展生态畜牧业的同时，还要注重草原生态建设，加强畜牧业基础设施建设。乌伦古湖流域是半农半牧区，多年来，实施了退耕还林还草战略，特别是抓住了国家实施草原生态保护补助奖励、天然草场保护与修复、退耕还草还林、建设等重大生态建设项目的机遇，充分发挥这些龙头项目的示范辐射作用，以保育为主，因地制宜，宜林则林，宜草则草，促进草原生态和畜牧业良性发展。

生态畜牧业不仅与种植业有密切联系，同时也与服务业、加工业联系紧密，并具有增效快、关联多、链条长等特点，目前已成为农业发展中的重要指标，更是对农业结构进行调整的必要举措。当前各省将加强乡村振兴、加快脱贫攻坚作为主要导向，开始采用有效的措施保证生态畜牧业朝着高质量方向发展。对于乌伦古湖流域地区来说，畜牧业是主要的支撑产业，但是畜牧业发展受环境资源限制，如果畜牧业无序增长将会影响生态可持续发展。

4）生态畜牧业发展措施及主要建议

生态畜牧业是为了调节草地与牲畜之间的平衡关系，改善生态环境恶化而提出的一种长期科学的放牧方式。为了达到生态、经济、社会效益最优，发展生态畜牧业需要考虑多方面因素，既要合理分配又要因地制宜，需要结合当前实际现状，将传统粗放型管理模式进行创新，改变粪污处理方式，增加畜产品深加工力度，促进畜牧业技术创新，争取实现畜牧业内部良性循环，打造一个良好生态畜牧业发展体系。

5）提升经营管理

乌伦古湖流域畜牧业发展应转变生产经营方式，重视生产经营管理内容的创新，科学引导畜牧业的发展，提高养殖户的组织化程度，需要结合实际情况探索经营模式，针对发展层次、市场联系紧密程度、集约化程度进行分析。例如以草场流转和大户规模养殖经营、分流畜牧业人口和促进资源合理分配的发展模式。乌伦古湖流域应该将对家畜养殖科技培训、技术作为主要管理重点，坚持因地制宜开展技术培训，重点培训草场管理技术、人工种草技术、轮牧（休牧）技术、草场改良技术等，以此促进草地良性可持续循环利用；引进并利用秸秆与草料先进加工技术，减少畜牧业造成的污染危害，实现当地畜牧业的可持续发展。

6）政策扶持畜产品深加工

乌伦古湖流域政府应根据当地实际发展情况提出可行的深加工政策，鼓励、扶持畜牧业产品朝着深加工方向发展，引入先进的技术设备，提高当地畜产品市场占有率，达到国家规定条件，积极招商引资，通过品牌吸引龙头企业的入驻，吸引先进知名的畜产品深加工企业落户，带动当地生态畜牧业的发展。在地方政府的支持下，加快畜产品加工产业基地建设，推动地区畜牧业规模化、产业化经营，围绕主导产业，形成具备规模化、专业化、区域化的特色畜产品加工基地。地方政府应引导基地与企业之间建立稳定供求关系，优化畜牧业基地产业布局，促进基地的标准化建设，打造地方畜产品品牌，帮助养殖户、企业与生产基地开展无公害的绿色产品认证。在实际经营过程中，地方政府还应该加强对龙头企业的支持，打造优势产业集群。

7）加强畜牧业疫病防治

福海县畜牧业疾病防治工作需要结合地区实际情况，加强疫病防治管理。重视兽医体制改革，强化动物疫病防治工作。在实际工作中应积极学习内地的经验，完善基层兽医管理体制，让家畜疫病防治工作具备科学性和规范性。应该积极推进兽医体制的改革，施行从业许可制度，建立完善的兽医防疫检疫执法管理体系，狠抓各项防疫制度的施行情况，提高监督管理制度，杜绝病原入侵。同时还应该针对地方发展，规划制定重大动物疫病防治策略来应对突发状况。

8）加强宣传环境保护理念

增强草原生态环境保护意识，设立草场保护机制，出台限制放牧文件，建立放牧、转场档案，确保草原的负荷在正常范围；引导牧民改变养殖理念，扩大牧草种植面积，提高牧草单产，科学地减少畜牧业对草原的依赖。

加强导游培训，利用导游引导游客行为；设立提示牌，指导游客行为规范；对游客破坏草原行为，在教育的基础上给予处罚，让游客意识到破坏环境要付出代价。

9）加强地方特色和品牌宣传

着力将乌伦古湖流域牛羊肉打造成绿色食品标识，同时借助多媒体力量和各方渠道，加强区域特色农牧产品宣传工作，将地方特色和品牌根植到人的意识中，让乌伦古湖流域低碳、无污染、绿色的名声慢慢浸入每个人脑海中，使纯天然的农牧业发展模式被更多人熟知，打响区域特色产品知名度，逐步增大市场份额。

8.2.3 生态渔业发展

生态渔业是一种利用渔业生态系统内的生产者、消费者和分解者之间的分层多级能量转化和物质循环作用来实现持续、稳定、高效的渔业生产模式。其核心在于充分利用水陆物质循环系统，根据鱼类与其他生物间的共生互补原理，通过采取相应的技术和管理措施，保持生态平衡，提高养殖效益。开展生态渔业可循环利用乌伦古湖的当地资源，提高综合生态效益，实现渔业的可持续发展，是乌伦古湖建设资源节约型、环境友好型渔业的有效途径，也是发展农村循环经济的重要组成部分，为乌伦古湖流域渔业发展指明了方向。

1.乌伦古湖流域生态渔业发展意义

提高水环境质量和水域生态系统的稳定性。生态渔业重视水生生态环境的保护和修复，改善乌伦古湖水环境质量以及增加水生生物资源的数量和种类，从而实现乌伦古湖生态系统的稳定性。随着水生态环境的保护和水域生态系统的修复，水生生物种群数量和品种将得到增加，环境的自我修复和自我恢复能力也将得到增强，进而促进生态系统可持续性。利用现代生态渔业养殖方式的特点，进行经济效益高的名特优鱼类规模化养殖，是乌伦古湖摆脱养殖主体弱的渔业生产现状，实现养殖结构合理、养殖品种多样、养殖标准化和产业化的有效方式，也符合现代渔业的发展趋势。乌伦古湖拥有丰富的生物资源，包括鲤鱼、鲫鱼、草鱼、鲢鱼、鳙鱼、鲶鱼、青鱼、鲈鱼、鲑鱼等多种鱼类，以及虾、蟹、贝等水生生物。

发展生态渔业，能够促进湖泊生态系统的平衡，保护湖泊水质和生态环境。同时，渔业养殖所需的饲料、药物等也需要与乌伦古湖泊生态环境相适应，在生态渔业的过程中也要加强环保和生态保护意识。此外，生态渔业还能够促进乌伦古湖中有益微生物的繁殖，如一些有益细菌，有利于维护湖泊生态系统的平衡。同时，生态渔业还能够帮助降低水体中的有害物质浓度，改善湖泊水质，提高乌伦古湖水生态环境质量。

提高物种多样性与丰度。生态渔业不仅着眼于保护和修复水生生态环境，还注重提高乌伦古湖水生生物的物种多样性和丰度。在生态渔业的发展过程中，采用科学、严谨的养殖方式，推广好的品种，有条件的还可以放流吸引更多的水生生物入驻这片水域。这样不仅可以增加水中生物的种类和数量，还能促进并维持水生生态系统的生态平衡，从而满足人类对于生物多样性和资源利用的需求。

促进水产业的可持续发展。渔业是一个自然资源极度依存的行业，资源的提供和生态环境的保护对于渔业的可持续发展起着非常重要的作用。生态渔业的理念不仅仅是保护乌伦古湖渔业资源，还包括让社会从资源中获得可持续的经济利益。乌伦古湖的生态渔业经济发展需要实现平衡，不仅仅是渔业本身，还包括其他水产加工工业、养殖业等相关产业等，从而实现可持续发展，并为乌伦古湖当地的经济发展带来新的机遇和动力，提升区域经济发展综合实力。同时生态渔业需要进行渔业的规划和资源的管理，需要投入大量的研发和建设成本，以及培训高素质的渔业管理和技术人才，这些都将成为本地经济的强大动力。

改善渔民生产生活条件。发展生态渔业可以为渔民创造更多更为稳定的渔业生产和生活条件，相关的养殖、捕捞、加工、销售等行业也将得到推动，从而提供更多的就业机会。生态渔业可以吸引更多游客和投资者，提升乌伦古湖区域知名度，带动当地餐饮、旅游等相关产业的发展。发展生态渔业需要依靠尖端技术的保障，新的管理模式也将有力保障渔民的劳动收益和生活质量。随着人们生活水平的提高，对渔业产品的品质和多样性需求也越来越高。通过生态渔业的发展，可以为市场提供更加丰富多样、品质更好的渔业产品，满足人们的需求，促进渔业市场的繁荣发展。

2. 乌伦古湖流域生态渔业现状分析

对生态渔业认识不足。生态渔业不是传统落后的渔业养殖，它是通过采取相应的技术和管理措施，使渔业生物与周围的环境因子进行良性的物质循环和能量转换，实现保持生态平衡，提高养殖效益的一种养殖模式（朱忠胜等，2019）。但当前乌伦古湖仍然存在很多对生态渔业定义内涵认识不足的问题，没有将它与传统渔业区分开来，部分甚至又回到了传统低效的养殖模式，存在过度捕捞等问题，这不仅会威胁到湖泊水生生物多样性，而且还会导致湖泊生态系统的破坏和资源的逐渐枯竭，这严重阻碍了生态渔业工作的推进步伐。

生态种群有失衡趋势。根据近几年对新疆移植、增养殖天然水域中渔业资源变动资料的研究，新疆的土著鱼类对新疆的水域环境均具有较强的适应能力，能够适应新疆高寒、高盐度、较低水温的水域环境，但在不同鱼类之间的竞争能力不强，即土著鱼类在竞争中处于劣势，从而发生渔业资源的变化（于雪峰，2020）。因此外来物种的无序、不科学的移入是造成乌伦古湖渔业资源下降，鱼类小型化，经济土著鱼类减少的原因之一。

生态环境遭受损害。乌伦古湖水面减少、水体变浅、湖泊水质下降，这对湖泊中的水生生物繁殖能力产生了很大的影响，造成水生生物资源的损失和衰退。而乌伦古湖周边的生活和工业的污染也加剧了湖泊水质的恶化，直接影响了水生生物资源的繁殖和发展。同时，破坏湖岸生态环境问题也十分严重，原有的湿地、滩涂和沼泽等湖岸生态环境遭到了破坏，这导致湖泊对水生生物的依赖度降低，水生生物栖息环境恶化，鱼类资源衰退。近年来湖泊中的总磷和矿化度不断上升，也是导致湖泊生态恶化的主要原因之一。

生态功能减弱，生态系统不稳定。气候变化和乌伦古湖流域的生活和农牧业用水的增加，导致湖水补给水量减少，湖水水位下降，农业排碱水和牛羊粪便污染加重，加之过度捕捞和不合理的芦苇采割，目前乌伦古湖湿地生态功能已大为减弱，湿地生态系统总体上处于不稳定状态（王强，2023），出现了湿地萎缩，湖滨沙化扩大，芦苇资源减少且质量下降，湿地动植物资源大量减少等一系列生态退化问题，导致湿地动植物资源减少，湿地自然生产力下降，湿地物种结构趋向简化，生物多样性降低，调水防灾、降解污染、阻滞土壤沙化、调节区域气候等生态服务功能降低，最终致使鱼类生存环境恶化，渔业产量严重减少。

基层技术推广力量严重不足。具有一支较高专业素养的技术推广队伍是生态渔业发展工作必不可少的技术支撑，但目前乌伦古湖面临着基层专业人员少、专业化知识水平低、新技术了解不透彻、技术服务指导不精准等一系列问题。特别是基层乡镇一级，人员抽调调整变动大，农业技术服务中心干部力量严重不足，水产专业人士极度缺乏，生态渔业发展工作推动极其困难。

规模产业化、产业规模化程度不高。目前乌伦古湖生态渔业产业较为零散，大多不成规模或规模化程度低，在一定程度上阻碍了生态渔业的可持续发展，导致企业有订单不敢接，养出水产品不好卖、卖出水产品价格低的局面；渔业企业大多集中于养殖和销售的前期环节，二产、三产占比仍然较低，渔业产业延伸不足。

3.乌伦古湖流域生态渔业发展措施

加强宣传培训力度。加大对渔业技术骨干人员培训力度，着重对生态养殖技术、水产专业基础常识、渔业渔政有关法律法规及当前渔业政策进行宣传培训，提升渔业干部队伍专业技术水平，夯实人才基础，提供技术保障。强化宣传工作，围绕养殖主体所需全面做好服务协调工作，协助养殖主体正确选择适宜养殖方式。及时更新生态渔业养殖专业知识，学习借鉴国内科学养殖技术、先进养殖经验，提高技术推广能力。

加强渔业水域生态环境保护。加大对工业源、农业源等污染源的治理，控制各类污染物排入乌伦古湖的浓度。建立乌伦古湖生态监测站，加强对乌伦古湖的水质动态监测能力，随时监测乌伦古湖生态变化，对乌伦古湖主要断面水质状况进行定期检测。通过污水截留育苇工程和湿地恢复工程来改善湖区水质，保护水生野生动物的生物多样性，控制污染源与人工构建生态系统相结合，恢复乌伦古湖生态链良性循环。

建立名优品种繁育场。做好土著鱼苗的孵化工作，完善乌伦古湖增殖放流苗种保障措施，每年 4 月初进行鱼种培育工作，孵化的乌伦古湖土著鱼苗通过增殖放流的形式进行投放，改善和优化乌伦古湖水域的鱼类结构，保护乌伦古湖生态鱼资源。

推广生态养殖技术。运用现代生物学（生态学）、物理学、化学等现代科学发展成果，改良水产养殖品种、改革水产养殖结构，改进水产养殖方法，改善水产养殖环境，降低水产养殖成本，提升水产品质量安全水平。同时发展农牧等与渔结合的生态模式，充分利用农业副产品和农村废弃物，通过养殖杂食鱼、滤食鱼的滤食作用调节湖泊浮游生物量，防止蓝藻、甲藻等有害藻类的危害，防止水体富营养化，进而有效改善水质环境。

加强地方渔业品牌建设。乌伦古湖鱼类种质资源丰富，水体水质优良，建议结合实际开发利用好"冷水鱼""野生鱼"等稀有渔业资源，因地制宜打造流域地标公共品牌，并借助"地标品牌+特色产业+电商"的新型产业模式，将优质的渔业资源、渔业产品推向全国各地，让更多的渠道商、经销商参与到渔业产品销售中，增加地标品牌的大众知晓度。

积极探索创新组织方式。创新乌伦古湖渔业生产经营模式，强化经验累积，以龙头企业或专业合作社牵头把分散的小规模养殖企业、养殖个体有效地组织起来，按照统一品质、统一标准、统一价格的形式对外销售应对市场竞争，有效提高生态渔业应对自然和市场风险能力。依靠科技创新和管理创新，加强区域间的合作和协调，依靠先进的生产技术和管理经验，通过不断的技术创新和管理创新，降低生态渔业产业的生产成本，提高生产效率。

8.2.4　优化调整乌伦古湖流域产业结构

优化调整流域产业结构，禁止新建开发高能耗水型工业建设项目，做好工业废水达标排放。实行农业结构战略性调整，严格限制并逐渐减少灌溉面积，建设节水、高效、稳产的农业生产体系，以水定制发展规模，以水定制结构布局，合理确定农业内部结构和种植比例；针对未来可能存在的环境问题和压力，对影响流域生态环境的重点区域进行生态环境建设，减轻流域生态环境压力。构建符合当地经济发展特色的经济模式；通过大力发展流域生态农业，建设节水、绿色和有机农业的基础设施，可极大减少农业面源污染以及农业用水入湖污染物；通过实施一系列的工业、城镇生活、规模化畜禽养殖、坑塘水产养殖、农村生活和农业面源等各类污染源控制工程（张同泽，2007），降低入湖污染负荷，推进水生态系统逐步恢复，切实维护乌伦古湖水质安全。

8.3   山水赋能，打造生态旅游新模式

8.3.1   流域生态旅游产业发展背景分析

1.乌伦古湖流域生态旅游产业发展政策背景

"生态旅游"这一术语，最早由世界自然保护联盟（IUCN）于1983年首先提出，1993年国际生态旅游协会把其定义为具有保护自然环境和维护当地人民生活双重责任的旅游活动。生态旅游的内涵更强调的是对自然景观的保护，是可持续发展的旅游。它注重保护自然环境、文化遗产和地方社区，强调旅游与自然和谐共存，促进当地经济和社会发展，并且让游客有更深入的体验和认识。发展生态旅游的根本目的是保护生态环境。通过对生态资源的保护，科学地利用、遵循自然规律，发挥生态资源的再生性特征，借助生态旅游的包容性和开放性，推动生态旅游对旅游产业的良性影响，最终实现整个产业的可持续发展。生态与旅游有着天然的联系，生态为旅游提供基础和条件，旅游为生态带来价值实现渠道。生态旅游作为可持续利用资源的最佳方式，是在发展经济和保护环境过程中寻求一种生态平衡，在区域保护生态和发展绿色经济的过程中探求的一种解题方法。

近年来，生态旅游的发展备受旅游业的关注，国家也高度重视生态旅游的发展。生态旅游概念于20世纪90年代初进入中国后（王献溥，1993），1999年原国家旅游局设立"生态环境旅游年"，在国家层面上对生态旅游予以肯定并推广；2009年，原国家旅游局将主题定为"中国生态旅游年"，将"走进绿色旅游、感受生态文明"定为主题口号（李燕琴，2020）。2021年4月，中办国办印发的《关于建立健全生态产品价值实现机制的意见》中明确提出，依托优美自然风光、历史文化遗存，引进专业设计、运营团队，在最大限度减少人为扰动前提下，打造旅游与康养休闲融合发展的生态旅游开发模式；《国务院关于印发"十四五"旅游业发展规划的通知》（国发〔2021〕32号）中提出，在旅游产业发展过程中，要贯彻落实习近平生态文明思想，坚持生态保护第一，适度发展生态旅游，实现生态保护、绿色发展、民生改善相统一。2022年，习近平总书记在党的二十大报告中强调："大自然是人类赖以生存发展的基本条件。必须牢固树立和践行'绿水青

山就是金山银山'的理念，站在人与自然和谐共生的高度谋划发展。"这对包括旅游产业在内的产业发展提出了新的要求和发展方向。

　　新疆维吾尔自治区高度重视生态旅游产业发展。新疆旅游资源数量多、类型全、禀赋好、品质高、组合优，拥有许多国内唯一、世界一流的旅游资源。近年来，新疆牢固树立"绿水青山就是金山银山"绿色发展理念，旅游经济在"一带一路"等相关政策扶持和经济稳定红利下得到了较为迅速的发展，通过加强与沿线省市及国家密切合作交流，新疆旅游基础环境也不断完善，旅游产业规模和旅游经济总量持续扩大，旅游经济发展日益繁荣，生态旅游已成为新疆最具特色也最有潜力的旅游业态之一。2019 年，新疆宣布将不断推动"全域旅游""文旅融合"发展，全面实施"旅游兴疆"战略，努力发挥旅游经济对新疆地区在经济增长、结构优化、稳定就业、促进乡村振兴等方面的有效促进作用。截至 2022 年底，新疆维吾尔自治区已有 574 个 A 级景区，其中就包括了阿勒泰地区福海县的乌伦古湖景区。阿勒泰地区系统谋划区域生态旅游产业发展。近年来，被誉为"千里画廊"的新疆阿勒泰地区牢固树立"绿水青山就是金山银山、冰天雪地也是金山银山"理念，围绕旅游兴疆战略，将旅游业确定为主体产业，积极构建大旅游发展格局，围绕推动旅游业高质量发展，高水平编制《阿勒泰地区全域旅游发展规划》《阿勒泰地区文化和旅游发展"十四五"规划》《阿勒泰地区冰雪旅游业发展规划》等 14 项规划，高位谋划部署大旅游战略，相继开发出观光、自驾、乡村、红色、冰雪、研学、马产业等多种旅游产品，梳理推广 12 类 45 条精品旅游线路。自 2018 年以来，阿勒泰地区先后成功创建国家 4A 级旅游景区 8 家，以及 5S 级滑雪场、国家全域旅游示范区、国家级滑雪旅游度假地、国家体育旅游示范基地、国家体育产业示范基地等，阿勒泰市荣获"冰雪旅游十佳城市""冬游名城"等荣誉，将军山国际滑雪场、可可托海国际滑雪场荣获"国际冬季运动领先品牌雪场""年度热门冬季旅游目的地"称号。阿勒泰地区在区域经济发展规划中对乌伦古湖生态旅游产业发展作出了明确要求，在景区提升、业态培育方面，指出要抓好景区提升，推进乌伦古湖国家 5A 级景区创建工作，推动乌伦古湖环湖旅游公路建设，与区域其他旅游公路相衔接，加快形成阿勒泰地区、北疆、环阿尔泰山的精品自驾游线路；在构建"全域式"规划旅游分布格局方面，提出突出黄金海岸、海上魔鬼城、沙尔布拉克转场小镇等景区景点，打造"大漠水乡、鱼鸟天堂"；在建设"全产业"发展旅游产业方面，提出要争取将"乌伦古湖冬捕"纳入自治区级非物质文化遗产名录，围绕"自治区冬季冰雪旅游经济发展核心区"定位，初步建成包含福海县乌伦古湖冬捕民俗体验区在内的旅游产品体系。

2. 乌伦古湖流域生态旅游产业发展条件分析

　　乌伦古湖流域自然风光旖旎可人、旅游资源得天独厚，生态旅游产业发展优势突出。流域内的森林草原、湿地草甸和湖水构成的优美生态环境，具有自然观光、休闲度假、科考体验、娱乐旅游功能，吸引了无数国内外游客，现已成为新疆著名的旅游景区之一；新疆乌伦古湖国家湿地公园风景秀丽、水域广阔，是全球生物链的重要节点和迁徙候鸟飞越天山和阿尔泰山的"能量补充站"，因有沼泽、滩涂、河渠、森林等多样化的栖息地生态环境而成为众多珍稀鸟类迁徙栖息的天堂；同时流域范围内还拥有乌伦古湖海滨景区、黄金海岸、海上魔鬼城景区、乌伦古湖鸟岛等在内的众多重要旅游资源。同时乌伦古湖流域位于绿色丝绸之路经济带核心区辐射范围，在环阿尔泰山"四国六方"跨国合作示范区、阿尔泰山国家旅游合作试验区以及阿勒泰千里画廊旅游开发总体规划区范围内，旅游产业发展区位优势突出，良好的地理区位和经济区位为乌伦古湖流域生态旅游产业发展提供了广阔的发展机遇和市场活力。

近年来，阿勒泰地区紧紧围绕乌伦古湖这一湖碧水，凭借突出的区位优势、便捷的通达条件和优美的生态环境，推动乌伦古湖流域旅游产业发展。在流域生态环境质量不断提升的基础上，福海县按照"以旅游业为主体，牵动一产，托举二产"的发展思路，积极推动流域基础设施建设和旅游产品打造工作，策划了观冬捕两日游、三日游冬季旅游线路，吸引自驾游游客；加快黄金海岸景区、乌伦古湖海上魔鬼城景区、银沙湾景点、环湖公路等提升改造，对现有景区进行全面优化提升；加大阿克乌提克勒村、阿勒尕村等环湖特色村旅游开发建设，深入挖掘打造福文化、水文化、鱼（渔）文化、驼文化等品牌；将传统的冬季捕鱼生产活动进行包装，通过举办冬捕节，让游客感受"踏雪寻鱼"的乐趣，带火了旅游、渔业、食品加工等产业；鼓励企业、公司、合作社在景区实施个体经营项目，实施系列优惠政策，探索建立"旅游+企业+农牧户"体验式商业模式，辐射带动该县1万多农牧民增收致富。目前福海县依托乌伦古湖，已经培育形成了"春观鸟，夏戏水，秋赏景，冬捕鱼"的四季旅游格局，实现了生态效益、社会效益和经济效益的有机统一。

乌伦古湖流域生态环境"人水和谐"、地理区位得天独厚，区域生态旅游产业发展具有显著的生态优势和区位优势。然而目前乌伦古湖流域旅游产业发展主要围绕乌伦古湖，核心景区的引擎带动作用有限，流域范围内森林、草原自然资源和农业农村人文资源处于低效利用状态，生态旅游发展工作有待持续推进。为积极推动乌伦古湖流域旅游资源活化利用、产品业态提质升级，需要把握阿勒泰地区和乌伦古湖流域旅游产业发展需求，顺应当前时代发展的特性以及人类对美好生活的向往追求，与阿勒泰地区旅游产业发展规划和发展战略充分衔接，从保护流域自然生态着手，依托乌伦古湖流域丰富的水域资源和区位优势，挖掘产业特色、人文底蕴和生态禀赋旅游潜力，优化旅游资源禀赋与配置，围绕湖泊观光、绿色草原、民俗风情等流域特色，夯实旅游产业发展基础，开发具有流域特色的旅游项目，拓宽丰富旅游业态，深化流域旅游品质内涵，推动流域生态旅游产业持续健康发展，全面推进生态旅游产业提质升级，最终探索乌伦古湖流域生态旅游新模式，谱写乌伦古湖流域生态旅游产业发展新篇章。

8.3.2　乌伦古湖流域生态旅游发展重点

1. 坚持生态优先旅游引领，探索旅游产业绿色发展

乌伦古湖地区生态环境脆弱，一旦破坏极难恢复。因此在乌伦古湖流域在发展生态旅游时，要以乌伦古湖地区现有的生态环境为基底，始终把生态环境的保护与建设作为规划的前提条件。作为拥有湖泊、草原、湿地、河流、田园、牧场等资源的乌伦古湖地区，应以高标准的乡村生态环境保护、严要求的乡村生态旅游项目开发、高水平的乡村生态环境维护为前提，保持并提升地区广大乡村区域内的生态环境质量，发展绿色生态、绿色生产、绿色生活，实现生态美丽、生产美化、生活美好的发展愿景。

2. 因地制宜推动文旅融合，促进旅游产业特色发展

长期以来，乌伦古湖在国内的知名度并不高，距离喀纳斯、那拉提等景点的品牌效应还有一些差距，亟待挖掘和宣传。而乌伦古湖的特色在于地域民俗文化、特色冬捕文化、草原牧场及游牧文化、河流湿地田园、冰雪资源等特色旅游资源，这些是乌伦古湖生态旅游开发的根基。因此，应坚持因地制宜、突出本地特色、打响乌伦古湖生态旅游品牌，推动发展具有乌伦古湖风情的生态旅游产业和文化内涵，让环湖多样性地质风貌景区成为福海县、阿勒泰地区乃至整个新疆维吾尔自治区的金字招牌。以湖泊景观、草原牧场、湿地田园为载体，以渔猎文化、草原文化、部落民俗等文化为魂，以绿色乡村生态旅游产业建设为目标，打造"新疆明珠，渔猎湖城"的乡村生态旅游品牌。

3. 聚焦湖泊旅游主导产业，实现旅游产业多元发展

坚持以湖为本，立足乌伦古湖地区湖泊资源、农牧资源、乡土民俗、特色产业等优势，围绕湖泊特色和牧场特色，以环湖观光、渔猎文化、乡村民俗等作为乌伦古湖地区乡村生态旅游的大背景，做大做强传统特色优势主导产业。在现有的传统渔业及已具备开发休闲旅游项目的环湖观光、骑行等产业基础上，积极发展现代渔、农、牧、观光"四位一体"田园乡村主题节庆活动，以节庆聚集游客。推动三产融合发展，拉长产业链、提升价值链，打造渔、农、牧产业集群。有效提升现代生态旅游业附加值，形成以湖为本、多元发展的态势。

4. 丰富优质旅游产品供给，推动旅游产业品质发展

促进生态旅游和休闲渔农牧业提质升级，注重统筹规划，明确旅游产业发展目标，进行合理布局，促进乡村生态旅游向高品质发展。挖掘渔猎文化、哈萨克

民俗文化底蕴，打造博物馆、艺术村，做大乌伦古湖冬捕相关项目活动，打造牧民转场体验点，做好相关设施配套建设。强化沿乌伦古湖乡村串联，结合各村镇资源特色和优势特征，形成多元驱动的环湖乡村旅游发展模式，明确环湖乡村旅游发展的重点方向，通过创新引领，突出环湖特点和优势，发展创意渔、农、牧、观光业。政府部门强化引领和扶持力度，拓展开发主体，形成特色鲜明的环湖乡村生态旅游点，助力环湖乡村生态旅游业向多主体多类型发展。

8.3.3 乌伦古湖流域生态旅游规划方案

1. 强化旅游基础设施建设，补齐生态旅游发展短板

1）优化交通基础设施网络

充分发挥福海县是疆内公路游客进入阿勒泰地区第一站的区位优势，借助地委、行署提出的"三轴 N 环"旅游总体布局，全面优化公路旅游交通，推进县内旅游公路"快进走廊"建设，增强外部交通的可进入性和通达性，重点加强对环湖公路、一般干线公路、集散公路及乌伦古湖与中心城镇之间道路建设。同时对接阿勒泰地区其他市县自驾游发展规划中的风景道及旅游公路，进一步完善、改造升级内部公路网络，尤其是县内部分乡镇乡村公路建设，并加强公路配套设施建设和运营服务网建设，使乌伦古湖真正纳入到环阿勒泰旅游公路网中，处于便捷、必经的核心路段。通过开通对接环湖公路的旅游绿色通道、完善环湖加油站点和高速公路服务区等旅游服务功能、高速公路电子不停车收费系统（ETC）建设、周末高速收费折扣政策等发展措施，有效拓展周边地区自驾游客源市场。此外，还可以整合公共交通资源，福海县旅游交通建设应在旅游部门与交通运输部门的协调配合下，整合公共交通资源为旅游业发展所利用，增加湖滨公交、城乡公共交通延伸，以便利的公共交通促进湖滨旅游。

"铁路+交通"开启交旅发展新模式。构建以地区干线、地方支线、对外口岸线和城际铁路组成的多层次铁路网络，完善区域铁路交通网建设。推动区域旅游资源的整合，拓展旅游客源地，提升乌伦古湖地区整体旅游的吸引力和可到达性。地区干线上，在目前阿勒泰市、北屯、福海铁路客运基础上，将福海县纳入到新疆铁路骨干环线中，推动北疆地区铁路交通从"点、线"阶段跨入"面"的发展阶段；地方支线上，推动福海县到地区其他景点的铁路建设，提供旅游专线的打包整合、车票优惠和旅游咨询等服务，打造特色铁路旅游产品；对外口岸线上，推动环乌伦古湖地区纳入到边境经济合作铁路网中，打通乌伦古湖特产等商品的销售货运渠道。随着"一带一路"倡议的大力推进，作为新疆旅游"金三角"标签的阿勒泰地区中的重要组成部分，作为准格尔盆地最亮丽夺目的明珠，环乌伦古湖地区将借助日臻完善的铁路网络吸引越来越多的八方来客旅游观光，以此推动环乌伦古湖地区、阿勒泰地区乃至整个新疆地区旅游业的跨越式

发展。全面加快福海县"航空+旅游"产业发展。阿勒泰地区已建成阿勒泰、喀纳斯、富蕴 3 个民用支线机场，6 个县被列入"国家通用航空短途运输网络示范工程"，布尔津、哈巴河、福海、青河、吉木乃、吐尔洪、喀纳斯、禾木 8 个通用机场被纳入《新疆通用航空机场布局规划》，可以借助其他县已有民用支线机场，加强福海县与邻县的沟通合作，以阿勒泰市为起点，打通环阿勒泰地区航空旅行环线。在福海县机场建成后，可在借助阿勒泰市与重庆、西安、广州、郑州城市航线基础上，进一步加强与国内主要客源地城市的通航，通过与乌鲁木齐、吐鲁番、库尔勒、喀什、克拉玛依等疆内城市通航，打造全疆的空中旅游环线，提升游客的出行效率。

2）强化公共服务设施配置

福海生态景观旅游服务集散中心是服务福海县和乌伦古湖的集散中心，可以开设福海到阿勒泰市、北屯市、布尔津、吉木乃、富蕴、青河的旅游专项公交；此外，依托乌伦古湖流域生态旅游主要服务节点福海，建设自驾车服务站点，提供旅游咨询、加油、短暂休息、餐饮等服务，并免费发放自驾车旅游地图，提供酒店、营地、购物分布等旅游资讯服务。并依托公路沿线规模较大、设施较完善的加油站建设自驾车服务站点，为自驾车辆提供加油、信息咨询等服务。

旅游公路慢行系统设置为小环线，灵活布设线位，使慢行系统与公路主线既相互联系又各成体系。三处慢行小环线分别在黄金海岸、赫勒渔村、水上魔鬼城设立。慢行系统的设置考虑与优质旅游资源相结合，方便游客换乘，并在此区域范围内进行慢游体验提供换乘服务。结合现有旅游产业开发状况，设置环湖旅游服务设施，包含自驾营地、驿站、休憩点、观景台等类型。其中，驿站与慢行系统结合布置，为自驾和骑行的游客提供各类旅游服务，如提供消防、旅游安全宣传服务，提供医疗、安全救助、旅游保险等服务旅游惠民服务，提供无线网络、共享电源、通信以及安全信息提醒、电话咨询、投诉等其他服务。驿站基于现有较成熟景区的服务中心进行改造，用以满足自驾和骑行游客的各项需求。基本的服务功能包括行政管理、游客服务、商业购物、餐饮、住宿、主题娱乐等功能，主要建设停车位、管理中心、小型旅馆、冲凉房、酒吧等配套基础设施。

2. 加速乌伦古湖蓝岸崛起，催生环湖旅游新兴业态

1）做大做强冬捕节庆活动

冬季的乌伦古湖冰面最厚达 1 米多，积雪厚度达 30 厘米，在这种环境和条件下捕鱼，被形象地称为"踏雪寻鱼"。依托乌伦古湖、吉力湖生态资源，以新疆少数民族风情、渔猎文化、游牧文化为亮点，以未来交通发展为契机，大力发展滨湖度假、渔村风情体验、哈萨克风情游牧等环湖旅游项目。以"鱼王节""冬捕节"等节庆为契机，打造与众不同且具有乌伦古湖特色的渔民生活体验，游客们除了观赏乌伦古湖渔民的传统祭湖醒网、纳福放生、万尾鲜鱼出

玉门等壮观场景外，还能参与头鱼拍卖、品尝鲜鱼、民俗体验等活动，甚至还可以来一场冰上漂移，乘着雪橇到湖心参与冰捕。抓住民众对新疆作为西北内陆省份的固有印象，大力宣传渔业旅游产品，体现与内地渔业截然不同的特点，利用反差效果吸引游客。

2）打造滨湖冬游冰雪街区

整合流域周边乡村旅游资源和特色村镇，重点发展解特阿热勒镇、阔克阿尕什乡、齐干吉迭乡乡村旅游，做好"滨水休闲娱乐+渔猎文化体验"项目。依托乌伦古湖独特的冰雪奇观，以冰雪探险为核心，与红色文化教育、民俗文化相融合，形成雪山河流览胜、爱国主义教育、民宿体验等产品，展现乌伦古湖神奇魅力和丰富的人文特色。推进雪地公园建设，改造提升滑雪场，新建多种雪野公园，提升综合体验效应，丰富和开展赏雪、戏雪、泼雪、跳雪、雪上徒步等冬季休闲雪上活动，打造世界级滑雪大区。加快民宿体验开发建设，强化宣传营销，着力提升直升机滑雪知名度和影响力。

3）拓展夏季滨湖消费品类

乌伦古湖具有丰富的光、热、水、土资源和土著鱼类资源，是我国重要的淡水鱼类资源库之一，加快乌伦古湖生态渔业发展，是乌伦古湖发展特色生态旅游的有效着力点，对优化生态旅游产业结构，促进乌伦古湖旅游产业带动当地经济发展具有重要意义。在推进现有冬季冰面捕鱼活动的同时，发掘夏季湖景优美的优势，探索夏季乘船捕鱼的特色旅游项目，开发以生态渔业、观光、体验、美食、加工与销售为主导的乡村旅游产品，打造"西北江南，神奇福海"的特色旅游品牌。带领游客参与乘船观光、乘船捕鱼等过程，再结合对捕捞后的鱼货等鲜活品进行销售，实现一条龙观光体验。同时可以打通线上线下销售渠道，打造乌伦古湖渔副产品加工中心，利用当地特色鱼类制作相关的渔业副产品，结合互联网宣传等，通过品牌建设促进产品销售。

4）建设滨湖科技研发区

以"渔"为核心，辅助建设渔业科技馆、育苗中心、渔副产品加工中心以及渔业科技研发中心等配套设施，增强游客生态渔业体验。渔业科技馆可通过图片、多媒体等形式向游客展示新疆渔业科技，例如在科学馆入口处设置环形影幕，让游客沉浸式观看西北特色渔业科技等相关知识的小短片；也可以将乌伦古湖颇具代表性的水产科技成果实物放入馆内展示，展馆各处配置触摸式导览屏，供参观者查询浏览馆内展品的信息和随时上网搜索相关内陆湖泊渔业知识。渔业科技研究主要包括淡水鱼的养殖、鱼病防治、渔业政策研究等，确保乌伦古湖渔业安全、绿色、可持续、促进其产学研一体化发展。着力打造"环湖观光+渔猎体验+休闲垂钓+渔业生产+康养旅游""五位一体"基地，加速推动"旅游+渔业"融合发展，打造成全国驰名的具有新疆特色的"渔业+旅游"品牌。

3.厚植流域绿色生态底色，浓绘草原旅游发展亮点

乌伦古湖地区有着千年深厚的游牧民族文化沉淀、传统的特色美食、原真的生活场景。依托丰富的游牧文化旅游资源，大力实施"旅游+文化"战略，通过游牧旅游资源的整合，深挖草原文化内涵，依托周边的高等级景区，围绕牧民生产生活活动，打造以野外骑乘、转场体验、草原毡房、特色饮食为主导的乡村旅游产品，设计开发有当地特色的草原放牧、猎骑、婚庆、歌舞、竞技、生活的旅游体验内容，满足旅游者个性化的需要，体现地区悠久的游牧历史与民族特色。围绕"游牧文化"，以"文化、文明、情怀、胸怀"为主题，突出游牧文化的粗犷豪放与英雄气概，发掘千年来马背民族的英雄故事，在牧游试点重点开展"马背英雄"赛马活动、"沙漠之舟"骆驼赛、姑娘追、叼羊、冬不拉弹唱、草原国际英雄文化论坛等活动，让游客充分体验草原民族的马文化与英雄文化。围绕"现代文化"，以"速度、高度、激情、魅力"为主题，重点推出环湖摩托车拉力赛、环湖马术拉力赛、湖滨马术挑战赛、国际顶级摩托车极限挑战赛、全国摩托车越野锦标赛、全国大学生草原三项（徒步、长跑、自行车）越野赛、中国草原自行车挑战赛、牛羊肉大胃王伴侣节等活动，将现代激情与西北旷阔草原相结合，融入湖泊元素，打造引人入胜、激情四射的旅游项目。围绕"民俗文化"，以"喜庆、同庆、欢乐、欢腾"为主题，举办擀毡子、剪羊毛、挤牛奶、刺绣、烧奶茶、做酸奶等生产生活体验活动，注重民族特色饮食开发，让游客在牧民家中品尝酥油、奶疙瘩、奶茶、果酱等民族特色美食，在那吾鲁孜节、肉孜节、古尔邦节举办民俗庆祝活动，将旅游与牧民生产生活、饮食、服饰、传统手工艺等民俗文化相结合，提高旅游产品的吸引力，增强体验趣味性。

4.充分挖掘流域人文底蕴，促进乡村旅游提质升级

以民族风情的乡村绿色景观和田园风光、水域风光及独特的古村落作为旅游吸引点，以乌伦古湖地区现有的农业资源为依托，以区域内现有乡村自然、文化景观为基础，建立综合性乡村旅游区，打造独具民族特色的以田园观光、乡村度假、农事活动体验为主导的乡村旅游产品，改善农村生态环境，维护和美化乡村自然景观风貌，吸引都市居民前往参观游玩。乡村观光产品的构建重在民族特色景观的打造，景观营造的总体格局应呈现田园聚落分散式的居民点布局、适度面积的农业耕地、林地、草地等自然景观布局，同时有河流、湖泊等乡村典型的景观要素镶嵌其中。以流域生态田园风光为基础，满足大众多样化的田园观光休闲旅游需求，以现代农业为核心，以生态旅游为特色，以特色农产品种植为基础，打造集生态旅游、文化创意、科研教学、观光游览、休闲娱乐等功能于一体的生态田园观光旅游，通过种植甜菜、食葵等区域特色农作物，建设和打造具有一定规模和影响力的生态观光田园示范区，不断提升农业

规模化种植水平，构建农林融合发展、互为补充的现代农业格局，形成令人向往的美丽田园风光，供人观光旅游，且在发展生态旅游的同时提升当地农业产业，打造符合流域特点的基础性产业优势，探索流域农业农村转型发展新路子，激发现代休闲农业新动能。

以流域现有古村落为基础，结合当地世代形成的风土人情、特色美食、标志性文化建筑等，让游客可以体验到当地生活中的文化风俗习惯。乡村旅游度假最重要的是原生态的乡村味道浓郁，要求村落民居建筑多为传统老院落，而哈萨克族、蒙古族等民族风格的建筑更能彰显乡村的质朴乡土气息，风貌特色突出，这种天然的、保存良好的乡土气息恰恰是度假乡居模式开发的重要载体，便于构建与城市现代化建筑风格形成强烈的反差的度假模式，通过环湖多村闲置农宅的统一收租，并进行整体改造与度假化利用，将村落打造成为高品质的乡村旅游度假区，并塑造特色乡村度假品牌。对于环湖闲置农宅的改造要求文化性、民族性、乡土性与品质感兼顾，根植于乡村生活。

以少数民族乡村独特农活为基础，开发割草喂马、水果采摘、耕作体验，挤奶制作奶制品等一系列农事体验项目。以基本的农艺体验为基础，以村民热情参与和优美的农业生态环境为保障，从游客的角度出发，通过趣味采摘、趣味耕作、趣味活动、趣味探究、趣味游戏、趣味实验、趣味比赛等体验活动设计，打造出独具民族特色和充满趣味性设计的农事体验活动，并体现真正的绿色、生态、健康的农艺活动，让游客感受少数民族特色农村、农味、农事农活的趣味，品味真正的农庄体验乐趣。

8.4　山水富民，树立"山水经济"新样板

8.4.1　扩大流域生态旅游宣传

乌伦古湖流域的自然资源景观多样，有河流、湖泊、沼泽、湿草甸、草原、森林等。无论是水域景观，还是生物景观都极富特色和美感，都具有极高的保护价值和重大社会文化价值，应大力发展生态旅游为主的现代服务业，通过宣传和引导旅游产业发展及基础设施建设，为游客提供融入自然、亲近自然、了解自然、观赏鸟类的最佳场所，利用当地得天独厚的旅游资源满足游人休闲、娱乐和观赏的需求，提高当地人民收入，改善生活质量。同时吸引国内外专家、学者、记者进行科考、交流、宣传、旅游等活动，将不断提高乌伦古湖的知名度，不断扩大乌伦古湖在新疆、全国乃至世界的社会影响力。乌伦古湖独特的生态系统，珍稀的自然资源都是对人们进行环保教育的素材，可以在此接受良好生态文明的教育和熏陶，有利于提高周边民众的环保意识，激发民众热爱自然的感情，提高民众的主动环境保护意识，促进生态文明建设（李慧菁等，2015；潘明明等，2014）。

8.4.2 积极探索市场化生态补偿模式

在当前市场经济的大背景下，政府应着重培育不同类型的产权交易市场，积极探索水资源使用权、排污权交易，以及生态补偿等市场化的补偿模式，引导鼓励生态环境保护者和受益者之间通过自愿协商，实现合理的生态环境补偿。在生态环境的损坏过程中，政府是环境损坏的有责方，但不是损害主体，因此不能越位成为补偿的主体，社会力量才是最根本的力量，理顺关系的过程中政府只是代替补偿主体行使补偿，政府应更多地行使协调、引导和监督职能，充分调度社会各参与方，共同实施生态环境的保护和实现可持续利用。未来生态补偿机制考虑合理的政府、居民分成比例，一部分资金用于直接补偿居民因生态保护造成的经济损失，如补偿到靠水、靠林生存的农户等每个利益相关者；一部分资金用于政府生态修复、水环境保护项目实施及管理费用。

8.4.3 创新山水林田湖草沙生态价值实现机制

在乌伦古湖流域建立社区共管机制。各管护所站与辖区的乡镇村、武警边防等单位组成社区共管委员会，定期召开"社区共管联席会"，加强沟通合作，共同管理林区的事务。积极引导乌伦古湖流域农牧民开展生态绿色农业、生态畜牧业、生态渔业、生态旅游、手工艺品加工等替代生计的发展。加强与 NGO 组织的合作，在助农平台上推动生态友好型产品、生态旅游产品的开发与市场开拓；通过乡村生态旅游开发提高农、牧、渔业的附加值，以村民参与为指导，创造村民参与利益分享的机制，保证村民在付出自身劳动的同时，能够获得基本的回报和收益，以乡村旅游为路径，实现渔猎、草原、田园、民俗等文化的传承与创新，探索以乡村生态旅游带动生态价值实现的新机制。

参 考 文 献

曹大选. 2014. 浅谈我国发展生态畜牧业的重要性[J]. 畜牧与饲料科学, 35(7): 95-96.

高凡, 邹兰, 孙晓懿. 2020. 改进综合水质指数法的乌伦古湖水质空间特征[J]. 南水北调与水利科技, 18(1): 141-151.

韩飞飞, 闫俊杰, 郭斌. 2019. 阿勒泰地区植被覆盖度及 ET 对气温变化的响应[J]. 干旱区地理, 42(6): 1436-1444.

吉芬芬. 2018. 乌伦古湖水质变化及成因分析[J]. 水生态学杂志, 39(3): 61-66.

贾尔恒·阿哈提, 程艳, 刘宏伟, 等. 2016. 乌伦古河断流的生态影响及成因分析[J]. 新疆环境保护, (2): 5-11.

雷华, 穆晓峰. 2006. 传统畜牧业向生态畜牧业转变是中国西部畜牧业发展的必然选择[J]. 世界农业, (8): 15-17.

李慧菁, 贾尔恒·阿哈提, 程艳. 2015. 乌伦古湖流域污染负荷估算[J]. 环境工程技术学报, 5(2): 121-128.

李燕琴. 2020. 中国生态旅游发展的本土化与国际化[J]. 旅游导刊, 4(5): 1-18.

刘时栋, 刘琳, 张建军, 等. 2019. 基于生态系统服务能力提升的干旱区生态保护与修复研究——以额尔齐斯河流域生态保护与修复试点工程区为例[J]. 生态学报, 39(23): 8998-9907.

刘志文, 杨继瑞. 2009. 新农村建设中发展生态畜牧业的经济学思考[J]. 农村经济, (12): 6-8.

罗明, 于恩逸, 周妍, 等. 2019. 山水林田湖草生态保护修复试点工程布局及技术策略[J]. 生态学报, 39(23): 8692-8701.

毛培胜. 2002. 我国草地生态环境现状及治理对策[J]. 科学对社会的影响, (3): 37-40.

潘明明, 蔡玉婧, 蒋世辉. 2014. 区域经济、旅游、生态环境系统耦合协调发展研究——以新疆为例[J]. 新疆农垦经济, (1): 21-27.

彭建, 吕丹娜, 张甜, 等. 2019. 山水林田湖草生态保护修复的系统性认知[J]. 生态学报, 39(23): 8755-8762.

秦玉峰. 2017. 青海省祁连县有机畜牧业发展现状、存在问题及对策[J]. 黑龙江畜牧兽医, (8): 51-53.

孙发平, 丁忠兵. 2015. 青海牧区生态畜牧业合作社发展状况的调查与建议[J]. 青海社会科学, (4): 181-186.

王强. 2023. 乌伦古湖水生态环境保护对策与建议[J]. 新疆农垦科技, 46(1): 64-66.

王献溥. 1993. 保护区发展生态旅游的意义和途径[J]. 植物资源与环境, 2(2): 49-54.

吴钢, 赵萌, 王辰星. 2019. 山水林田湖草生态保护修复的理论支撑体系研究[J]. 生态学报, 39(23): 8685-8691.

闫庆忠. 2021. 草原生态保护政策下畜牧业发展方向[J]. 中国畜禽种业, 17(1): 30-31.

于雪峰. 2020. 乌伦古湖渔业资源现状及保护措施[J]. 黑龙江水产, 39(3): 8-9.

张惠远, 郝海广, 舒昶, 等. 2017. 科学实施生态系统保护修复切实维护生命共同体[J]. 环境保护, 45(6): 31-34.

张同泽. 2007. 石羊河流域水资源合理配置与危机应对策略[D]. 咸阳: 西北农林科技大学.

张哲, 郝海广, 张强, 等. 2021. 新疆阿勒泰地区持续推进山水林田湖草沙生态保护修复的对策建议[J]. 环境与可持续发展, (5): 93-98.

朱忠胜, 赵谱远, 李星星, 等. 2019. 遵义市生态渔业现状及产业发展思考[J]. 渔业致富指南, 526(22): 26-28.

邹长新, 王燕, 王文林, 等. 2018. 山水林田湖草系统原理与生态保护修复研究[J]. 生态与农村环境学报, 34(11): 961-967.

LI Yi, LIU Yujie, ZHANG Qiang, et al. 2021. Research on ecological protection and restoration measuresin altay region based on the coupling perspective of the Mountains-Rivers-Forests-Farmlands-Lakes-Grasslands system[J]. Journal of Resources and Ecology, 12(6): 791-800.

LIU Hanchu, FAN Jie, LIU Baoyin, et al. 2021. Practical exploration of ecological restoration and management of the Mountains-Rivers-Forests-Farmlands-Lakes-Grasslands system in the Irtysh River Basin in Altay, Xinjiang[J]. Journal of Resources and Ecology, 12(6): 766-776.

LIU Hao, SHU Chang, ZHOU Tingting, et al. 2021. Trade-off and synergy relationships of ecosystem servicesand driving force analysis based on land cover change in altay prefecture[J].Journal of Resources and Ecology, 12(6): 777-790.

QIN Yan, Kayrat Aldyarhan, ZHANG Zhe, et al. 2023. The main problems of the water ecological environment and protective counter measures in the river basin of the Altay Region, Xinjiang[J]. Journal of Resources and Ecology, 14(2): 383-390.

ZHAO J, LIU X, DONGR, et al. 2016. Land senses ecology and ecological planning toward sustainable development[J]. International Journal of Sustainable Development & World Ecology, 23(4): 293-297.

<center>huī yàn</center>灰雁	<center>yóu bí tiān é</center>疣鼻天鹅

分布：阿勒泰，布尔津，哈巴河，吉木乃，福海，富蕴，青河等市县，本地常见鸟，种群特大。 **习性与栖息地**：主要栖息于多水生植物的淡水水域，非繁殖期集成数只到上千只的群体栖息于草地，湖泊，河流，沼泽，农田以及水库中，觅食于浅水区，较少与其他雁鸭类混群，是欧洲家鹅的祖先。 **迁徙时间**：每年的 3 月中旬迁徙。 **活动区域**：乌伦古湖。	**分布**：阿勒泰，福海县等。 **习性与栖息地**：主要栖息于水草或芦苇丰茂的湖泊，水塘，沼泽和河流等水域。平时安静而优雅，常以家庭为单位活动，也有混群于其他天鹅和雁鸭类中。 **迁徙时间**：每年的 3 月中旬迁徙。 **活动区域**：环湖公路及吉力湖。 **国家保护级别**：Ⅱ级。
<center>dà tiān é</center>大天鹅	<center>qiào bí má yā</center>翘鼻麻鸭

分布：阿勒泰，布尔津，哈巴河，福海，富蕴，青河等市县。本地常见鸟。 **习性与栖息地**：喜栖息于开阔且水生植物丰富的浅水水域，冬季集群活动于水生植物丰富的湖泊，河流，沼泽，水库以及农田地带，有时与其他天鹅及雁鸭类混群。 **迁徙时间**：每年的 3 月中旬迁徙。 **活动区域**：环湖公路及吉力湖。 **国家保护级别**：Ⅱ级。	**分布**：阿勒泰，布尔津，哈巴河，福海，富蕴等市县。 **习性与栖息地**：繁殖期栖息于开阔的盐碱湖泊，沼泽以及草场，非繁殖期见于湖泊，河口，水库，盐田，海湾等多种生境，常结几十至数百鸟的群体，善于陆地行走和觅食。 **迁徙时间**：每年的 4 月初迁徙。 **活动区域**：环湖公路及吉力湖。

chì má yā 赤麻鸭	chì bǎng yā 赤膀鸭

分布： 阿勒泰，布尔津，哈巴河，吉木乃，福海，富蕴，青河等市县，本地常见的鸟，种群特大，迁徙时间最晚的鸟种之一。

习性与栖息地： 偏好栖息于平原和草场的湖泊，河流及沼泽水域，主要见于淡水水域，非繁殖期结成数十至数百只群体，多觅食于陆地和浅滩。

迁徙时间： 每年的 3 月中旬迁徙。

活动区域： 环湖公路及吉力湖。

分布： 阿勒泰，布尔津，哈巴河，福海，富蕴，青河等市县。

习性与栖息地： 活动于淡水河流，湖泊和沼泽水域，喜多水生植物的生境，常与其他河鸭和潜鸭混群。

迁徙时间： 每年的 3 月中旬迁徙。

活动区域： 环湖公路及吉力湖。

chì jǐng yā 赤颈鸭	lǜ tóu yā 绿头鸭

分布： 阿勒泰，布尔津，哈巴河，福海，富蕴，青河等市县。

习性与栖息地： 喜栖息于富有水生植物的开阔水域，非繁殖期常成群活动，也与其他河鸭混群，非繁殖期常发出悠扬的啸声。

迁徙时间： 每年的 3 月下旬迁徙。

活动区域： 环湖公路及吉力湖。

分布： 阿勒泰，布尔津，哈巴河，吉木乃，福海，富蕴，青河等市县。有部分在本地越冬，本地常见鸟。

习性与栖息地： 活动于淡水湖泊，河流，水库，沼泽和河口地带。是中国最常见的野鸭，也因此驯养为家鸭，叫声似家鸭，响亮而清脆。

迁徙时间： 每年的 3 月中旬迁徙。

活动区域： 环湖公路及吉力湖。

pí zuǐ yā 琵嘴鸭	zhēnwěi yā 针尾鸭

分布：阿勒泰，布尔津，哈巴河，福海，富蕴，青河等市县。	**分布**：阿勒泰，布尔津，哈巴河，福海，富蕴，青河等市县。本地常见鸟。
习性与栖息地：栖息于湖泊，河流中，喜多水生植物的水域，其特性喙有利于在浅水区觅食，常与中小型河鸭混群。	**习性与栖息地**：在沼泽，河流和湖泊水域活动，取食于水面和潜水水域，多与其他河鸭混群。
迁徙时间：每年的4月初迁徙。	**迁徙时间**：每年的3月底迁徙。
活动区域：环湖公路及吉力湖。	**活动区域**：环湖公路及吉力湖。
bái méi yā 白眉鸭	lǜ chì yā 绿翅鸭

分布：阿勒泰，布尔津，哈巴河，福海，富蕴，青河等市县。本地常见鸟。	**分布**：阿勒泰，布尔津，哈巴河，福海，富蕴，青河等市县。
习性与栖息地：栖息于淡水河流和湖泊，常与小型河鸭混群，为中国越冬最为靠南的河鸭。	**习性与栖息地**：栖息于河流，水库，湖泊，水田，池塘，沼泽，沙洲等绝大多数水域，多集大群活动，常与小型河鸭混群。
迁徙时间：每年的4月初迁徙。	**迁徙时间**：每年的5月初迁徙。
活动区域：环湖公路及吉力湖。	**活动区域**：环湖公路及吉力湖。

chì zuǐ qián yā 赤嘴潜鸭	hóng tóu qián yā 红头潜鸭

分布：阿勒泰，布尔津，哈巴河，福海，富蕴，青河等市县。本地常见鸟，种群大。

习性与栖息地：栖息于流速度较缓的河流，河口以及开阔而多水生植物的深水湖泊上。非繁殖成对或小群活动，也见成百只的大群。潜水觅食，也取食于水面，多以植物为食。

迁徙时间：每年的 3 月下旬迁徙。

活动区域：环湖公路及吉力湖。

分布：阿勒泰，布尔津，福海，富蕴，青河等市县。

习性与栖息地：栖息于水生植物茂密的河流，沼泽，水塘和湖泊上，非繁殖期活动常集数百乃至上千只大群，常与其他潜鸭混群。

迁徙时间：每年的 3 月下旬迁徙。

活动区域：环湖公路及吉力湖。

bái yǎn qián yā 白眼潜鸭	fēng tóu qián yā 凤头潜鸭

分布：阿勒泰，布尔津，哈巴河，福海，富蕴，青河等市县。本地罕见鸟。

习性与栖息地：繁殖期栖息于开阔而水生植物丰富的淡水湖泊，沼泽和水塘等水域，非繁殖期多栖息于水流缓慢或静水的河流，湖泊，河口和水库等水域，能潜水但持续时间不长，多集几十至百只群体活动，与其他潜鸭混群。

迁徙时间：每年的 3 月下旬迁徙。

活动区域：环湖公路及吉力湖。

分布：阿勒泰，布尔津，哈巴河，福海，富蕴，青河等市县。本地常见鸟。

习性与栖息地：栖息于富水有水生植物的深水湖泊，河流，沼泽和水塘等潜水水域，潜水能力强，与其他潜鸭混群。

迁徙时间：每年的 4 月初迁徙。

活动区域：环湖公路及吉力湖。

què yā 鹊鸭	pǔ tōng qiū shā yā 普通秋沙鸭

分布：阿勒泰，布尔津，哈巴河，吉木乃，福海，富蕴，青河等市县，有时能见过冬鸟。 **习性与栖息地**：繁殖于多林地和水生动物的湖泊，溪流和沼泽水域，非繁殖季多栖息于湖泊，水库，海湾以及流速缓慢的河流水域，潜水觅食。 **迁徙时间**：每年的3月底迁徙。 **活动区域**：环湖公路及吉力湖。	**分布**：阿勒泰，布尔津，哈巴河，吉木乃，福海，富蕴，青河等市县。本地常见鸟。 **习性与栖息地**：栖息水域多样，包括河流，湖泊，河口，水库，海湾和潮间带，冬季多结大群活动，起飞时需在水面助跑，潜水可长达半分钟久，是体型最大且分布最广的嗜食鱼性秋沙鸭。 **迁徙时间**：每年的3月中旬迁徙。 **活动区域**：环湖公路及吉力湖。
fēng tóu pì tī 凤头䴙䴘	hēi jǐng pì tī 黑颈䴙䴘

分布：阿勒泰，布尔津，哈巴河，吉木乃，福海，富蕴，青河等市县。本地常见鸟。 **习性与栖息地**：生境选择类似于其他䴙䴘。繁殖期具有复杂的求偶行为，雌雄个体在水面上演示具有仪式化的"舞蹈"：两只个体相互配合，和水面保持垂直，并且相互点头，有时还衔着水草。 **迁徙时间**：每年的3月底迁徙。 **活动区域**：环湖公路及吉力湖。	**分布**：阿勒泰，福海，哈巴河等市县。 **习性与栖息地**：类似于其他䴙䴘。 **迁徙时间**：每年的5月初迁徙。 **活动区域**：环湖公路及吉力湖。

dà má jiān 大麻鳽	cāng lù 苍鹭

分布：阿勒泰，布尔津，哈巴河，吉木乃，福海，富蕴等市县。

习性与栖息地：性隐蔽，活动于芦苇荡中，被发现时喙垂直上翘，就地不动。受惊时在芦苇上低飞。繁殖期时，雄性发出低沉如叫的声音，于远处可闻。

迁徙时间：每年的 4 月下旬迁徙。

活动区域：环湖公路及吉力湖。

分布：阿勒泰，布尔津，哈巴河，吉木乃，福海，富蕴，青河等市县。

习性与栖息地：常活动于沼泽，田边，坝塘，海岸处，多结小群一起生活，常在浅水中长时间停立不动，眼盯着水面，发现食物后迅速地喙捕食。食物以蛙、鱼类为主。在树上休息时常缩成驼背状。飞行时脚向后伸，颈缩成"S"形，飞速较慢。

迁徙时间：每年的 3 月中旬迁徙。

活动区域：环湖公路及吉力湖。

dà bái lù 大白鹭	bái tí hú 白鹈鹕

分布：阿勒泰，布尔津，哈巴河，吉木乃，福海，富蕴，青河等市县。本地常见鸟。

习性与栖息地：栖息于湖泊，沼泽，池塘，河口，水田及海滨等地方。常见单只或数只一起在浅水处觅食。食物以鱼类为主，偶食小鸟和小型啮齿动物。

迁徙时间：每年的 3 月中旬迁徙。

活动区域：环湖公路及吉力湖。

分布：阿勒泰，福海，吉木乃等市县。旅鸟，本地罕见鸟。

习性与栖息地：繁殖于大型湖泊，河流岸边和沼泽地带。常结群出现，飞行能力强，会像猛禽般利用气流翱翔。

迁徙时间：每年的 4 月初迁徙。

活动区域：吉力湖。

国家保护级别：Ⅱ级。

juǎn yǔ tí hú 卷羽鹈鹕	pǔ tōng lú cí 普通鸬鹚

分布：阿勒泰，福海等。本地常见鸟。 **习性与栖息地**：似白鹈鹕。 **迁徙时间**：每年的4月初迁徙。 **活动区域**：吉力湖。 **IUCN受胁等级**：易危（VU） **国家保护级别**：Ⅱ级。	**分布**：阿勒泰，布尔津，哈巴河，吉木乃，福海，富蕴，青河等市县。本地常见鸟。 **习性与栖息地**：栖息于多种水域生境，在海边较多。游泳时身体仅背部露出水面，颈部直立，喙略微上举，频繁地浅水捕鱼，喜结群活动觅食。休息时近乎直立地站在石头或树枝上，打开翅膀晾晒羽毛。飞行时振翅深且有力，常组成"人"字形队。 **迁徙时间**：每年的3月中旬迁徙。 **活动区域**：环湖公路及吉力湖。
xuē sǔn diāo 靴隼雕	cǎo yuán diāo 草原雕

分布：阿勒泰，布尔津，哈巴河，吉木乃，福海，富蕴，青河等市县。 **习性与栖息地**：栖息于山地森林和林缘地带，也见于半荒漠地带。飞行时翼角常向后弯曲，呈折叠状，与其他雕类相异。取食鱼类和两栖爬行动物。 **迁徙时间**：每年的5月迁徙。 **活动区域**：吉力湖入湖口。 **国家保护级别**：Ⅱ级。	**分布**：阿勒泰，布尔津，哈巴河，吉木乃，福海，富蕴，青河等市县。本地常见鸟。 **习性与栖息地**：栖息于平原、草原及荒漠草地上。常翱翔于天空，或者静立于电线，岩石和地面上。主要以小型哺乳动物和鸟类为食，亦食腐肉。 **迁徙时间**：每年的5月迁徙。 **活动区域**：大海子西边及吉力湖。 **国家保护级别**：Ⅰ级。

jīn diāo 金雕	hēi yuān 黑鸢

分布：阿勒泰，布尔津，哈巴河，吉木乃，福海，富蕴，青河等市县。野生数量减少。 **习性与栖息地**：主要栖息于高山森林，草原，荒漠，山区地带，冬季可能游荡到浅山及丘陵生境，常借助热气流在高空展翅盘旋，翅膀上举呈深"V"字形。幼鸟冬季有南迁的行为。主要以中至大型哺乳动物和鸟类为食。 **活动区域**：大海子西边及吉力湖。 **国家保护级别**：Ⅰ级。	**分布**：阿勒泰，布尔津，哈巴河，吉木乃，福海，富蕴，青河等市县。本地常见鸟。春天迁徙可以看到数千只的大群。 **习性与栖息地**：常利用上升的热流在高空盘旋，偶尔较慢地扇动几下翅膀，动作显得十分悠闲。主要捕食小动物，也食腐肉，有时还会成群聚集在垃圾周围找寻食物。 **迁徙时间**：每年的4月初迁徙。 **活动区域**：大海子及吉力湖。 **国家保护级别**：Ⅱ级。
dà kuáng 大鵟	huáng zhuǎ sǔn 黄　爪　隼

分布：阿勒泰，布尔津，哈巴河，吉木乃，福海，富蕴，青河等市县。本地常见鸟。 **习性与栖息地**：喜开阔无树生境，常站立于电线。主要捕食鼠类，亦捕捉野兔，雉鸡等较大的动物为食，也食腐肉。留鸟。 **活动区域**：大海子西边及吉力湖东边。 **国家保护级别**：Ⅱ级。	**分布**：阿勒泰，布尔津，哈巴河，吉木乃，福海，富蕴，青河等市县。本地常见鸟。 **习性与栖息地**：多见单独或成对活动于林缘，河谷，原野，草场，农田和荒漠等开阔生境，以大型昆虫和小型啮齿动物为食。夏候鸟。 **活动区域**：大海子西边及吉力湖。 **国家保护级别**：Ⅱ级。

hóngsǔn 红隼	dàbǎo 大鸨

分布：阿勒泰，布尔津，哈巴河，吉木乃，福海，富蕴，青河等市县。本地常见鸟。 **习性与栖息地**：常单独或成对活动于多草和低矮植被的开阔地带，停栖息于电线，树桩等显眼位置，利用视觉捕食，食物为啮齿类和两栖爬行类动物。留鸟。 **活动区域**：大海子西边及吉力湖。 **国家保护级别**：Ⅱ级。	**分布**：阿勒泰，布尔津，哈巴河，吉木乃，福海，富蕴，青河等市县。本地罕见鸟。 **习性与栖息地**：主要栖息于开阔平原，干旱草原，稀树草原和半荒漠地区，也出现于河流，湖泊沿岸和邻近的干湿草地。 **迁徙时间**：每年的4月中旬迁徙。 **活动区域**：大海子西边及吉力湖。 **IUCN受胁等级**：易危（VU） **国家保护级别**：Ⅰ级。
bō bānbǎo 波斑鸨	suǒ yǔ hè 蓑羽鹤

分布：阿勒泰，布尔津，青河等市县。在中国仅新疆，本地数量罕见。 **习性与栖息地**：栖息于广阔草原，半荒漠地带及农田草地，通常成群活动。善于奔跑，主要吃野草，甲虫，蝗虫，毛虫等。繁殖季节常做跳跃炫耀。 **迁徙时间**：每年的4月下旬迁徙。 **活动区域**：大海子西边及吉力湖。 **IUCN受胁等级**：易危（VU）。 **国家保护级别**：Ⅰ级。	**分布**：阿勒泰，布尔津，哈巴河，吉木乃，福海，富蕴，青河等市县。本地常见鸟，种群大。 **习性与栖息地**：为高原，草原，沼泽，半荒漠及寒冷荒漠的鸟种，可生活在海拔5000米的环境里。繁殖季节多栖息在近水源的草地，成对或以家族活动。 **迁徙时间**：每年的5月初迁徙。 **活动区域**：大海子西边及吉力湖东边。 **国家保护级别**：Ⅱ级。

huī hè 灰鹤	lì yù 蛎鹬

分布：阿勒泰，布尔津，哈巴河，吉木乃，福海，富蕴，青河等市县。本地常见鸟。旅鸟。 **习性与栖息地**：在繁殖地成对或结小群活动，迁徙和越冬期间可集多至数百只的大群。 **迁徙时间**：每年的5月初迁徙。 **国家保护级别**：II级。	**分布**：阿勒泰，布尔津，哈巴河，福海，富蕴等市县。本地常见鸟，常单独或成对活动。 **习性与栖息地**：夏季出现在内陆水域及其周边草地。 **迁徙时间**：每年的3月下旬迁徙。 **活动区域**：环湖公路及吉力湖。
hóng zuǐ ōu 红嘴鸥	yú ōu 渔鸥

分布：阿勒泰，布尔津，哈巴河，吉木乃，福海，富蕴，青河等市县。本地常见鸟。 **习性与栖息地**：主要在内陆繁殖，喜欢植被繁茂的浅水湿地，也可在人工湿地环境中筑巢。食性较杂，包括昆虫，蚯蚓，海洋无脊椎动物等。 **迁徙时间**：每年的3月中旬迁徙。 **活动区域**：环湖公路及吉力湖。	**分布**：阿勒泰，布尔津，哈巴河，吉木乃，福海，富蕴，青河。 **习性与栖息地**：在内陆水域中的小岛或河流交汇处集群繁殖，巢址通常选在裸露岩石表面的低凹处。非繁殖季通常单独活动。食性甚杂，包括鱼类，甲壳类，昆虫和小型兽类。 **迁徙时间**：每年的3月中旬迁徙。 **活动区域**：环湖公路及吉力湖。

hēi fù shājī 黑腹沙鸡	xuěxiāo 雪鸮

分布：阿勒泰，布尔津，哈巴河，吉木乃，福海等市县。在中国仅分布于新疆北部。本地常见鸟。 **习性与栖息地**：栖息于干燥而少植被的地区以及耕作区的边缘。 **迁徙时间**：每年的 4 月初迁徙。 **活动区域**：大海子西岸及吉力湖东岸。 **国家保护级别**：Ⅱ级。	**分布**：阿勒泰，布尔津，吉木乃，福海等市县。本地罕见鸟。 **习性与栖息地**：具一定昼行性，在开阔无树地带捕食田鼠和鼠兔。白天可见静立于突出岩石或土堆上。 **迁徙时间**：每年的 12 月迁徙。 **活动区域**：大海子西岸及吉力湖东岸。 **国家保护级别**：Ⅱ级。
diāoxiāo 雕鸮	lán xiōng fófǎ sēng 蓝胸佛法僧

分布：阿勒泰，布尔津，哈巴河，吉木乃，福海，富蕴，青河等市县。 **习性与栖息地**：繁殖季节多栖息于山林区，营巢于崖壁凹处或洞穴内。飞行迅速，振翅幅度大。本地常见鸟。 **国家保护级别**：Ⅱ级。	**分布**：阿勒泰，布尔津，哈巴河，吉木乃，福海，富蕴，青河等市县。在中国仅分布于新疆，本地常见鸟。 **习性与栖息地**：喜开阔原野，于栖木上俯冲捕食昆虫，炫耀飞行时可上下翻飞。 **迁徙时间**：每年的 5 月上旬迁徙。 **活动区域**：环湖公路周围西边及吉力湖。

huáng hóu fēng hǔ	dài shèng
黄 喉 蜂 虎	戴胜

分布：阿勒泰，布尔津，哈巴河，吉木乃，福海，富蕴，青河等市县。在中国仅分布于新疆，本地常见鸟。	**分布**：阿勒泰，布尔津，哈巴河，吉木乃，福海，富蕴，青河等市县。本地常见鸟。
习性与栖息地：结群盘旋于开阔草野的上空觅食昆虫，振翼极快，飞行姿势优雅，不似喜缓慢滑翔的栗喉蜂虎等。	**习性与栖息地**：喜开阔的基质松软的地面，高可至海拔3000米。边快速走动，边用长喙在地面翻动寻找食物。兴奋或有警情时冠羽倒伏。
迁徙时间：每年的5月上旬迁徙。	**迁徙时间**：每年的5月上旬迁徙。
活动区域：吉力湖入河口。	**活动区域**：吉力湖入河口。

jīn huáng lí	tài píng niǎo
金 黄 鹂	太 平 鸟

分布：阿勒泰，布尔津，哈巴河，吉木乃，福海，青河等市县。	**分布**：阿勒泰，布尔津，福海，富蕴等市县。本地冬候鸟。本地常见鸟，种群大。
习性与栖息地：多栖息于有高大疏林的开阔林地，常隐匿于茂密的树冠层，极少下地活动。	**习性与栖息地**：栖息于针叶林，针阔混林和落叶阔叶林中，非繁殖季喜群栖，常集群活动于浆果类植物顶端或树冠层，飞行急促，喜游荡。
迁徙时间：每年的5月上旬迁徙。	
活动区域：吉力湖入河口及县城河滨公园。	**活动区域**：吉力湖入河口及县城河滨公园。

lán hóu gē qǔ 蓝喉歌鸲	*huáng tóu jí líng* 黄头鹡鸰

分布：阿勒泰，布尔津，哈巴河，吉木乃，福海，富蕴，青河等市县。

习性与栖息地：栖息于溪流或其他水域附近的阴湿疏林、林缘、沼泽以及荒漠绿洲中，迁徙季节见于阴湿的林下或茂密的苇丛和荒草下层，地栖性，在植被稀少的地区也常下至地面活动，因鸣声委婉悦耳常被作为笼养鸟而遭大肆捕捉。

迁徙时间：每年的4月中旬迁徙。

活动区域：吉力湖入湖口、中海子、河滨公园、芦苇荡里。

国家保护级别：Ⅱ级。

分布：阿勒泰，布尔津，哈巴河，吉木乃，福海，富蕴，青河等市县。

习性与栖息地：夏季喜栖息于沼泽草甸、苔原带及柳树丛中，越冬于近水草地或者稻田间，有时会结成非常大的群体。

迁徙时间：每年的4月下旬迁徙。

活动区域：环湖公路。

shuǐ liù 水鹨	*lú wú* 芦鹀

分布：阿勒泰，布尔津，哈巴河，福海，富蕴等市县。

习性与栖息地：常在地面行走觅食，喜近水湿润草地或漫滩，冬季常见单个或结小群活动于水滨，有时走进浅水觅食，甚为耐寒。

迁徙时间：每年的4月下旬迁徙。

活动区域：吉力湖。

分布：阿勒泰，布尔津，哈巴河，吉木乃，福海等市县。

习性与栖息地：栖息于高芦苇地，但冬季也在林地、田野及开阔原野取食。

迁徙时间：每年的3月下旬迁徙。

活动区域：环湖公路、吉力湖入湖口。

乌伦古湖观鸟月历

12月到来年3月上旬	乌伦古湖冰封期，只有少量留鸟及雀形目冬候鸟在此栖息。滨河大道边有文须雀、芦鹀、斑翅山鹑等；湖区周边的树林、农田、灌丛有灰伯劳、太平鸟、白腰朱顶雀、欧金翅雀、大山雀、灰蓝山雀、家麻雀、麻雀、黑顶麻雀、角百灵、欧乌鸫、黑喉鸫、田鸫、槲鸫、喜鹊、灰斑鸠、原鸽、岩鸽、欧鸽、山斑鸠、白尾鹞、红隼、雪鸮、雕鸮、大鵟、纵纹腹小鸮、长耳鸮、小斑啄木鸟、白背啄木鸟、灰头绿啄木鸟等
3月中下旬	湖滨大道边的冰面开化，水鸟先头部队开始迁来。主要有灰雁、赤麻鸭、翘鼻麻鸭、绿头鸭、赤膀鸭、针尾鸭、琵嘴鸭、赤嘴潜鸭、红头潜鸭、凤头潜鸭、普通秋沙鸭、白秋沙鸭、鹊鸭等雁鸭类、渔鸥、黄脚银鸥、红嘴鸥、乌灰银鸥等鸥类，以及大天鹅、疣鼻天鹅、普通鸬鹚、大白鹭、苍鹭等鸟类，还有凤头麦鸡、红脚鹬、反嘴鹬、金眶鸻等鸻鹬类
4月上旬	随着乌伦古湖的明星鸟——白头硬尾鸭的迁到，湖滨大道两侧的湿地迎来了雁鸭类、鸻鹬类、鸥类等水鸟的迁徙高峰，林鸟也陆续来到了。除了3月中下旬迁来的鸟类外，凤头䴙䴘、黑颈䴙䴘、角䴙䴘、白眉鸭、绿翅鸭、白眼潜鸭、骨顶鸡、黑水鸡、西方秧鸡、黑翅长脚鹬、灰斑鸻、金斑鸻、毛腿沙鸡、环颈鸻、扇尾沙锥、黑尾塍鹬、中杓鹬、白腰杓鹬、鹤鹬、泽鹬、林鹬、矶鹬、矶鹬、青脚鹬、小滨鹬、青脚滨鹬、弯嘴滨鹬、黑腹滨鹬、红颈瓣蹼鹬、海鸥、红嘴巨鸥、黄脚银鸥、普通燕鸥、白额燕鸥、大雨燕、白鹡鸰、卷羽鹈鹕、黑鸢、黄爪隼、棕尾鵟、黑腹沙鸡、灰鹤、灰斑鸠、大鵟、云雀、亚洲短趾百灵、蓝喉歌鸲、沙白喉林莺、大苇莺、棕尾伯劳、草原灰伯劳、家燕、楼燕、毛脚燕、白鹡鸰、黄头鹡鸰、黄鹡鸰、西黄鹡鸰、灰鹡鸰、理氏鹨、平原鹨、水鹨、穗䳭、白顶䳭、沙䳭等鸟类陆续迁来，灰伯劳、白腰朱顶雀、黑颈鸫、黑颈䴙䴘、凤头䴙䴘、紫翅椋鸟等冬候鸟陆续北迁
5月中上旬	乌伦古湖的鸟类陆续进入繁殖期，此时的鸟儿身披繁殖羽，叫声婉转，是拍摄和观鸟的黄金时间。一直到5月中旬水鸟和林鸟迁徙的高峰期才会过去，迁徙过境的鸟类陆续离开。本月新迁来的鸟有：斑脸海番鸭、黑喉潜鸟、小苇鳽、翻嘴鹬、翻石鹬、领燕鸻、靴隼雕、蒙古沙鸻、普通楼燕、铁嘴沙鸻、须浮鸥、白翅浮鸥、黑浮鸥、鸥嘴噪鸥、黄喉蜂虎、蓝胸佛法僧、普通翠鸟、崖沙燕、淡色沙燕、欧夜鹰、金黄鹂、粉红椋鸟、新疆歌鸲、鸲蝗莺、水蒲苇莺、稻田苇莺、布氏苇莺、芦苇莺、横斑林莺
6月	在乌伦古湖繁殖鸟类的育雏期，拖家带口的鸟在滨海大道湿地随处可见
7月	繁殖结束的鸻鹬类和鸥类开始集群
8月	在北方繁殖的鸻鹬类开始回来，和本地繁殖的鸻鹬类汇合形成鸟浪，之后陆续南迁，开启了秋季迁徙大幕。本地繁殖的小鸟也开始迁徙
9月	北方繁殖的雁鸭类、鸥类南迁路过湖区。本地繁殖的小鸟陆续迁走。白头硬尾鸭中下旬迁走
10月	雁鸭类、鸥类、普通鸬鹚、大白鹭、大天鹅等进入秋季迁徙高峰
11月底	乌伦古湖进入封冻期，最后一批鸟类如疣鼻天鹅、雁鸭类等陆续迁走，乌伦古湖的秋季迁徙进入尾声

池沼公鱼 Hypomesus olidus（地方名：黄瓜鱼）

鱼类科目：鲑形目，胡瓜鱼科，公鱼属。

分布范围：生活在高纬度的冷水河流和湖泊中。

生活习性：适应性强，特别适合一些低水温的环境。属滤食性鱼类，主要摄食浮游生物。

繁殖期：受当地气候影响为秋季至初冬，持续 12～16 日。

适宜水温：1～28℃。

贝加尔雅罗鱼 Leuciscus leuciscus baicalensis（地方名：小白鱼、小白条）

鱼类科目：鲤形目，鲤科，雅罗鱼属。

分布范围：在中国仅分布于新疆额尔齐斯河和乌伦古河水系。

生活习性：主要栖息于江河，但在肥育期间进入湖泊中，喜在水质澄清的水域内生活。喜结群，特别是繁殖季节和冬季越冬期间，尤喜结成群体。贝加尔雅罗鱼属杂食性鱼类，其主要饵料为摇蚊幼虫和其他水生昆虫幼体以及软体动物，包含落水的昆虫和较嫩的草本植物。

繁殖期：4～5 月。

适宜水温：8～20℃。

丁鱥 *Tincaeus*（地方名：黑鱼）

鱼类科目： 鲤形目，鲤科，雅罗鱼亚科，丁鱥属。

分布范围： 在中国只见于新疆额尔齐斯河和乌伦古河流域。

生活习性： 多栖息于多水草的静水或泥底的缓流水体中，耐低氧。主要摄食底栖无脊椎动物、藻类和腐殖质。

繁殖期： 4 月底开始可一直持续到 9 月份。

适宜水温： 0～40℃。

东方欧鳊 *Abramis brama orientalis*（地方名：鳊鱼、鳊花）

鱼类科目： 鲤形目，鲤科，欧鳊属。

分布范围： 在中国仅分布在新疆伊犁河、额尔齐斯河流域。

生活习性： 喜欢栖息在河流、湖泊的缓流或静水处，耐盐性、耐碱性均较强。系杂食性鱼类，主食枝角类、桡足类、摇蚊幼虫、水生昆虫及幼虫、寡毛类、小型壳薄的软体动物，有时也食丝状藻、水生高等植物的嫩茎、叶和种籽。

繁殖期： 5 月下旬至 6 月中旬。

适宜水温： 17～24℃。

鲤鱼 *Cyprinus carpio Linnaeus*

鱼类科目： 鲤形目，鲤科，鲤属。

分布范围： 自然分布于我国境内。

生活习性： 单独或成小群地生活于平静且水草丛生的泥底的池塘、湖泊、河流中，其适应性强，耐寒、耐碱、耐缺氧。属于杂食性鱼类，以底栖动物、水生昆虫、水生高等植物等为食。

繁殖期： 春季。

适宜水温： 0～35℃。

鳙鱼 *Aristichthys nobilis*（地方名：花鲢、大头鱼、黑鲢）

分布范围：中国特有。分布水域范围很广，在中国从南方到北方几乎淡水流域都有。

生活习性：生长在淡水湖泊、河流、水库、池塘里，多分布在淡水区域的中上层。为温水性鱼类，能适应较肥沃的水体环境。性温驯，不爱跳跃。以浮游动物为主食，兼食浮游植物，是典型的浮游生物食性的鱼类。

繁殖期：4～7月。

适宜水温：25～30℃。

草鱼 *Ctenopharyngodon idellus*

鱼类科目：鲤形目，鲤科，草鱼属。

分布范围：广泛分布于我国平原地区。

生活习性：栖息于平原地区的江河湖泊，一般喜居于水的中下层和近岸多水草区域。性活泼，游泳迅速，常成群觅食。为典型的草食性鱼类。

繁殖期：4～7月，比较集中在5月间。

适宜水温：0～30℃。

鲢鱼 *Hypophthalmichys mdlitrix*

鱼类科目：鲤形目，鲤科，鲢属。

分布范围：在我国仅分布于额尔齐斯河和乌伦古河水域。

生活习性：喜生活于水的上层。常栖息于江河、湖泊及其附属水体中肥育。典型的滤食性鱼类。靠腮的特殊结构滤取水中的浮游生物。

繁殖期：4～5月。

适宜水温：喜高温，最适宜的水温为23～32℃。

银鲫 *Carassius auratus gibelio*

鱼类科目：鲤形目，鲤科，鲫属

分布范围：在我国仅分布于额尔齐斯河和乌伦古河水域。

生活习性：银鲫是一种广温性鱼类，生命力较强，对各种环境有广泛的适应性，对不良环境的耐受力较强。属于杂食性鱼类，主要摄食枝角类、桡足类、水蚯蚓、摇蚊幼虫等动物饵料以及硅藻、蓝藻、绿藻及高等水生植物茎叶等。

繁殖期：5 月份。

适宜水温：0～32℃。

高体雅罗鱼 *Leuciscus idus*（新疆二级保护鱼类）

鱼类科目：鲤形目，鲤科，雅罗鱼亚科，雅罗鱼属。

分布范围：在中国仅见于新疆额尔齐斯河水系。

生活习性：主要栖息于江河，肥育期才进入湖泊中。喜欢在水质澄清的水域内生活，喜欢聚群活动，尤其春、夏水温降低逐渐升高时常活动于浅水觅食，冬天水温降低居深水处越冬。食性杂，以硅藻、丝状藻、水草及底栖无脊椎动物为食，生殖洄游期间几乎停止摄食。

繁殖期：4 月底至 5 月中旬。

适宜水温：0～35℃。

河鲈 *Perca fluviatilis Linnaeus*（地方名：五道黑）

鱼类科目：鲈形目，鲈科，鲈属。

分布范围：在中国仅产于新疆额尔齐斯河与乌伦古河流域。

生活习性：生活于植物丛生的江河、湖泊中。通常有两个类群：一个种群生活于沿岸浅水区，以无脊椎动物为食，个体较小，生长较慢；另一个种群栖居于深水区，以小型鱼类为食，个体较大，生长较快。

繁殖期：早春解冻后。

适宜水温：18～24℃。

梭鲈 *Lucioperca lucioperca*（地方名：十道黑）

鱼类科目：鲈形目，鲈科，梭鲈属。

分布范围：在中国仅分布于新疆伊犁河水系和额尔齐斯河水系。

生活习性：喜生活在水质清新和水体透明度、溶氧量高，并具有微流水的环境中。为肉食性的凶猛鱼类，在自然水域中多以小杂鱼、虾为食，其摄食的种类与其生活的环境和饵料鱼的体形及规格有关。

繁殖期：5～6月底。

适宜水温：0～33℃。

湖拟鲤（*Rutilus rutilus lacustris*）（地方名：小红眼）

鱼类科目：鲤形目，鲤科，雅罗鱼亚科，拟鲤属。

分布范围：在中国仅新疆额尔齐斯河和博斯腾湖。

生活习性：喜栖息于多水草的静水中，多是单个或小群活动，以水生植物为主食，也食昆虫幼虫及小型软体动物。

繁殖期：5月份。

适宜水温：0～30℃。

江鳕 *Lota lota*（地方名：鲶鱼、狗头鱼）

鱼类科目：鳕形目，鳕科，江鳕属。

分布范围：在中国主要分布于黑龙江及额尔齐斯河流域。

生活习性：江鳕喜穴居，喜栖居于水质清澈的沙底或有水草生长的河湾处，多在夜间活动，是冷水性底栖凶猛性鱼类，主食鱼类、水生底栖动物及蛙类。

繁殖期：11月至翌年3月。

适宜水温：0～20℃。

黑鲫（*Carassius carassius*）

鱼类科目：鲤形目，鲤科。

分布：在中国仅分布于额尔齐斯河水系。

习性：喜生活于水草丛生的静水处，杂食性，生长速度较慢。肉质细嫩、味美，为额尔齐斯河流域天然经济鱼类。

繁殖期：5 月份。

适宜水温：0～30℃。

粘鲈 *Acerina cernua*（地方名：刺滚子）

鱼类科目：鲈形目，鲈科，鲈属。

分布：在中国分布于新疆额尔齐斯河水系。

习性：大型鱼类，生活于较冷河流的缓流中，以无脊椎动物为食。

适宜水温：0～20℃。

黄黝 *Hypseleotris swinhonis*（地方名：黄肚鱼、肉棍儿）

鱼类科目：鲈形目，塘鳢科，黄黝属。

分布范围：分布较广。

生活习性：栖息于水体底层，为江河、湖泊常见的小型鱼类，一般生活于静止的沟渠的淤泥当中。

繁殖期：5～6 月。

适宜水温：5～30℃。

尖鳍鮈 *Gobio gobio acutipinnafus Menschikov*（地方名船钉鱼、小大头）

鱼类科目：鲤形目，鲤科，鮈属。

分布范围：在新疆额尔齐斯河流域分布广泛，在平原河谷地带和湖泊中较少。

生活习性：小型鱼类，以底栖小型无脊椎动物为食，生活于河流和湖泊中。

适宜水温：0～20℃。

麦穗鱼 *Pseudorasbora parva*（柳条鱼、麦穗）

鱼类科目：鲤形目，鲤科，麦穗鱼属。

分布范围：分布极广，淡水域均有分布，在我国东部地区为土著物种。

生活习性：常见于江河、湖泊、池塘等水体。生活在浅水区。杂食，主食浮游动物。

繁殖期：4～6 月。

适宜水温：0～20℃。

湖拟鲤（♀）×东方欧鳊（♂）*Rutilus rutilus lacustris*（♀）×*Abramis broma orientalis*（♂）（自然杂交种）

鱼类科目：鲤形目，鲤科。

分布范围：新疆额尔齐斯河流域。

生活习性：喜栖息于多水草的静水中；系杂食性鱼类，主食水生植物，也食水生昆虫幼虫及小型软体动物。

繁殖期：5～6 月。

适宜水温：0～30℃。

北方花鳅 *Cobitis granoei Rendahl*（地方名：泥鳅）

鱼类科目：鲤形目，鳅科，花鳅属。

分布范围：分布于新疆北部的额尔齐斯河和乌伦古湖、黑龙江、松花江、嫩江、镜泊湖等上游水域。

生活习性：生活于砂砾底质的沟渠缓流或水质较肥多水草的静水环境，以藻类和高等植物碎屑为食。

繁殖期：5～6 月。

适宜水温：0～30℃。

北方须鳅 *Barbatula barbatula nuda*（地方名：泥鳅）

鱼类科目：鲤形目，鳅科，须鳅属。

分布范围：分布于新疆北部的额尔齐斯河和乌伦古湖、河北北部、山西北部、内蒙古东部、辽宁、吉林、黑龙江等地。

生活习性：小型鱼类，喜栖息于清冷的流水、砂砾的水域中，以底栖动物为食。以甲壳动物、昆虫及着生藻类为食。

繁殖期：5 月初至 6 月中旬。

适宜水温：0～30℃。

资料来源：《福海县乌伦古湖国家湿地公园鸟类/鱼类图册》

后 记

　　乌伦古湖是全国十大内陆淡水湖之一，拥有中国唯一的滨水雅丹地貌，西北干旱地区最大的湿地公园，是全球第三条候鸟迁徙通道的重要节点，拥有 23 种名优鱼类和 300 余种鸟类。乌伦古湖蒙古语译为"云雾"之意，据说十三世纪初，成吉思汗大军西征时，途经于此，眼望这一片烟波浩渺的水泊，生云涌雾，便将之称为"乌伦古"。因其独特的气候、地质特征造就了"戈壁大海"的美丽盛景。

　　本书依托近年来开展的额尔齐斯河山水林田湖草一体化修复与保护试点专项的实施，额尔齐斯河流域山水林田湖草生态保护修复工程已列入"中国山水工程"，"中国山水工程"荣获首批世界十大生态恢复"旗舰项目"并向全球推广，"中国山水工程"将于 2025 年在联合国大会及其高级别政治活动中展示。因此，积极推广额尔齐斯河流域山水林田湖草生态保护修复工程修复理念和技术，展示生态保护修复成效，为"中国山水工程"提供新疆样本。

　　本书集合了全国知名研究院所以及自治区生态环境厅、畜牧兽医局等有关部门以及阿勒泰地区行政公署等单位在内的专家、学者、管理者，系统收集了历史文字资料、图片资料、影像资料等大批历史数据，开展了座谈、访谈、现场踏勘等一系列工作，分析了乌伦古湖形成原因、气候变化特征、水生态环境特征、渔业资源、社会经济发展及农业畜牧发展概况，采用物质平衡、水量平衡、模型模拟等多种方式反演了环境变化特点，分析了目前水生态环境问题的内在成因。在此基础上，以党的二十大关于人与自然和谐共生的理念为指导，集合产业发展、资源利用、生态环境保护及生态环境管理等各行业专家观点，谋划了 2035 年建成"美丽中国""美丽乌伦古湖"的总体方向和框架，形成了流域生态文明建设与可持续发展、人与自然和谐共生的乌伦古湖等两个大层面可持续发展方案。

　　本书由生态环境部华南环境科学研究所和新疆额尔齐斯河流域山水林田湖草生态保护修复工程试点项目指挥部科技专家办总体统筹，形成编制框架，编制阶段得到了新疆维吾尔自治区有关领导以及自治区与生态环境厅戴武军书记和哈尔肯·哈布德克里木厅长、阿勒泰地区地委谢少迪书记和行政公署杰恩斯·哈德斯专员等领导同事的大力支持，为本书编制提供了大量翔实的资料；新疆环境保护科学研究院程艳正高工、中国环境科学研究院张惠远研究员、中国科学院程维明研究员牵头负责了相关章节编制和图片处理工作，无私贡献了研究成果；同时在此感谢水利部水电水利规划设计总院杨晴正高工，清华大学刘雪华副教授，新疆畜牧科学院冯东河研究员，清华大学倪广恒教授、张硕副教授，首都师范大学张玉虎教授，中国环境科学研究院郝海广研究员，新疆林业科学院刘永萍研究员等数十位专家学者提供的研究成果。

目前乌伦古湖仍面临着气候变化等自然因素及人类活动带来的双重影响，处于区域、流域能量流及物质流终点，存在矿化度升高、氟化物及有机污染物浓度难以进一步降低的问题，进而影响周边地下水水质及土壤环境。本书内容集合了前人数十年的研究成果，也汇集了 20 世纪 70 年代以来新疆阿勒泰地区乌伦古湖流域整治与保护的工作历程，整合了近年来区域生态文明建设与山水林田湖草沙一体化修复与保护工作经验和结论。通过本书的系统介绍，以期为后人开展相关研究，寻找乌伦古湖流域水生态环境持续改善路径与方法提供前进的基石。

编委会

2023 年 7 月